高等学校数学教材系列丛书

微 积 分

（经管类）

主　编　胡学瑞
副主编　张清平　谭雪梅　张阿洁

西安电子科技大学出版社

内 容 简 介

本书根据高等学校经济管理类专业本科微积分课程教学基本要求,并结合编者多年的教学经验编写而成. 全书共 8 章,内容包括函数、极限与连续,导数与微分,微分中值定理及导数应用,不定积分,定积分及其应用,微分方程,多元函数微分学和二重积分. 本书从实际出发,引出微积分的一些基本概念、基本理论和方法,把函数的极限、微分和积分与经济管理的有关问题有机地结合起来.

本书可作为高等学校经济管理类专业本科生"微积分"课程的教材,也可作为自学人员的参考书.

图书在版编目(CIP)数据

微积分:经管类/胡学瑞主编. —西安:西安电子科技大学出版社,2017.8
(高等学校数学教材系列丛书)
ISBN 978 - 7 - 5606 - 4451 - 6

Ⅰ.① 微… Ⅱ.① 胡… Ⅲ.① 微积分—高等学校—教材 Ⅳ.① O172

中国版本图书馆 CIP 数据核字(2017)第 178100 号

策划编辑 杨丕勇
责任编辑 王静 杨丕勇
出版发行 西安电子科技大学出版社(西安市太白南路 2 号)
电 话 (029)88242885 88201467 邮 编 710071
网 址 www.xduph.com 电子邮箱 xdupfxb001@163.com
经 销 新华书店
印刷单位 陕西华沐印刷科技有限责任公司
版 次 2017 年 8 月第 1 版 2017 年 8 月第 1 次印刷
开 本 787 毫米×960 毫米 1/16 印张 15.5
字 数 309 千字
印 数 1～3000 册
定 价 32.00 元
ISBN 978 - 7 - 5606 - 4451 - 6/O

XDUP 4743001-1
＊＊＊＊如有印装问题可调换＊＊＊＊

前　　言

　　本书是在总结编者长期的微积分教学经验和研究、借鉴同类教材编写特色的基础上编写而成的.鉴于经济管理类专业的需求,本书具有较强的针对性、实用性,在内容安排上遵循"量力"和"循序渐进"的原则,重视微积分的思想、内涵,及其在经济管理中的应用;在概念上,尽可能从简单问题引入,力求朴实、简明和自然,并强调与专业知识的结合性.

　　本书主要有以下几方面的特色:

　　(1)在引入重要概念时,从典型的例题出发,阐明微积分的思想以及解决问题的方法.可读性强,易于理解和掌握,可激发学生学习数学的兴趣和热情.

　　(2)在内容上去掉了传统教材难而繁的一些知识点,强化了针对性和实用性,每章都增加了有关经济管理的实例,并且配有相应的习题.同时,为更好地理解微积分相关内容和思想,保留了一些重要定理的证明,也为满足经济管理类专业的需要,增加了一些选学内容.

　　(3)本书并没有介绍数学软件的使用,而是介绍了 Wolframalpha 网站.对于刚刚接触微积分的同学,功能强大而"体积臃肿"的数学软件会让人"望而却步".相比较来讲,Wolframalpha网站更适合辅助微积分的教与学.

　　本书由多名作者共同编写,具体分工如下:第1~6章由胡学瑞编写,第7、8章由张清平编写.在编写过程中,武汉生物工程学院数学教研室谭雪梅老师和中国人民解放军国防信息学院张阿洁老师提出了许多宝贵意见和建议,在此深表感谢.

　　由于编者水平有限,书中难免存在不妥之处,欢迎广大读者批评指正.

编　者

2016 年 10 月

目　　录

1

第 1 章　函数、极限与连续

本章首先介绍函数的概念及其性质、函数的复合与初等函数，然后着重讨论函数的极限和函数的连续等问题，为学习函数的微分和积分打下必要的基础.

函数是微积分学研究的主要对象，是现实世界中量与量之间的依存关系在数学中的反映，也是经济数学的主要研究对象. 函数的极限是研究微积分学的主要方法. 函数的连续是一种特殊的极限问题，且连续函数是微积分学研究的重要对象.

1.1　函　　数

1.1.1　区间与邻域

1. 区间

在微积分中，区间是最常用的一类实数集合. 设 a 与 b 为两个实数，且 $a < b$，则

(1) $(a, b) = \{x \mid a < x < b, x \in \mathbf{R}\}$，称为开区间；

(2) $[a, b] = \{x \mid a \leqslant x \leqslant b, x \in \mathbf{R}\}$，称为闭区间；

(3) $(a, b] = \{x \mid a < x \leqslant b, x \in \mathbf{R}\}$，$[a, b) = \{x \mid a \leqslant x < b, x \in \mathbf{R}\}$ 分别称为左开右闭区间、左闭右开区间，通称为半开区间.

除以上有限区间外，还有下列无限区间：

$$(-\infty, +\infty) = \mathbf{R}$$

$$(a, +\infty) = \{x \mid x > a, x \in \mathbf{R}\}, \quad [a, +\infty) = \{x \mid x \geqslant a, x \in \mathbf{R}\}$$

$$(-\infty, b) = \{x \mid x < b, x \in \mathbf{R}\}, \quad (-\infty, b] = \{x \mid x \leqslant b, x \in \mathbf{R}\}$$

2. 邻域

设 x_0、δ 为两个实数，且 $\delta > 0$，称开区间 $(x_0 - \delta, x_0 + \delta) = \{x \mid |x - x_0| < \delta\}$ 为 x_0 的 δ 邻域，记为 $U(x_0, \delta)$，它表示在实数轴上与点 x_0 的距离小于 δ 的点的集合，其中 x_0 称为该邻域的中心，δ 称为该邻域的半径，如图 1-1 所示.

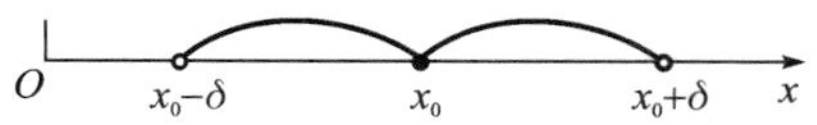

将邻域 $U(x_0, \delta)$ 的中心 x_0 去掉所得数集

图 1-1

$$(x_0 - \delta, x_0) \bigcup (x_0, x_0 + \delta) = \{x \mid 0 <\mid x - x_0 \mid < \delta\}$$

称为点 x_0 的去心 δ 邻域，记为 $\mathring{U}(x_0, \delta)$，如图 1-2 所示.

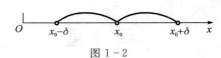

图 1-2

有时 $(x_0 - \delta, x_0)$、$(x_0, x_0 + \delta)$ 分别称为 x_0 的左邻域、右邻域.

1.1.2 函数的概念

微积分主要研究的是变量(即整个考察过程中数值发生变化的量)，着重研究变量之间所确定的依赖关系. 具有这种关系的变量即具有函数关系，下面给出函数的定义.

定义 1.1 设 x、y 为变量，D 为非空实数集，如果对于 D 中的每一个数 x，按照一定的对应法则 f，变量 y 都有唯一确定的值与它对应，则称 f 是定义在 D 上的函数，记作 $y = f(x)$，D 是函数的定义域，x 为自变量，y 为因变量.

对于一个确定的 $x_0 \in D$，与之对应的 $y_0 = f(x_0)$ 称为函数 y 在点 x_0 处的函数值，全体函数值的集合称为函数 f 的值域，记为 $f(D)$，即 $f(D) = \{y \mid y = f(x), x \in D\}$.

一个函数 $y = f(x)(x \in D)$ 是由它的定义域 D 和对应法则 f 所确定的，与自变量、因变量用什么符号无关，若两个函数的定义域和对应法则相同，则它们是相同的函数，即函数的两要素是定义域和对应法则. 函数的表示法一般分为表格法、图形法和解析式法.

例 1 求函数 $y = \dfrac{1}{\ln(x-1)} - \sqrt{x^2 - 4}$ 的定义域.

解 要使函数有意义，必须有

$$x - 1 > 0, \ x - 1 \neq 1 \text{ 且 } x^2 - 4 \geqslant 0$$

解不等式得 $x > 2$，所以函数的定义域为 $D = \{x \mid x > 2\}$.

下面介绍几个特殊函数的例子.

例 2 绝对值函数：

$$y = \mid x \mid = \begin{cases} x, & x \geqslant 0 \\ -x, & x < 0 \end{cases}$$

其定义域为 **R**，值域为 $[0, +\infty)$，图形如图 1-3 所示.

例 3 符号函数：

$$y = \text{sgn} x = \begin{cases} -1, & x < 0 \\ 0, & x = 0 \\ 1, & x > 0 \end{cases}$$

其定义域为 **R**，值域为 $\{-1, 0, 1\}$，图形如图 1-4 所示.

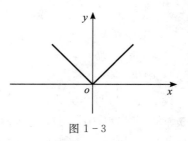

图 1-3

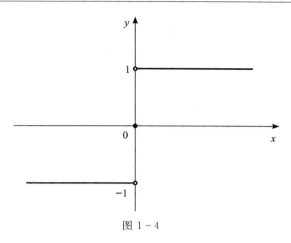

图 1-4

像例 2 和例 3 中的函数在不同的 x 取值范围内有不同的表达式，即一个函数是由多个表达式表示的，称它为分段函数，其定义域为不同段上 x 取值范围的并集.

例 4　函数 $y = \begin{cases} 3\sqrt{x}, & 0 \leqslant x \leqslant 1 \\ 1 + x^2, & x > 1 \end{cases}$，求此函数的定义域及 $f\left(\dfrac{1}{2}\right)$，$f(1)$，$f(3)$.

解　这个分段函数的定义域为

$$D = [0, 1] \bigcup (1, +\infty) = [0, +\infty)$$

当 $0 \leqslant x \leqslant 1$ 时，$y = 3\sqrt{x}$；当 $x > 1$ 时，$y = 1 + x^2$. 则

$$f\left(\frac{1}{2}\right) = 3\sqrt{\frac{1}{2}} = \frac{3\sqrt{2}}{2}, \ f(1) = 3\sqrt{1} = 3, \ f(3) = 1 + 3^2 = 10$$

1.1.3　函数的几种性质

1. 奇偶性

设函数 $f(x)$ 在关于原点对称的区间 D 上有定义，若对任意的 $x \in D$，有 $f(-x) = f(x)$ 恒成立，则称 $f(x)$ 为偶函数；若对任意的 $x \in D$，有 $f(-x) = -f(x)$ 恒成立，则称 $f(x)$ 为奇函数. 偶函数的图形关于 y 轴对称，奇函数的图形关于原点对称.

例 5　讨论下列函数的奇偶性.

(1) $f(x) = x|x|$;　　　(2) $f(x) = \dfrac{e^x + e^{-x}}{2}$;　　　(3) $f(x) = \ln(x + \sqrt{1 + x^2})$.

解　以上 3 个函数的定义域都关于原点对称.

(1) $f(-x) = -x|-x| = -x|x| = -f(x)$，故 $f(x) = x|x|$ 是奇函数.

(2) $f(-x) = \dfrac{e^{-x} + e^x}{2} = f(x)$，故 $f(x) = \dfrac{e^x + e^{-x}}{2}$ 是偶函数.

3

（3）$f(-x) = \ln(-x + \sqrt{1+x^2}) = \ln \dfrac{1}{x + \sqrt{1+x^2}} = -\ln(x + \sqrt{1+x^2}) = -f(x)$，

故 $f(x) = \ln(x + \sqrt{1+x^2})$ 是奇函数.

2. 单调性

设函数 $f(x)$ 在区间 D 上有意义，区间 $I \subset D$，若对任意的 x_1，$x_2 \in I$，当 $x_1 < x_2$ 时，恒有 $f(x_1) < f(x_2)$（或 $f(x_1) > f(x_2)$），则称函数 $f(x)$ 在区间 I 上是单调递增（或递减）的. 相应地，I 称为函数 $f(x)$ 的单调增加（或减少）区间. 单调增加函数、单调减少函数统称为单调函数.

例如，$y = x^2$ 在 $(-\infty, 0)$ 上单调减少，在 $(0, +\infty)$ 上单调增加，但它不是单调函数；$f(x) = x^3$ 在 $\mathbf{R}$ 内是单调增加函数.

3. 周期性

设函数 $f(x)$ 在区间 D 上有定义，若存在一个常数 T，使得对任意的 $x \in D$，$x + T \in D$，有 $f(x) = f(x+T)$，则称 $f(x)$ 是以 T 为周期的周期函数，满足上式的最小的正数 T 称为 $f(x)$ 的最小正周期.

一般所说的函数的周期是指它的最小正周期. 例如，$y = \sin x$ 和 $y = \cos x$ 均是以 2π 为周期的周期函数，$y = \tan x$ 和 $y = \cot x$ 均是以 π 为周期的周期函数，$y = A\sin(\omega x + \varphi)$ 是以 $2\pi/\omega$ 为周期的周期函数.

周期函数的图像在每个周期内有相同的形状.

4. 有界性

设函数 $f(x)$ 在区间 D 上有定义，若存在一个正数 M，使得对所有的 $x \in D$，恒有 $|f(x)| \leqslant M$，则称 $f(x)$ 在 D 上是有界函数，否则称该函数无界.

例如，$y = \sin x$ 和 $y = \cos x$ 在 $\mathbf{R}$ 上均有界；$y = \dfrac{1}{x}$ 在 $[1, 3]$ 和 $(1, +\infty)$ 上均有界，但在 $(0, 1)$ 和 $(0, +\infty)$ 上均无界.

1.1.4 反函数及初等函数

1. 反函数

定义 1.2 设函数 $y = f(x)$ 的值域是 M，若对于 M 中的每一个 y 值，存在唯一确定的 x 值（满足 $y = f(x)$）与之对应，则得到了一个定义在 M 上的以 y 为自变量、x 为因变量的新函数，记为 $x = f^{-1}(y)$，称其为 $y = f(x)$ 的反函数.

习惯上，用 x 表示自变量，用 y 表示因变量，通常将 $y = f(x)$ 的反函数改写为 $y = f^{-1}(x)$. $y = f(x)$ 与其反函数 $y = f^{-1}(x)$ 在其定义域内具有相同的单调性. 在同一直角坐标系中，它们的图形关于直线 $y = x$ 对称.

2. 复合函数

定义 1.3　设函数 $y = f(u)$ 的定义域为 D_f，函数 $u = \varphi(x)$ 的值域为 $R(\varphi)$，若 $D_f \bigcap R(\varphi) \neq \varnothing$，则称 $y = f[\varphi(x)]$ 是由 $y = f(u)$ 与 $u = \varphi(x)$ 构成的复合函数，变量 u 称为中间变量.

例 6　求以下函数构成的复合函数，并求出该复合函数的定义域.

(1) $y = \sqrt{u}$，$u = 1 - x^2$；　　　　(2) $y = \ln u$，$u = x - 1$.

解　(1) 所求的复合函数为 $y = \sqrt{1 - x^2}$，定义域为 $[-1, 1]$.

(2) 所求的复合函数为 $y = \ln(x - 1)$，定义域为 $(1, +\infty)$.

例 7　分析下列函数由哪些函数复合而成.

(1) $y = \ln(3x^2 - 3x - 4)$；　　　　(2) $y = \sin(e^{x^2})$.

解　(1) $y = \ln(3x^2 - 3x - 4)$ 是由 $y = \ln u$，$u = 3x^2 - 3x - 4$ 复合而成的.

(2) $y = \sin(e^{x^2})$ 是由 $y = \sin u$，$u = e^v$，$v = x^2$ 复合而成的.

例 8　设 $f(x) = \begin{cases} 3 - x, & x \geqslant 0 \\ x^2 - 1, & x < 0 \end{cases}$，求 $f[f(4)]$.

解　因为 $f(4) = -1$，故 $f[f(4)] = f(-1) = (-1)^2 - 1 = 0$.

3. 基本初等函数及初等函数

下面介绍的六类函数称为基本初等函数.

(1) 常数函数：$y = C$（C 为常数），定义域为 **R**，值域为 $\{C\}$，其图形如图 1 - 5 所示.

(2) 幂函数：$y = x^a$（$a \in$ **R**），定义域和图形随 a 的取值不同而不同，如图 1 - 6 所示.

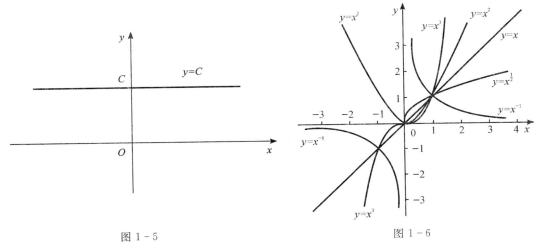

图 1 - 5　　　　　　　　　　　　　图 1 - 6

（3）指数函数：$y = a^x (a > 0, a \neq 1)$，定义域为 **R**，值域为 $(0, +\infty)$，其图形如图 1-7 所示.

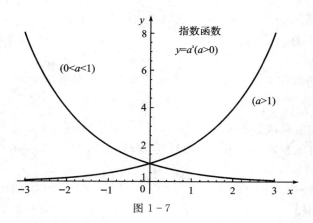

图 1-7

（4）对数函数：$y = \log_a x (a > 0, a \neq 1)$，定义域为 $(0, +\infty)$，值域为 **R**，其图形如图 1-8 所示.

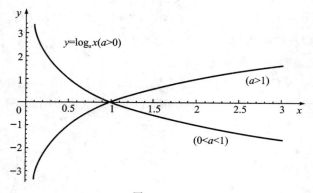

图 1-8

（5）三角函数：$y = \sin x$，定义域为 **R**，值域为 $[-1, 1]$，是以 2π 为周期的有界奇函数；

$y = \cos x$，定义域为 **R**，值域为 $[-1, 1]$，是以 2π 为周期的有界偶函数；

$y = \tan x$，定义域为 $\{x \mid x \in \mathbf{R}, x \neq k\pi + \dfrac{\pi}{2}, k \in \mathbf{Z}\}$，值域为 **R**，是以 π 为周期的奇函数；

$y = \cot x$，定义域为 $\{x \mid x \in \mathbf{R}, x \neq k\pi, k \in \mathbf{Z}\}$，值域为 **R**，是以 π 为周期的奇函数.

它们的图形如图 1-9(a)、(b) 所示.

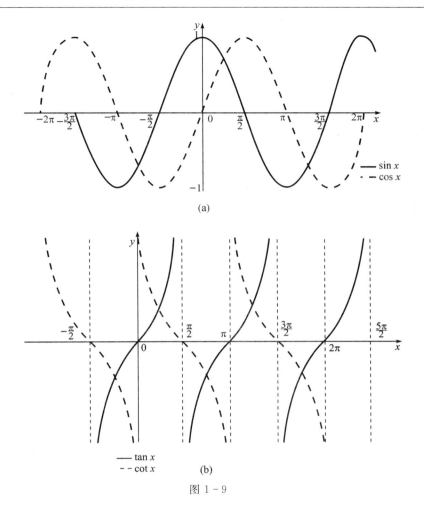

(a)

(b)

图 1 - 9

此外，三角函数还有正割函数 $y = \sec x = \dfrac{1}{\cos x}$，余割函数 $y = \operatorname{cosec} x = \dfrac{1}{\sin x}$.

（6）反三角函数：

$y = \arcsin x$，定义域为 $[-1, 1]$，值域为 $\left[-\dfrac{\pi}{2}, \dfrac{\pi}{2}\right]$；

$y = \arccos x$，定义域为 $[-1, 1]$，值域为 $[0, \pi]$；

$y = \arctan x$，定义域为 $\mathbf{R}$，值域为 $\left(-\dfrac{\pi}{2}, \dfrac{\pi}{2}\right)$；

$y = \operatorname{arccot} x$，定义域为 $\mathbf{R}$，值域为 $(0, \pi)$.

它们的图形如图 $1-10(a)$、(b) 所示.

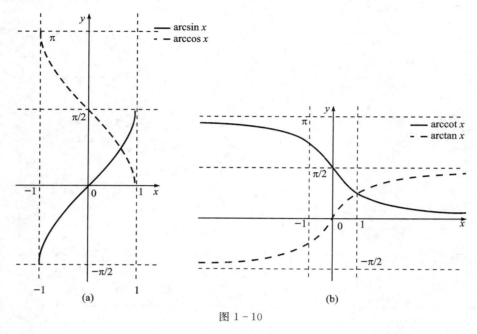

图 $1-10$

定义 1.4 由基本初等函数经过有限次四则运算和复合所产生的由一个表达式表示的函数，称为初等函数.

例如：$y = \arcsin(x-1)$，$y = \arctan e^x$ 均是初等函数.

1.1.5 经济学中的常用函数

在经济分析中，对于成本、价格、收益等经济量的关系研究，越来越受到人们的关注.

1. 需求函数

一般除价格外，收入等其他因素在一定时期内变化很小，即可认为其他因素对需求暂无影响，则需求量 Q 便是价格 P 的函数，记为 $Q = f(P)$，并称为需求函数.

根据统计数据，常用下面这些简单的初等函数来近似表示需求函数：

线性函数：$Q = -aP + b$，其中 a，$b > 0$；

幂函数：$Q = kP^{-a}$，其中 a，$k > 0$；

指数函数：$Q = ae^{-bP}$，其中 a，$b > 0$.

2. 成本函数

成本是生产一定数量产品所需要的各种生产要素投入的费用总额. 成本大体上可分为

两部分：一是在短时间内不发生变化或不明显的随产品数量增加而变化的部分成本，如设备等，称为固定成本，常用 C_1 表示；二是随产品数量变化而直接变化的部分成本，如材料、人工等，称为可变成本，常用 C_2 表示，C_2 是产品数量 Q 的函数，记为 $C_2 = f(Q)$，称为可变成本函数.

3. 收益函数

总收益是生产者出售一定数量产品所得到的全部收入，用 Q 表示出售的产品数量，R 表示总收益，则 $R = R(Q)$ 称为收益函数.

4. 利润函数

利润是生产中获得的总收益与投入的总成本之差，即 $L(Q) = R(Q) - C(Q)$.

5. 库存函数

库存-成本模型：工厂要保证生产，需要定期订购各种原材料，将其存放在仓库里；大公司也需要成批地购进各种商品，放在库房里以备销售. 不论是原材料还是商品，都会遇到一个库存多少的问题：库存太多，库存费用高；库存太少，要保证供应，势必增多进货次数，这样一来，订货费高了. 因此，必须研究如何合理地安排进货的批量、次数，才能使总费用最省的问题.

下面讨论这种模型：需求恒定，不允许缺货，要成批进货，且只考虑库存费和订货费两种费用. 设企业在计划期 T，对某种物品的总需求量是 Q，均匀分成 n 次进货，每次进货批量为 $x = Q/n$，进货周期为 $t = T/n$. 假定每件物品的储存单位时间费用为 C_1，每次进货费用为 C_2. 由于在每一进货周期内，都是在初始时进货，即货物的初始库存量等于每批的进货量 x，以后均匀消耗，在周期末库存量降为 0，故平均库存量为 $x/2$，则在时间 T 内的总费用 E 为

$$E = \frac{1}{2}C_1 Tx + C_2 \frac{Q}{x}$$

习 题 1.1

1. 求下列函数的定义域.

(1) $y = \dfrac{\sqrt{x+1}}{x} + \ln(2-x)$;　　　　　　　(2) $y = \arcsin(x-3)$;

(3) $y = \ln\dfrac{1-x}{1+x}$;　　　　　　　(4) $y = \begin{cases} x-1, & x \leqslant 1 \\ x^2, & 1 < x \leqslant 3 \end{cases}$.

2. 判断下列函数的奇偶性.

(1) $f(x) = 5$;　　　　(2) $f(x) = x^3 + x^2$;　　　　(3) $f(x) = \ln\dfrac{1+x}{1-x}$.

3. 设 $f(x) = \begin{cases} \dfrac{x^2-1}{2}, & x \geqslant 1 \\ 1, & x < 1 \end{cases}$，求 $f(-1)$，$f(1)$，$f(0)$，$f(3)$．

4. 函数 $y = \arcsin u$ 与 $u = x^2 + 3$ 能否复合成函数 $y = \arcsin(x^3 + 1)$？为什么？

5. 设 $f(x) = \dfrac{1-x}{1+x}$，求 $f[f(x)]$．

6. 指出下列函数是由哪几个简单函数复合而成的．

(1) $y = \arccos(\ln x)$；   (2) $y = \ln \sin^2 x$；

(3) $y = e^{\sqrt{x}}$；   (4) $y = e^{e^x}$；

(5) $y = (1 + \lg x)^5$；   (6) $y = 2\cos^2 x$．

1.2 函 数 的 极 限

极限是微积分中重要的概念之一，是研究微积分学的重要工具，函数的导数、定积分等概念都是建立在极限概念基础上的．本节将介绍数列极限和函数极限的概念．

1.2.1 数列的极限

极限概念是由于求某些实际问题的精确解答而产生的．我国古代数学家刘徽（公元 3 世纪）提出的割圆术——利用圆内接正多边形来推算圆面积的方法，就是极限思想在几何学上的应用．

在某些实际问题中，我们也会遇到一串按一定顺序排列起来的无穷多个数．例如，将一把长度为 1 的尺子，每天取其长度的 $\dfrac{1}{2}$，将每天取走的长度记下，得

$$\frac{1}{2}, \frac{1}{4}, \frac{1}{8}, \cdots, \frac{1}{2^n}, \cdots$$

类似这样的一串数，称为数列．

定义 1.5 将下标 $n \in \mathbf{Z}^+$ 从小到大排列得到的一串数：

$$x_1, x_2, \cdots, x_n, \cdots$$

称为数列，记为 $\{x_n\}$，x_n 称为数列的通项．

例如：数列 $1, \dfrac{1}{2}, \dfrac{1}{3}, \cdots, \dfrac{1}{n}, \cdots$，其通项为 $x_n = \dfrac{1}{n}$，记为 $\left\{\dfrac{1}{n}\right\}$．

数列 $2, 4, 8, \cdots, 2^n, \cdots$，其通项为 $x_n = 2^n$，记为 $\{2^n\}$．

数列 $1, -1, 1, -1, \cdots, (-1)^{n+1}, \cdots$，其通项为 $x_n = (-1)^{n+1}$，记为 $\{(-1)^{n+1}\}$．

定义 1.6 设数列 $\{x_n\}$，若当 n 无限增大时，x_n 无限趋近于一个常数 a，则称 a 是 n 趋

于无穷时数列 $\{x_n\}$ 的极限，记为

$$\lim_{n \to \infty} x_n = a \text{ 或 } x_n \to a(n \to \infty)$$

此时，亦可称数列 $\{x_n\}$ 收敛于 a. 若这样的常数 a 不存在，则称数列 $\{x_n\}$ 发散，习惯上也可说 $\lim_{n \to \infty} x_n$ 不存在.

例如，$\left\{\dfrac{1}{n}\right\}$，当 $n \to \infty$ 时，$x_n = \dfrac{1}{n} \to 0$，故 $\lim_{n \to \infty} \dfrac{1}{n} = 0$.

$\{2^n\}$，当 $n \to \infty$ 时，$x_n = 2^n \to +\infty$，故 $\lim_{n \to \infty} 2^n$ 不存在.

$\{(-1)^{n+1}\}$，当 $n \to \infty$ 时，$x_n = (-1)^{n+1}$ 不趋近于某一个常数，故 $\{(-1)^{n+1}\}$ 是发散的.

上述数列极限定义是凭借几何直觉用自然语言给出的，下面给出极限精确的定量描述.

定义 1.6$'$　设数列 $\{x_n\}$，a 为常数. 若对任意给定的正数 $\varepsilon > 0$，都存在自然数 N，当 $n > N$ 时，有 $|x_n - a| < \varepsilon$ 成立，则称数列 $\{x_n\}$ 的极限为 a，记为

$$\lim_{n \to \infty} x_n = a \text{ 或 } x_n \to a(n \to \infty)$$

若用符号"$\forall$"表示"对任意给定的"，用符号"$\exists$"表示"存在"，则上述定义可简要地表示为

$$\lim_{n \to \infty} x_n = a \Leftrightarrow \forall \varepsilon > 0, \exists N \in \mathbf{Z}^+, \text{当 } n > N \text{ 时，有 } |x_n - a| < \varepsilon.$$

例 9　证明 $\lim_{n \to \infty}\left[1 + \dfrac{(-1)^n}{n}\right] = 1$.

证明　令 $x_n = 1 + \dfrac{(-1)^n}{n}$，$\forall \varepsilon > 0$，要使

$$|x_n - 1| = \left|\frac{(-1)^n}{n}\right| = \frac{1}{n} < \varepsilon$$

成立，只需 $n > \dfrac{1}{\varepsilon}$ 即可. 取 $N = \left[\dfrac{1}{\varepsilon}\right]$，故 $\forall \varepsilon > 0$，当 $n > N = \left[\dfrac{1}{\varepsilon}\right]$ 时，有 $|x_n - 1| < \varepsilon$，即 $\lim_{n \to \infty}\left[1 + \dfrac{(-1)^n}{n}\right] = 1$.

1.2.2　收敛数列的性质

性质 1（唯一性）　若 $\lim_{n \to \infty} x_n$ 存在，则极限值唯一.

性质 2（有界性）　若 $\lim_{n \to \infty} x_n$ 存在，则数列 $\{x_n\}$ 一定有界.

性质 3（收敛数列的保号性）　若 $\lim_{n \to \infty} x_n = a$ 且 $a > 0$（或 $a < 0$），则存在正整数 N，当 $n > N$ 时有 $x_n > 0$（或 $x_n < 0$）.

推论 1 如果数列 $\{x_n\}$ 从某项起有 $x_n \geqslant 0$(或 $x_n \leqslant 0$),且 $\lim\limits_{n\to\infty}x_n = a$,则 $a \geqslant 0$ (或 $a \leqslant 0$).

1.2.3 函数的极限

1. 自变量趋于无穷大时函数 $f(x)$ 的极限

数列 $\{x_n\}$ 的通项可看成 $f(x) = x_n$. 类似数列极限 $\lim\limits_{n\to\infty}x_n = a$ 的定义,可定义 $x\to\infty$ 时,$f(x)$ 的极限.

定义 1.7 设函数 $f(x)$ 在当 $|x|$ 大于某个正数时有定义,如果存在一个常数 A,若当 $|x|$ 无限增大时,函数 $f(x)$ 无限趋近于 A,则称 A 是 $f(x)$ 当 $x\to\infty$ 时的极限,记为

$$\lim_{x\to\infty}f(x) = A \quad 或 \quad f(x)\to A(x\to\infty)$$

若不存在这样的常数 A,则称 $\lim\limits_{x\to\infty}f(x)$ 不存在.

设函数 $f(x)$ 在形如 $[a,+\infty)$ 的区间内有定义,A 为一个常数,若当 x 无限趋于正无穷大时,$f(x)$ 无限趋近于常数 A,则称 A 是 $f(x)$ 当 $x\to+\infty$ 时的极限,记为 $\lim\limits_{x\to+\infty}f(x) = A$ 或 $f(x)\to A(x\to+\infty)$.

类似地,设 $f(x)$ 在形如 $(-\infty,b]$ 的区间内有定义,A 为一常数,若当 x 无限趋于负无穷大时,$f(x)$ 无限趋近于常数 A,则称 A 是 $f(x)$ 当 $x\to-\infty$ 时的极限,记为 $\lim\limits_{x\to-\infty}f(x) = A$ 或 $f(x)\to A(x\to-\infty)$.

显然,$\lim\limits_{x\to\infty}f(x) = A$ 的充分必要条件是 $\lim\limits_{x\to+\infty}f(x) = \lim\limits_{x\to-\infty}f(x) = A$.

例 10 求下列函数的极限.

(1) $\lim\limits_{x\to\infty}\dfrac{1}{x}$;   (2) $\lim\limits_{x\to\infty}\arctan x$;   (3) $\lim\limits_{x\to\infty}\dfrac{x-1}{x+1}$.

解 (1)观察函数图形(1.1 节中图 1-6)可知

$$\lim_{x\to+\infty}\frac{1}{x} = 0, \quad \lim_{x\to-\infty}\frac{1}{x} = 0$$

故 $\lim\limits_{x\to\infty}\dfrac{1}{x} = 0$.

(2)观察函数图形(1.1 节中图 1-10(b))可知

$$\lim_{x\to+\infty}\arctan x = \frac{\pi}{2}, \quad \lim_{x\to-\infty}\arctan x = -\frac{\pi}{2}$$

故 $\lim\limits_{x\to\infty}\arctan x$ 不存在.

(3)
$$\lim_{x \to \infty} \frac{x-1}{x+1} = \lim_{x \to \infty}\left(1 - \frac{2}{x+1}\right) = 1$$

2. 自变量趋于有限值 x_0 时函数 $f(x)$ 的极限

自变量 $x \to x_0$ 是指沿 x 轴 x 从 x_0 的左、右两侧向 x_0 无限接近，记

$x \to x_0^+$（或 $x \to x_0 + 0$）表示 x 从 x_0 右侧趋近于 x_0；

$x \to x_0^-$（或 $x \to x_0 - 0$）表示 x 从 x_0 左侧趋近于 x_0.

定义 1.8　设函数 $f(x)$ 在点 x_0 的某去心邻域内有定义，A 是常数. 若当 x 无限趋近于 x_0 时，$f(x)$ 无限趋近于 A，则称 A 是 $f(x)$ 当 $x \to x_0$ 时的极限，记为

$$\lim_{x \to x_0} f(x) = A \text{ 或 } f(x) \to A(x \to x_0)$$

类似地，若当 $x \to x_0^+$（或 $x \to x_0^-$）时，$f(x)$ 无限趋近于 A，则称 A 是 $f(x)$ 在 x_0 的右极限（或左极限），记为

$$\lim_{x \to x_0^+} f(x) = A \text{ （或 } \lim_{x \to x_0^-} f(x) = A)$$

函数 $f(x)$ 的左、右极限统称为单侧极限.

由上述定义，容易得到：$\lim_{x \to x_0} f(x) = A$ 的充要条件是 $\lim_{x \to x_0^+} f(x) = \lim_{x \to x_0^-} f(x) = A$.

以上结论常被用来判别函数 $f(x)$ 在 x_0 处的极限是否存在. 对于一些简单的函数，它在某点 x_0 处的极限可通过函数的图形观察得到.

例 11　通过函数图形求出下列函数的极限.

(1) $\lim_{x \to x_0} C$（C 为常数）；　　(2) $\lim_{x \to x_0} \sqrt{x}$ （$x_0 > 0$）.

解　由 1.1 节中图 1-5 和图 1-6 可知

(1) $\lim_{x \to x_0} C = C$.

(2) $\lim_{x \to x_0} \sqrt{x} = \sqrt{x_0}$ （$x_0 > 0$）.

例 12　设 $f(x) = \begin{cases} x^2 + 3, & x \geq 3 \\ 3x, & x < 3 \end{cases}$，求 $\lim_{x \to 3} f(x)$.

解　因为

$$\lim_{x \to 3^+} f(x) = \lim_{x \to 3^+}(x^2 + 3) = 12, \ \lim_{x \to 3^-} f(x) = \lim_{x \to 3^-} 3x = 9$$

所以 $\lim_{x \to 3} f(x)$ 不存在.

例 13　设 $f(x) = \frac{|x|}{x}$，$\lim_{x \to 0} f(x)$ 是否存在？

解　当 $x > 0$ 时，$f(x) = \frac{|x|}{x} = \frac{x}{x} = 1$；当 $x < 0$ 时，$f(x) = \frac{|x|}{x} = \frac{-x}{x} = -1$，

所以

$$f(x) = \begin{cases} 1, & x > 0 \\ -1, & x < 0 \end{cases}$$

则 $\lim\limits_{x \to 0^+} f(x) = 1$，$\lim\limits_{x \to 0^-} f(x) = -1$，故 $\lim\limits_{x \to 0} f(x)$ 不存在.

例 14　设 $f(x) = \dfrac{x^2 - x}{x - 1}$，求 $\lim\limits_{x \to 1} f(x)$.

解　$f(x)$ 中 x 可无限趋近于 1，故

$$\lim_{x \to 1} f(x) = \lim_{x \to 1} \frac{x^2 - x}{x - 1} = \lim_{x \to 1} x = 1$$

例 15　设 $f(x) = \begin{cases} \dfrac{x^2 - x}{x - 1}, & x \neq 1 \\ 2, & x = 1 \end{cases}$，求 $\lim\limits_{x \to 1} f(x)$.

解　因为 $\lim\limits_{x \to 1} f(x)$ 中 x 无限趋近于 1，但 $x \neq 1$，所以极限中的 $f(x)$ 应取 $x \neq 1$ 时的表达式，故

$$\lim_{x \to 1} f(x) = \lim_{x \to 1} \frac{x^2 - x}{x - 1} = \lim_{x \to 1} x = 1$$

由此可见，$\lim\limits_{x \to x_0} f(x)$ 是否存在，或存在时值为多少与 $f(x)$ 在 x_0 有无定义及有定义时 $f(x_0)$ 的值无关.

1.2.4　函数极限的性质

性质 4(唯一性)　若 $\lim\limits_{x \to x_0} f(x)$ 存在，则极限值唯一.

性质 5(局部有界性)　若 $\lim\limits_{x \to x_0} f(x)$ 存在，则存在 x_0 的某一去心邻域，函数 $f(x)$ 在该邻域内有界.

性质 6(局部保号性)　若 $\lim\limits_{x \to x_0} f(x) = A$，且 $A > 0$(或 $A < 0$)，则在 x_0 的某去心邻域内有 $f(x) > 0$(或 $f(x) < 0$).

推论 2　若在 x_0 的某去心邻域内，$f(x) \geqslant 0$(或 $f(x) \leqslant 0$)且 $\lim\limits_{x \to x_0} f(x) = A$，则 $A \geqslant 0$(或 $A \leqslant 0$).

习 题 1.2

1. 观察下列数列的变化趋势，并写出收敛数列的极限.

(1) $5, -5, 5, \cdots, (-1)^{n-1} 5, \cdots$；

(2) $\dfrac{1}{3}$，$\dfrac{3}{5}$，$\dfrac{5}{7}$，$\dfrac{7}{9}$，$\cdots$，$\dfrac{2n-1}{2n+1}$，$\cdots$；

(3) $\dfrac{1}{3}$，$-\dfrac{3}{5}$，$\dfrac{5}{7}$，$-\dfrac{7}{9}$，$\cdots$，$(-1)^{n-1}\dfrac{2n-1}{2n+1}$，$\cdots$；

(4) $-\dfrac{1}{2}$，$\dfrac{2}{3}$，$-\dfrac{3}{4}$，$\dfrac{4}{5}$，$\cdots$，$(-1)^{n}\dfrac{n}{n+1}$，$\cdots$.

2. 求下列函数的极限.

(1) $\lim\limits_{x\to\infty}5$；　　(2) $\lim\limits_{x\to-\infty}2^{x}$；　　(3) $\lim\limits_{x\to+\infty}2^{-x}$；　　(4) $\lim\limits_{x\to\infty}\mathrm{arccot}x$

3. 设 $f(x)=\begin{cases} x^2+1, & x>0 \\ 0, & x=0 \\ x^2, & x<0 \end{cases}$，画出函数图形并观察 $x=0$ 处，$f(x)$ 的单侧极限和

极限.

4. 设 $f(x)=\begin{cases} \mathrm{e}^x+1, & x>0 \\ 3x+b, & x\leqslant 0 \end{cases}$，要使 $\lim\limits_{x\to0}f(x)$ 存在，b 应取何值?

5. 函数 $f(x)$ 在 $x=x_0$ 处有定义，是 $x\to x_0$ 时 $f(x)$ 有极限的（　　）.

A. 必要条件　　B. 充分条件　　C. 充要条件　　D. 无关条件

6. 左、右极限都存在是函数 $f(x)$ 在 $x=x_0$ 有极限的（　　）.

A. 必要条件　　B. 充分条件　　C. 充要条件　　D. 无关条件

1.3　无穷小量与无穷大量

1.3.1　无穷小量的概念及其性质

在实际问题中，经常会遇到极限为零的变量. 极限为零的变量在极限的研究中有着重要作用. 为此，有如下定义：

定义 1.9　若当 $x\to x_0$（或 $x\to\infty$）时，函数 $f(x)$ 的极限为 0，即

$$\lim_{x\to x_0}f(x)=0\ (\text{或}\lim_{x\to\infty}f(x)=0)$$

则称 $f(x)$ 为当 $x\to x_0$（或 $x\to\infty$）时的无穷小量，简称无穷小.

例如：$\lim\limits_{x\to\infty}\dfrac{1}{x}=0$，称 $\dfrac{1}{x}$ 是 $x\to\infty$ 时的无穷小；$\lim\limits_{x\to\frac{\pi}{2}}\cos x=0$，称 $\cos x$ 是 $x\to\dfrac{\pi}{2}$ 时的无穷小.

注意：（1）只有在指明自变量 x 的趋向时，才能说 $f(x)$ 是否为无穷小. 例如，$\frac{1}{x}$ 在 $x \to 1$ 时不是无穷小.

（2）零是无穷小. 一般情况下，无穷小是指一个变化的量，但零是特例.

（3）无穷小不能理解为非常非常小的数.

无穷小具有以下性质：

性质 1 有限个无穷小之和（或差）仍是无穷小.

性质 2 有限个无穷小之积仍是无穷小.

性质 3 有界函数与无穷小之积仍是无穷小.

推论 常数与无穷小之积仍是无穷小.

例如，当 $x \to \infty$ 时，$\frac{1}{x} \to 0$. 虽然 $\sin x$ 的极限不存在，但它是有界函数，故有

$$\lim_{x \to \infty} \frac{1}{x} \sin x = \lim_{x \to \infty} \frac{\sin x}{x} = 0,$$ 要将此极限与后面学习的重要极限 I 区别开. 类似地，还有如下极限成立：

$$\lim_{x \to \infty} \frac{1}{x} \cos x = 0, \lim_{x \to 0} x \sin \frac{1}{x} = 0, \lim_{x \to 0} x \cos \frac{1}{x} = 0, \lim_{x \to \infty} \frac{\arctan x}{x} = 0$$

定理 1.1 $\lim\limits_{x \to x_0} f(x) = A$ 的充要条件是 $f(x) = A + \alpha(x)$，其中 $\lim\limits_{x \to x_0} \alpha(x) = 0$，即 $\alpha(x)$ 是当 $x \to x_0$ 时的无穷小量.

当 $x \to \infty$，$x \to x_0^-$，$x \to x_0^+$ 时，亦有类似的结论.

1.3.2 无穷大量

定义 1.10 若当 $x \to x_0$（或 $x \to \infty$）时，$|f(x)|$ 无限增大，则称 $f(x)$ 是当 $x \to x_0$（或 $x \to \infty$）时的无穷大量，记作

$$\lim_{x \to x_0} f(x) = \infty \ (\text{或} \lim_{x \to \infty} f(x) = \infty)$$

特别地，若当 $x \to x_0$（或 $x \to \infty$）时，$f(x)$ 无限增大，则称 $f(x)$ 是当 $x \to x_0$（或 $x \to \infty$）时的正无穷大量，记作

$$\lim_{x \to x_0} f(x) = +\infty \ (\text{或} \lim_{x \to \infty} f(x) = +\infty)$$

若当 $x \to x_0$（或 $x \to \infty$）时，$-f(x)$ 无限增大，则称 $f(x)$ 是当 $x \to x_0$（或 $x \to \infty$）时的负无穷大量，记作

$$\lim_{x \to x_0} f(x) = -\infty \ (\text{或} \lim_{x \to \infty} f(x) = -\infty)$$

类似地，可定义 $x \to x_0^-$，$x \to x_0^+$，$x \to +\infty$，$x \to -\infty$ 时的无穷大量.

注意：(1) 上述定义中的极限等于 ∞，$\pm\infty$ 只是为了书写方便，此时极限是不存在的.

(2) 无穷大量不能理解为非常非常大的数，它是指一个变化的量，即变量.

(3) 同样地，只有指明自变量 x 的趋向时，才能说 $f(x)$ 是否为无穷大量.

1.3.3　无穷小量与无穷大量

定理1.2　若 $\lim f(x)=\infty$，则 $\lim\dfrac{1}{f(x)}=0$；反之，若 $\lim f(x)=0$ 且 $f(x)\neq0$，则 $\lim\dfrac{1}{f(x)}=\infty$.

注意：定理1.2中的极限是指在共同的趋向下，故省略了 x 的变化趋势. 此定理说明，无穷大的倒数是无穷小，非零无穷小的倒数是无穷大.

例16　判断下列函数在指定的过程中是无穷小量还是无穷大量，并说明理由.

(1) $f(x)=e^x$，$x\to+\infty$；　(2) $f(x)=e^x$，$x\to-\infty$；

(3) $f(x)=\ln x$，$x\to0^+$；　(4) $f(x)=\dfrac{x^2+1}{1-2x}$，$x\to\infty$.

解　(1) $\lim\limits_{x\to+\infty}e^x=+\infty$，故当 $x\to+\infty$ 时，$f(x)=e^x$ 是无穷大量.

(2) $\lim\limits_{x\to-\infty}e^x=0$，故当 $x\to-\infty$ 时，$f(x)=e^x$ 是无穷小量.

(3) $\lim\limits_{x\to0^+}\ln x=-\infty$，故当 $x\to0^+$ 时，$f(x)=\ln x$ 是无穷大量.

(4) $\lim\limits_{x\to\infty}\dfrac{x^2+1}{1-2x}=\infty$，故当 $x\to\infty$ 时，$f(x)=\dfrac{x^2+1}{1-2x}$ 是无穷大量.

习 题 1.3

1. 指出下列函数在怎样的变化过程中是无穷小量，在怎样的变化过程中是无穷大量.

(1) $f(x)=\dfrac{2}{x+1}$；　(2) $f(x)=e^{-x}$；

(3) $f(x)=\ln x$；　(4) $f(x)=\tan x$.

2. 计算下列极限.

(1) $\lim\limits_{x\to0}x^2\arctan\dfrac{1}{x}$；　(2) $\lim\limits_{x\to0}\dfrac{1}{e^x-1}$.

1.4　极限运算法则

如何求解函数的极限是微积分中的重要内容. 本节将介绍求解某些函数极限时需要运

用的极限四则运算法则和复合函数极限法则.

1.4.1 极限四则运算法则

定理 1.3 设 $\lim f(x) = A$，$\lim g(x) = B$，则

(1) $\lim[f(x) \pm g(x)] = \lim f(x) \pm \lim g(x) = A \pm B$；

(2) $\lim[f(x)g(x)] = \lim f(x)\lim g(x) = AB$；

(3) $\lim \dfrac{f(x)}{g(x)} = \dfrac{\lim f(x)}{\lim g(x)} = \dfrac{A}{B}(B \neq 0)$.

推论 1 若 $\lim f_i(x)(i = 1, 2, \cdots, n)$ 都存在，则

$$\lim[f_1(x) \pm f_2(x) \pm \cdots \pm f_n(x)] = \lim f_1(x) \pm \lim f_2(x) \pm \cdots \pm \lim f_n(x)$$

推论 2 若 $\lim f(x) = A$，C 为常数，则 $\lim[Cf(x)] = C\lim f(x) = CA$.

推论 3 若 $\lim f_i(x)(i = 1, 2, \cdots, n)$ 都存在，则

$$\lim[f_1(x) \cdot f_2(x) \cdot \cdots \cdot f_n(x)] = \lim f_1(x) \cdot \lim f_2(x) \cdot \cdots \cdot \lim f_n(x)$$

特别地，若 $\lim f(x) = A$，$n \in \mathbf{Z}^+$，则 $\lim[f(x)]^n = [\lim f(x)]^n = A^n$.

以上定理及推论中的"lim"没有趋向，在此是指在共同的趋向 $x \to x_0$ 或 $x \to \infty$ 时，结论都是成立的.

对于数列的极限，也有类似的法则. 设有数列 $\{x_n\}$、$\{y_n\}$，如果 $\lim\limits_{n\to\infty} x_n = A$，$\lim\limits_{n\to\infty} y_n = B$，则

(1) $\lim\limits_{n\to\infty}(x_n \pm y_n) = A \pm B$；

(2) $\lim\limits_{n\to\infty}(x_n \cdot y_n) = A \cdot B$；

(3) $\lim\limits_{n\to\infty}\dfrac{x_n}{y_n} = \dfrac{A}{B}$ （$y_n \neq 0$，$B \neq 0$）.

例 17 求下列数列的极限.

(1) $\lim\limits_{n\to\infty}\dfrac{n^3 + 2n^2 + 1}{3n^3 + n + 2}$；

(2) $\lim\limits_{n\to\infty}\left(\dfrac{1}{n^2+1} + \dfrac{2}{n^2+1} + \cdots + \dfrac{n}{n^2+1}\right)$.

解 (1) $\lim\limits_{n\to\infty}\dfrac{n^3 + 2n^2 + 1}{3n^3 + n + 2} = \lim\limits_{n\to\infty}\dfrac{1 + \dfrac{2}{n} + \dfrac{1}{n^3}}{3 + \dfrac{1}{n^2} + \dfrac{2}{n^3}} = \dfrac{1}{3}$

(2) $\lim\limits_{n\to\infty}\left(\dfrac{1}{n^2+1} + \dfrac{2}{n^2+1} + \cdots + \dfrac{n}{n^2+1}\right) = \lim\limits_{n\to\infty}\dfrac{1}{n^2+1}(1 + 2 + \cdots + n)$

$$= \lim\limits_{n\to\infty}\dfrac{n(n+1)}{2(n^2+1)} = \dfrac{1}{2}$$

例 18　求下列函数的极限.

(1) $\lim\limits_{x\to 0}(e^x + 2\sin x)$；

(2) $\lim\limits_{x\to 1}\dfrac{x^2 + 2x + 1}{x^3 - 3x + 3}$；

(3) $\lim\limits_{x\to 4}\dfrac{x^2 - 2x - 8}{x^2 - 3x - 4}$；

(4) $\lim\limits_{x\to 1}\left(\dfrac{1}{x-1} - \dfrac{3}{x^3-1}\right)$；

(5) $\lim\limits_{x\to 0}\dfrac{\sqrt{1+x} - \sqrt{1-x}}{x}$；

(6) $\lim\limits_{x\to\infty}\dfrac{x^3 - 5x + 3}{3x^3 + 4x^2 - 1}$；

(7) $\lim\limits_{x\to\infty}\dfrac{x^2 + x + 2}{3x^3 + 2x + 1}$；

(8) $\lim\limits_{x\to\infty}\dfrac{3x^3 + 2x + 1}{x^2 + x + 2}$.

解　(1) $\lim\limits_{x\to 0}(e^x + 2\sin x) = \lim\limits_{x\to 0}e^x + 2\lim\limits_{x\to 0}\sin x = e^0 + 0 = 1$

(2) $\lim\limits_{x\to 1}\dfrac{x^2 + 2x + 1}{x^3 - 3x + 3} = \dfrac{\lim\limits_{x\to 1}(x^2 + 2x + 1)}{\lim\limits_{x\to 1}(x^3 - 3x + 3)} = \dfrac{1 + 2 + 1}{1 - 3 + 3} = 4$

(3) $\lim\limits_{x\to 4}\dfrac{x^2 - 2x - 8}{x^2 - 3x - 4} = \lim\limits_{x\to 4}\dfrac{(x-4)(x+2)}{(x-4)(x+1)} = \dfrac{6}{5}$

(4) $\lim\limits_{x\to 1}\left(\dfrac{1}{x-1} - \dfrac{3}{x^3-1}\right) = \lim\limits_{x\to 1}\dfrac{x^2 + x - 2}{x^3 - 1} = \lim\limits_{x\to 1}\dfrac{(x-1)(x+2)}{(x-1)(x^2+x+1)}$

$\qquad = \lim\limits_{x\to 1}\dfrac{x+2}{x^2+x+1} = 1$

(5) $\lim\limits_{x\to 0}\dfrac{\sqrt{1+x} - \sqrt{1-x}}{x} = \lim\limits_{x\to 0}\dfrac{(\sqrt{1+x} - \sqrt{1-x})(\sqrt{1+x} + \sqrt{1-x})}{x(\sqrt{1+x} + \sqrt{1-x})}$

$\qquad = \lim\limits_{x\to 0}\dfrac{2}{\sqrt{1+x} + \sqrt{1-x}} = \dfrac{2}{\lim\limits_{x\to 0}(\sqrt{1+x} + \sqrt{1-x})} = 1$

(6) $\lim\limits_{x\to\infty}\dfrac{x^3 - 5x + 3}{3x^3 + 4x^2 - 1} = \lim\limits_{x\to\infty}\dfrac{1 - \dfrac{5}{x^2} + \dfrac{3}{x^3}}{3 + \dfrac{4}{x} - \dfrac{1}{x^3}} = \dfrac{1}{3}$

(7) $\lim\limits_{x\to\infty}\dfrac{x^2 + x + 2}{3x^3 + 2x + 1} = \lim\limits_{x\to\infty}\dfrac{\dfrac{1}{x} + \dfrac{1}{x^2} + \dfrac{2}{x^3}}{3 + \dfrac{2}{x^2} + \dfrac{1}{x^3}} = \dfrac{0}{3} = 0$

(8) 由(7)题的结论及上节定理 1.2 知

$$\lim\limits_{x\to\infty}\dfrac{3x^3 + 2x + 1}{x^2 + x + 2} = \infty$$

总结：例 18 中(1)、(2)题直接利用四则运算法则，(3)～(8)题不能直接利用四则运算，要把变量先进行一些初等变形，转化成可以利用法则的形式. 其中，(3)题、(5)题是

"$\frac{0}{0}$"型极限，（4）题是"$\infty-\infty$"型极限，（6）～（8）题是"$\frac{\infty}{\infty}$"型极限.

一般地，设 $a_0 \neq 0$，$b_0 \neq 0$，m，n 为正整数，则有

$$\lim_{x\to\infty}\frac{a_0 x^n + a_1 x^{n-1} + \cdots + a_n}{b_0 x^m + b_1 x^{m-1} + \cdots + b_m} = \begin{cases} \dfrac{a_0}{b_0}, & m = n \\ 0, & n < m \\ \infty, & n > m \end{cases}$$

1.4.2 复合函数极限法则

定理 1.4 设 $\lim\limits_{x\to x_0}\varphi(x) = a$，而 $\lim\limits_{u\to a}f(u) = A$，且在点 x_0 的某个去心邻域内 $\varphi(x) \neq a$，则有 $\lim\limits_{x\to x_0}f[\varphi(x)] = \lim\limits_{u\to a}f(u) = A$.

上述定理说明：（1）如果满足定理条件，则有 $\lim\limits_{x\to x_0}f[\varphi(x)] \xage{u=\varphi(x)} \lim\limits_{u\to a}f(u)$.

（2）定理中，将 $\lim\limits_{x\to x_0}\varphi(x) = a$ 换成 $\lim\limits_{x\to x_0}\varphi(x) = \infty$，结论仍成立.

（3）定理中，将 $x \to x_0$ 换成 x 的其他变化趋势，结论仍成立.

例 19 求 $\lim\limits_{x\to\infty}\sqrt{\dfrac{4x^2+1}{x^2-5}}$.

解 因为 $\lim\limits_{x\to\infty}\dfrac{4x^2+1}{x^2-5} = 4$，令 $u = \dfrac{4x^2+1}{x^2-5}$，当 $x\to\infty$ 时，$u\to 4$，则

$$\lim_{x\to\infty}\sqrt{\frac{4x^2+1}{x^2-5}} = \lim_{u\to 4}\sqrt{u} = 2$$

习 题 1.4

1. 求下列极限.

（1）$\lim\limits_{n\to\infty}\left(\dfrac{1}{n^2} + \dfrac{2}{n^2} + \cdots + \dfrac{n}{n^2}\right)$；

（2）$\lim\limits_{n\to\infty}\dfrac{n^2+2n+1}{2n^2+3n+4}$；

（3）$\lim\limits_{n\to\infty}\dfrac{2^n-1}{3^n+1}$；

（4）$\lim\limits_{n\to\infty}\sqrt{n}(\sqrt{n+3}-\sqrt{n+4})$.

2. 求下列函数的极限.

（1）$\lim\limits_{x\to 1}\left(\dfrac{1}{x-1} - \dfrac{2}{x^2-1}\right)$；

（2）$\lim\limits_{x\to 1}\left(\dfrac{1}{1-x} + \dfrac{1-3x}{1-x^2}\right)$；

（3）$\lim\limits_{x\to 4}\dfrac{x-4}{\sqrt{x+5}-3}$；

（4）$\lim\limits_{x\to+\infty}(\sqrt{x+3}-\sqrt{x})$；

(5) $\lim\limits_{x\to 0}\dfrac{1-\sqrt{x+1}}{2x}$;

(6) $\lim\limits_{h\to 0}\dfrac{(x+h)^2-x^2}{h}$;

(7) $\lim\limits_{x\to\infty}\dfrac{(2x-3)^{30}}{(3x+1)^{10}(2x-1)^{20}}$;

(8) $\lim\limits_{n\to\infty}\left(1+\dfrac{1}{2}+\dfrac{1}{2^2}+\cdots+\dfrac{1}{2^n}\right)$.

3. 已知 $\lim\limits_{x\to 1}\dfrac{x^2+ax+b}{1-x}=1$，试求 a 和 b 的值.

4. 计算 $\lim\limits_{x\to 0}\dfrac{x}{1-\sqrt[4]{1-x}}$.

1.5　极限存在准则、两个重要极限公式

本节将介绍两个极限存在准则以及应用准则推导出的两个重要极限公式. 学习本节内容后可以计算更多的函数极限.

1.5.1　极限存在准则

准则 Ⅰ（夹逼准则）　若函数 $f(x)$，$g(x)$，$h(x)$ 在点 x_0 的某去心邻域内满足：

(1) $g(x)\leqslant f(x)\leqslant h(x)$;

(2) $\lim\limits_{x\to x_0}g(x)=\lim\limits_{x\to x_0}h(x)=A$，

则有 $\lim\limits_{x\to x_0}f(x)=A$.

注意：(1) 此准则在 $x\to\infty$，$x\to x_0^+$，$x\to x_0^-$ 时依然成立.

(2) 数列极限也有相应的结论成立.

例 20　求 $\lim\limits_{n\to\infty}\left(\dfrac{1}{\sqrt{n^2+1}}+\dfrac{1}{\sqrt{n^2+2}}+\cdots+\dfrac{1}{\sqrt{n^2+n}}\right)$.

解　因为

$$\frac{n}{\sqrt{n^2+n}}\leqslant\frac{1}{\sqrt{n^2+1}}+\frac{1}{\sqrt{n^2+2}}+\cdots+\frac{1}{\sqrt{n^2+n}}\leqslant\frac{n}{\sqrt{n^2+1}}$$

且 $\lim\limits_{n\to\infty}\dfrac{n}{\sqrt{n^2+1}}=\lim\limits_{n\to\infty}\dfrac{n}{\sqrt{n^2+n}}=1$，应用夹逼准则，得

$$\lim\limits_{n\to\infty}\left(\frac{1}{\sqrt{n^2+1}}+\frac{1}{\sqrt{n^2+2}}+\cdots+\frac{1}{\sqrt{n^2+n}}\right)=1$$

准则 Ⅱ　单调有界数列必收敛.

此准则表明，若数列单调并且有界，则此数列的极限一定存在. 另外，收敛数列一定有界，但有界数列不一定收敛.

例如，$\{(-1)^n\}$ 有界，但不收敛.

1.5.2 两个重要极限

应用1.5.1节介绍的两个极限存在准则，可以推导出两个重要极限公式. 这里只对第一个重要极限公式给予证明. 由于第二个重要极限公式的推导非常复杂，在此不作介绍.

重要极限 I

$$\lim_{x \to 0} \frac{\sin x}{x} = 1$$

证明 设 $f(x) = \dfrac{\sin x}{x}$，$x \in (-\infty, 0) \bigcup (0, +\infty)$ 作单位圆（见图 1-11），设

$\angle AOB = x\left(0 < x < \dfrac{\pi}{2}\right)$，$DA$ 为圆的切线. 由图 1-11

可知，$\triangle AOB$ 的面积 $<$ 扇形 AOB 的面积 $<$ $\triangle AOD$ 的面积，即

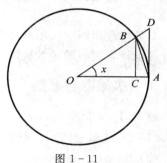

图 1-11

$$\frac{1}{2}\sin x < \frac{1}{2}x < \frac{1}{2}\tan x = \frac{1}{2}\frac{\sin x}{\cos x}$$

因 $x \in \left(0, \dfrac{\pi}{2}\right)$，此不等式可简化为

$$1 < \frac{x}{\sin x} < \frac{1}{\cos x}，\text{即 } \cos x < \frac{\sin x}{x} < 1$$

当 $x \in \left(-\dfrac{\pi}{2}, 0\right)$ 时，因 $\cos x$，$\dfrac{\sin x}{x}$ 都是偶函数，故上述不等式依然成立.

又 $\lim\limits_{x \to 0} \cos x = 1$，根据准则 I 可得

$$\lim_{x \to 0} \frac{\sin x}{x} = 1$$

例 21 求下列函数的极限.

(1) $\lim\limits_{x \to 0} \dfrac{x}{\sin x}$；

(2) $\lim\limits_{x \to \infty} x \sin \dfrac{1}{x}$；

(3) $\lim\limits_{x \to 0} \dfrac{\tan x}{x}$；

(4) $\lim\limits_{x \to 0} \dfrac{1 - \cos x}{x^2}$；

(5) $\lim\limits_{x \to 0} \dfrac{\arctan x}{x}$；

(6) $\lim\limits_{x \to 0} \dfrac{\arcsin x}{x}$.

解 (1) 原式 $= \lim\limits_{x \to 0} \dfrac{1}{\dfrac{\sin x}{x}} = 1$

(2) 令 $t = \dfrac{1}{x}$，则

$$\text{原式} = \lim_{x\to\infty} \frac{\sin\frac{1}{x}}{\frac{1}{x}} = \lim_{t\to 0} \frac{\sin t}{t} = 1, \text{ 即 } \lim_{x\to\infty} x\sin\frac{1}{x} = 1$$

(3) $\lim\limits_{x\to 0} \dfrac{\tan x}{x} = \lim\limits_{x\to 0}\left(\dfrac{\sin x}{x} \cdot \dfrac{1}{\cos x}\right) = 1$

(4) $\lim\limits_{x\to 0} \dfrac{1-\cos x}{x^2} = \lim\limits_{x\to 0} \dfrac{2\sin^2\frac{x}{2}}{x^2} = \lim\limits_{x\to 0}\left(\dfrac{\sin\frac{x}{2}}{\frac{x}{2}} \cdot \dfrac{\sin\frac{x}{2}}{\frac{x}{2}} \cdot \dfrac{1}{2}\right) = \dfrac{1}{2}$

(5) 令 $\arctan x = t$，则 $\tan t = x$，于是

$$\lim_{x\to 0} \frac{\arctan x}{x} = \lim_{t\to 0} \frac{t}{\tan t} = \lim_{t\to 0} \frac{1}{\frac{\tan t}{t}} = 1 \quad (\text{利用}(3)\text{的结论})$$

(6) 令 $\arcsin x = t$，则 $x = \sin t$，当 $x \to 0$ 时，$t \to 0$，于是

$$\lim_{x\to 0} \frac{\arcsin x}{x} = \lim_{t\to 0} \frac{t}{\sin t} = 1 \quad (\text{利用}(1)\text{的结论})$$

例 22 求下列函数的极限.

(1) $\lim\limits_{x\to 0} \dfrac{\sin ax}{\sin bx}$（其中 a，b 为常数，且 $ab \neq 0$）; (2) $\lim\limits_{x\to\pi} \dfrac{\sin x}{\pi - x}$.

解 (1) $\lim\limits_{x\to 0} \dfrac{\sin ax}{\sin bx} = \lim\limits_{x\to 0}\left(\dfrac{\sin ax}{ax} \cdot \dfrac{bx}{\sin bx} \cdot \dfrac{a}{b}\right) = \dfrac{a}{b}$

(2) $\lim\limits_{x\to\pi} \dfrac{\sin x}{\pi - x} \xlongequal{\text{令 } \pi - x = t} \lim\limits_{t\to 0} \dfrac{\sin(\pi - t)}{t} = \lim\limits_{t\to 0} \dfrac{\sin t}{t} = 1$

注意：(1) 重要极限 Ⅰ 是"$\dfrac{0}{0}$"型极限.

(2) $\lim\limits_{\varphi(x)\to 0} \dfrac{\sin\varphi(x)}{\varphi(x)} = 1$，其中 $\varphi(x)$ 代表相同形式的变量.

(3) 例 21 中的结论应当熟记，在求解更为复杂的函数极限问题时，可直接拿来利用.

重要极限 Ⅱ

$$\lim_{x\to\infty}\left(1 + \frac{1}{x}\right)^x = \mathrm{e}$$

注意：(1) 重要极限 Ⅱ 是"1^∞"型极限.

(2) $\lim\limits_{\varphi(x)\to\infty}\left[1 + \dfrac{1}{\varphi(x)}\right]^{\varphi(x)} = \mathrm{e}$，其中 $\varphi(x)$ 代表相同形式的变量.

例 23 求下列函数的极限.

(1) $\lim\limits_{x\to 0}(1+x)^{\frac{1}{x}}$; (2) $\lim\limits_{x\to\infty}\left(1 - \dfrac{2}{x}\right)^x$;

(3) $\lim\limits_{x\to\infty}\left(1-\dfrac{2}{x}\right)^{3x+2}$； (4) $\lim\limits_{x\to\infty}\left(1+\dfrac{a}{x}\right)^{bx}$（其中 a，b 为常数，$ab\neq 0$）；

(5) $\lim\limits_{x\to\infty}\left(\dfrac{2x+3}{2x+1}\right)^{x}$； (6) $\lim\limits_{x\to 0}(1+x)^{\frac{1}{\sin x}}$.

解 （1）令 $x=\dfrac{1}{t}$，则

$$\lim_{x\to 0}(1+x)^{\frac{1}{x}}=\lim_{t\to\infty}\left(1+\frac{1}{t}\right)^{t}=\mathrm{e}$$

（2）$\lim\limits_{x\to\infty}\left(1-\dfrac{2}{x}\right)^{x}=\lim\limits_{x\to\infty}\left[1+\left(-\dfrac{2}{x}\right)\right]^{\left(-\frac{x}{2}\right)(-2)}=\mathrm{e}^{-2}$

（3）$\lim\limits_{x\to\infty}\left(1-\dfrac{2}{x}\right)^{3x+2}=\lim\limits_{x\to\infty}\left(1-\dfrac{2}{x}\right)^{3x}\lim\limits_{x\to\infty}\left(1-\dfrac{2}{x}\right)^{2}=\lim\limits_{x\to\infty}\left[\left(1-\dfrac{2}{x}\right)^{-\frac{x}{2}}\right]^{-6}=\mathrm{e}^{-6}$

（4）$\lim\limits_{x\to\infty}\left(1+\dfrac{a}{x}\right)^{bx}=\lim\limits_{x\to\infty}\left(1+\dfrac{a}{x}\right)^{\frac{x}{a}(ab)}=\mathrm{e}^{ab}\ (ab\neq 0)$

同理可得

$$\lim_{x\to 0}(1+ax)^{\frac{b}{x}}=\mathrm{e}^{ab}\ (ab\neq 0)$$

（5）$\lim\limits_{x\to\infty}\left(\dfrac{2x+3}{2x+1}\right)^{x}=\lim\limits_{x\to\infty}\left(1+\dfrac{2}{2x+1}\right)^{x}=\lim\limits_{x\to\infty}\left(1+\dfrac{2}{2x+1}\right)^{\frac{2x+1}{2}-\frac{1}{2}}$

$=\lim\limits_{x\to\infty}\left[\left(1+\dfrac{2}{2x+1}\right)^{\frac{2x+1}{2}}\cdot\left(1+\dfrac{2}{2x+1}\right)^{-\frac{1}{2}}\right]$

$=\mathrm{e}\cdot 1=\mathrm{e}$

（6）$\lim\limits_{x\to 0}(1+x)^{\frac{1}{\sin x}}=\lim\limits_{x\to 0}\left[(1+x)^{\frac{1}{x}}\right]^{\frac{x}{\sin x}}=\mathrm{e}$

1.5.3 连续复利

一笔 P 元的存款，以年复利方式计息，年利率为 r，在 t 年后的将来，余额为 B 元，则有

$$B=P(1+r)^{t}$$

若把一年分成 n 次来计算复利，年利率仍为 r，在 t 年后的将来，余额为 B 元，则有

$$B=P\left(1+\frac{r}{n}\right)^{nt}$$

当 $n\to\infty$ 时，复利计算利息变成连续的了（即连续复利），此时有

$$B=P\mathrm{e}^{rt}$$

例 24 假如某人买的彩票中奖 100 万，有两种兑奖方式供选择：一种是分 4 年每年支付 25 万元的分期支付方式，从现在开始支付；另一种为一次支付 92 万元的一次付清方式，也就是现在支付. 假设银行年利率为 6%，以连续复利方式计息，又假设不交税，那么哪种

兑奖方式更合适?

解　考虑兑奖方式,就要使现值最大,设分 4 年每年 25 万的支付方式的现总值为 P,则

$$P = 25 + 25\mathrm{e}^{-0.06} + 25\mathrm{e}^{-0.06\times2} + 25\mathrm{e}^{-0.06\times3}$$
$$\approx 25 + 23.5441 + 22.1730 + 20.8818$$
$$= 91.5989 < 92$$

故选择现在一次付清 92 万元的兑奖方式比较合适.

习 题 1.5

1. 求下列函数的极限.

(1) $\lim\limits_{x\to0}\dfrac{\arcsin x}{4x}$;

(2) $\lim\limits_{x\to0}\dfrac{1-\cos2x}{x\sin x}$;

(3) $\lim\limits_{x\to0}\dfrac{\sqrt{1+x}-\sqrt{1-x}}{\sin x}$;

(4) $\lim\limits_{x\to0}\dfrac{1-\cos x}{4x^2}$;

(5) $\lim\limits_{x\to1}\dfrac{\sin(x-1)}{3(x-1)}$;

(6) $\lim\limits_{x\to0}\dfrac{\sin3x}{\tan5x}$;

(7) $\lim\limits_{x\to0}\dfrac{\sin(\sin x)}{x}$;

(8) $\lim\limits_{x\to0}\dfrac{x-\sin x}{x+\sin x}$.

2. 求下列极限.

(1) $\lim\limits_{x\to\infty}\left(1+\dfrac{1}{x}\right)^{5x}$;

(2) $\lim\limits_{x\to\infty}\left(\dfrac{x-1}{x}\right)^x$;

(3) $\lim\limits_{x\to\infty}\left(\dfrac{x}{x+1}\right)^x$;

(4) $\lim\limits_{x\to\infty}\left(\dfrac{2x-1}{2x+1}\right)^{x+1}$;

(5) $\lim\limits_{x\to0}(1+\tan x)^{\cot x}$;

(6) $\lim\limits_{x\to0}(1+\sin x)^{\csc x}$.

3. 设 $f(x)=\begin{cases}2(1-\cos2x), & x<0\\ax^2+x^3, & x\geqslant0\end{cases}$,试求极限 $\lim\limits_{x\to0^-}\dfrac{f(x)}{x^2}$ 和 $\lim\limits_{x\to0^+}\dfrac{f(x)}{x^2}$,极限 $\lim\limits_{x\to0}\dfrac{f(x)}{x^2}$ 是否存在?

4. 某企业计划发行公司债券,规定以年利率 6.5% 的连续复利方式计息,10 年后每份债券一次偿还本息 1000 元,那么发行时每份债券的价格应定为多少元?

1.6　无穷小的比较

由无穷小的性质可知,两个无穷小的和、差、积仍是无穷小,但两个无穷小的商却不一定. 例如,当 $x\to0$ 时,$2x$,x^2,x^3,$\sin x$ 都是无穷小,且

$$\lim_{x\to 0}\frac{2x}{x^2}=\infty, \quad \lim_{x\to 0}\frac{x^3}{x^2}=0, \quad \lim_{x\to 0}\frac{\sin x}{2x}=\frac{1}{2}$$

两个无穷小之比的极限不同，反映了它们在同一变化过程中趋近于零的速度不同，如 $x^3\to 0$ 比 $x^2\to 0$ 要快，$2x\to 0$ 比 $x^2\to 0$ 要慢，而 $\sin x\to 0$ 与 $2x\to 0$ 的速度差不多，一般地，可用两个无穷小之比的极限来衡量它们趋于零的速度快慢. 为此，引入无穷小的阶的定义.

定义 1.11 设 $\lim\alpha(x)=0$，$\lim\beta(x)=0$，且 $\beta(x)\neq 0$.

(1) 若 $\lim\dfrac{\alpha(x)}{\beta(x)}=0$，则称 $\alpha(x)$ 是比 $\beta(x)$ 高阶的无穷小，记作 $\alpha(x)=o(\beta(x))$；

(2) 若 $\lim\dfrac{\alpha(x)}{\beta(x)}=\infty$，则称 $\alpha(x)$ 是比 $\beta(x)$ 低阶的无穷小；

(3) 若 $\lim\dfrac{\alpha(x)}{\beta(x)}=C$（$C\neq 0$，$C$ 为常数），则称 $\alpha(x)$ 与 $\beta(x)$ 是同阶无穷小；

(4) 若 $\lim\dfrac{\alpha(x)}{\beta(x)}=1$，则称 $\alpha(x)$ 与 $\beta(x)$ 是等价无穷小，记作 $\alpha(x)\sim\beta(x)$.

上述极限均指在同一趋向下.

例 25 当 $x\to 0$ 时，$2x-x^2$ 与 x^2-x^3 哪一个是高阶无穷小？

解 因为 $\lim\limits_{x\to 0}\dfrac{2x-x^2}{x^2-x^3}=\lim\limits_{x\to 0}\dfrac{2-x}{x-x^2}=\infty$，即 $\lim\limits_{x\to 0}\dfrac{x^2-x^3}{2x-x^2}=0$，故 x^2-x^3 是比 $2x-x^2$ 高阶的无穷小.

例 26 证明：当 $x\to 0$ 时，

(1) $\ln(1+x)\sim x$；　　　(2) $e^x-1\sim x$；　　　(3) $\sqrt{1+x}-1\sim\dfrac{1}{2}x$.

证明 (1) 因为

$$\lim_{x\to 0}\frac{\ln(1+x)}{x}=\lim_{x\to 0}\frac{1}{x}\ln(1+x)=\lim_{x\to 0}\ln(1+x)^{\frac{1}{x}}=\ln e=1$$

故 $x\to 0$ 时，$\ln(1+x)\sim x$.

(2) 令 $e^x-1=t$，则

$$\lim_{x\to 0}\frac{e^x-1}{x}=\lim_{t\to 0}\frac{t}{\ln(1+t)}=1 \quad \text{（利用(1)的结论）}$$

故 $x\to 0$ 时，$e^x-1\sim x$.

(3) 因为

$$\lim_{x \to 0} \frac{\sqrt{1+x}-1}{\frac{1}{2}x} = \lim_{x \to 0} \frac{(\sqrt{1+x}-1)(\sqrt{1+x}+1)}{\frac{1}{2}x(\sqrt{1+x}+1)}$$

$$= \lim_{x \to 0} \frac{1}{\frac{1}{2}(\sqrt{1+x}+1)} = 1$$

故 $x \to 0$ 时，$\sqrt{1+x}-1 \sim \frac{1}{2}x$.

等价无穷小在极限的运算中有重要的作用. 下面给出等价无穷小的代换定理.

定理 1.5 若 $\alpha \sim \alpha'$，$\beta \sim \beta'$，且 $\lim \frac{\beta'}{\alpha'}$ 存在，则

$$\lim \frac{\beta}{\alpha} = \lim \frac{\beta'}{\alpha'}$$

证明 $\lim \frac{\beta}{\alpha} = \lim \frac{\beta}{\beta'} \cdot \frac{\beta'}{\alpha'} \cdot \frac{\alpha'}{\alpha} = \lim \frac{\beta}{\beta'} \cdot \lim \frac{\beta'}{\alpha'} \cdot \lim \frac{\alpha'}{\alpha} = \lim \frac{\beta'}{\alpha'}$

由例 21 及例 26 可得如下等价无穷小代换公式：当 $x \to 0$ 时，有 $\sin x \sim x$，$\tan x \sim x$，$1 - \cos x \sim \frac{1}{2}x^2$，$\arctan x \sim x$，$\arcsin x \sim x$，$\ln(1+x) \sim x$，$e^x - 1 \sim x$，$\sqrt{1+x} - 1 \sim \frac{1}{2}x$，$\sqrt[n]{1+x} - 1 \sim \frac{1}{n}x$，其中 n 是正整数.

例 27 计算下列极限.

(1) $\lim\limits_{x \to 0} \dfrac{1 - \cos x}{x \sin x}$；

(2) $\lim\limits_{x \to 0} \dfrac{\ln(1 + 2x)}{\sin 3x}$；

(3) $\lim\limits_{x \to 0} \dfrac{(1+x)^{\frac{1}{2}} - 1}{\sin x}$；

(4) $\lim\limits_{x \to 0} \dfrac{1 - \cos x^2}{x^2 \sin x \tan 5x}$；

(5) $\lim\limits_{x \to 0} \dfrac{\ln(1 + x^2)}{(e^{3x} - 1)^2}$；

(6) $\lim\limits_{x \to 0} \dfrac{\tan x - \sin x}{x^3}$.

解 (1) $\lim\limits_{x \to 0} \dfrac{1 - \cos x}{x \sin x} = \lim\limits_{x \to 0} \dfrac{\frac{1}{2}x^2}{x \cdot x} = \dfrac{1}{2}$

(2) $\lim\limits_{x \to 0} \dfrac{\ln(1 + 2x)}{\sin 3x} = \lim\limits_{x \to 0} \dfrac{2x}{3x} = \dfrac{2}{3}$

(3) $\lim\limits_{x \to 0} \dfrac{(1+x)^{\frac{1}{2}} - 1}{\sin x} = \lim\limits_{x \to 0} \dfrac{\frac{1}{2}x}{x} = \dfrac{1}{2}$

(4) $\lim\limits_{x \to 0} \dfrac{1 - \cos x^2}{x^2 \sin x \tan 5x} = \lim\limits_{x \to 0} \dfrac{\frac{1}{2}(x^2)^2}{x^2 \cdot x \cdot 5x} = \dfrac{1}{10}$

(5) $\lim\limits_{x \to 0} \dfrac{\ln(1+x^2)}{(e^{3x}-1)^2} = \lim\limits_{x \to 0} \dfrac{x^2}{(3x)^2} = \dfrac{1}{9}$

(6) $\lim\limits_{x \to 0} \dfrac{\tan x - \sin x}{x^3} = \lim\limits_{x \to 0} \dfrac{\sin x\left(\dfrac{1}{\cos x}-1\right)}{x^3} = \lim\limits_{x \to 0} \dfrac{\sin x(1-\cos x)}{x^3 \cdot \cos x} = \lim\limits_{x \to 0} \dfrac{x \cdot \dfrac{1}{2}x^2}{x^3 \cos x} = \dfrac{1}{2}$

若直接将 $\tan x$、$\sin x$ 用 x 代替，即

$$\lim\limits_{x \to 0} \dfrac{\tan x - \sin x}{x^3} = \lim\limits_{x \to 0} \dfrac{x-x}{x^3} = 0$$

此解法是错误的

总结：求极限时，分子、分母或函数中的乘积因式可用其等价无穷小来代替，计算量大大简化. 但和差形式中的无穷小进行部分替换之后，若符合定理 1.5 的条件，则可以，否则会出现错误.

习 题 1.6

1. 求下列函数的极限.

(1) $\lim\limits_{x \to 0} \dfrac{\arcsin 5x}{\tan 3x}$；

(2) $\lim\limits_{x \to 0} \dfrac{\tan x^2}{1-\cos x}$；

(3) $\lim\limits_{x \to 0} \dfrac{\ln(1+3x)}{\sin 2x}$；

(4) $\lim\limits_{x \to 0} \dfrac{\arctan 7x}{e^{2x}-1}$；

(5) $\lim\limits_{x \to \infty} \dfrac{\sin x + \cos x + 2x}{x}$；

(6) $\lim\limits_{n \to \infty} n[\ln(n+1) - \ln n]$；

(7) $\lim\limits_{x \to 0} x \arctan \dfrac{1}{x}$；

(8) $\lim\limits_{x \to 0} \dfrac{\sin(\sin x)}{x}$；

(9) $\lim\limits_{x \to +\infty} 2^x \sin \dfrac{1}{3^x}$；

(10) $\lim\limits_{x \to 0} \dfrac{\sqrt{2}-\sqrt{1+\cos x}}{\sqrt{1+x^2}-1}$.

2. 求下列函数的极限.

(1) $\lim\limits_{x \to 0} \dfrac{\sqrt{1+\sin^2 x}-1}{x^2}$；

(2) $\lim\limits_{x \to \infty} x \operatorname{cosec} \dfrac{1}{x} \ln\left(1+\dfrac{1}{x^2}\right)$；

(3) $\lim\limits_{x \to 0} \dfrac{3\sin x + x^2 \cos \dfrac{1}{x}}{(1+\cos x)\ln(1+x)}$；

(4) $\lim\limits_{x \to 1} (1-x^2)\sin \dfrac{1}{1-x}$；

(5) $\lim\limits_{x \to 0} \dfrac{\tan^2 x - \sin^2 x}{x^4}$；

(6) $\lim\limits_{x \to 0} \dfrac{\sqrt[3]{1+x^2}-1}{\cos 2x - 1}$.

3. 当 $x \to 0$ 时，有 $1-\cos x \sim a\sin^2 \dfrac{x}{2}$，求 a 的值.

1.7　函数的连续性

1.7.1　函数连续性的概念

在自然界中有很多现象都是连续不断地变化的，如气温随着时间的变化而连续变化. 连续现象反映在数量关系上，就是我们所说的连续性. 本节将介绍函数连续的定义，下面首先给出变量增量的概念.

定义 1.12　设函数 $y = f(x)$，当自变量 x 从初值 x_0 改变到终值 x_1 时，称 $x_1 - x_0$ 为自变量 x 的增量（或改变量），记作 Δx，即 $\Delta x = x_1 - x_0$. 相应地，函数值 $f(x_0)$ 变化到 $f(x_1)$，称 $f(x_1) - f(x_0) = f(x_0 + \Delta x) - f(x_0)$ 为函数的增量（或改变量），记作 Δy，即 $\Delta y = f(x_0 + \Delta x) - f(x_0)$.

注意：Δx 与 Δy 既可取正值，亦可取负值.

定义 1.13　设函数 $y = f(x)$ 在点 x_0 的某邻域内有定义，若

$$\lim_{\Delta x \to 0} \Delta y = \lim_{\Delta x \to 0} [f(x_0 + \Delta x) - f(x_0)] = 0$$

则称函数 $y = f(x)$ 在点 x_0 处是连续的，点 x_0 称为函数 $f(x)$ 的连续点.

此定义可等价地表述为

定义 1.14　设函数 $y = f(x)$ 在点 x_0 的某邻域内有定义，若

$$\lim_{x \to x_0} f(x) = f(x_0)$$

则称函数 $y = f(x)$ 在点 x_0 处是连续的.

由此定义可知，函数 $f(x)$ 在点 x_0 处连续必须同时满足：

(1) $f(x_0)$ 有定义；

(2) $\lim\limits_{x \to x_0} f(x)$ 存在；

(3) $\lim\limits_{x \to x_0} f(x) = f(x_0)$.

若函数 $f(x)$ 在 x_0 的左邻域（或右邻域）有定义，且

$$\lim_{x \to x_0^-} f(x) = f(x_0) \quad (\text{或} \lim_{x \to x_0^+} f(x) = f(x_0))$$

则称函数 $f(x)$ 在点 x_0 处左连续（或右连续）. 显然，可得如下结论：

定理 1.6　函数 $f(x)$ 在点 x_0 处连续的充要条件是 $f(x)$ 在点 x_0 处既左连续又右连续，即

$$\lim_{x \to x_0} f(x) = f(x_0) \Leftrightarrow \lim_{x \to x_0^-} f(x) = \lim_{x \to x_0^+} f(x) = f(x_0)$$

若函数 $f(x)$ 在开区间 (a, b) 内每一点都连续，则称函数 $f(x)$ 在 (a, b) 内连续；若函数

$f(x)$在(a,b)内连续，且在$x=a$处右连续，在$x=b$处左连续，则称函数$f(x)$在$[a,b]$上连续. 在连续区间上，连续函数的图形是一条连续不断的曲线.

例 28　判断函数$y=f(x)=x^2$在x_0处的连续性.

解　因为
$$\Delta y = f(x_0+\Delta x)-f(x_0)=(x_0+\Delta x)^2-x_0^2=(\Delta x)^2+2x_0\Delta x$$
故
$$\lim_{\Delta x\to 0}\Delta y=\lim_{\Delta x\to 0}[(\Delta x)^2+2x\Delta x]=0$$
根据连续的定义，可得$f(x)=x^2$在$x_0\in\mathbf{R}$处连续.

1.7.2　初等函数的连续性

我们给出初等函数连续性的结论前，先讨论函数连续的相关性质.

性质 1　若$f(x)$，$g(x)$均在点x_0处连续，则$f(x)\pm g(x)$，$f(x)\cdot g(x)$，$\dfrac{f(x)}{g(x)}$ $(g(x)\neq 0)$在点x_0处连续.

此性质可由极限四则运算法则及函数在某点连续的定义得到.

性质 2　若函数$y=f(x)$在区间I_x上是单调连续函数，值域为I_y，则其反函数$x=\varphi(y)$在区间I_y上也连续.

性质 3　设函数$y=f(u)$在点u_0处连续，$u=\varphi(x)$在点x_0处连续，且$u_0=\varphi(x_0)$，则复合函数$y=f[\varphi(x)]$在点x_0处连续，即
$$\lim_{x\to x_0}f[\varphi(x)]=f[\lim_{x\to x_0}\varphi(x)]=f[\varphi(x_0)]$$

定理 1.7　基本初等函数在其定义域内都是连续函数.

定理 1.8　初等函数在其定义域内都是连续函数.

定理 1.8 又提供了求函数极限的一种方法：如果$y=f(x)$是初等函数，x_0是函数$y=f(x)$定义域内的点，则有$\lim\limits_{x\to x_0}f(x)=f(x_0)$. 例如：
$$\lim_{x\to\frac{\pi}{2}}\ln\sin x=\ln\sin\frac{\pi}{2}=0$$

1.7.3　函数的间断点及其分类

定义 1.15　若函数$f(x)$在点x_0处不连续（不满足x_0是连续点时的三个条件），则称函数$f(x)$在点x_0处不连续或间断，称点x_0为函数$f(x)$的间断点.

通常将函数间断点分成两类：函数$f(x)$在点x_0处的左、右极限都存在的间断点称为第一类间断点；函数$f(x)$在点x_0处的左、右极限中至少有一个不存在的间断点称为第二类间断点.

在第一类间断点中，若左、右极限相等但不等于这点的函数值，则称为可去间断点；若左、右极限不相等，则称为跳跃间断点. 在第二类间断点中，若左、右极限或 $\lim\limits_{x \to x_0} f(x)$ 中至少有一个为无穷大，则称 x_0 为 $f(x)$ 的无穷间断点；若 $\lim\limits_{x \to x_0} f(x)$ 振荡性的不存在，则称 x_0 为 $f(x)$ 的振荡间断点.

例 29　设函数 $f(x) = \begin{cases} \sin\dfrac{1}{x}, & x \neq 0 \\ 0, & x = 0 \end{cases}$，判断它在 $x = 0$ 处的连续性.

解　因为 $\lim\limits_{x \to 0} f(x) = \lim\limits_{x \to 0} \sin\dfrac{1}{x}$ 不存在，所以 $f(x)$ 在 $x = 0$ 处不连续，图形如图 1-12 所示. 随着 $x \to 0$，$f(x)$ 的值一直在 -1 与 1 之间"振荡"，故 $x = 0$ 是 $f(x)$ 的振荡间断点.

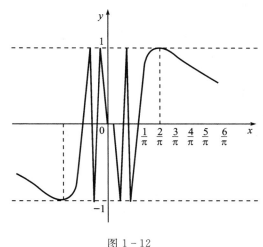

图 1-12

例 30　判断函数 $f(x) = \begin{cases} \dfrac{\sin x}{x}, & x < 0 \\ \mathrm{e}^x + 1, & x \geqslant 0 \end{cases}$ 在点 $x = 0$ 处的连续性，若间断，判别间断点的类型.

解　因为

$$\lim\limits_{x \to 0^-} f(x) = \lim\limits_{x \to 0^-} \frac{\sin x}{x} = 1, \lim\limits_{x \to 0^+} f(x) = \lim\limits_{x \to 0^+} (\mathrm{e}^x + 1) = 2$$

所以 $\lim\limits_{x \to 0^-} f(x) \neq \lim\limits_{x \to 0^+} f(x)$，故 $x = 0$ 为 $f(x)$ 的跳跃间断点，属于第一类间断点.

例 31　求函数 $f(x) = \dfrac{x^2 - 1}{x^2 - 3x + 2}$ 的连续区间及间断点，并判别间断点的类型.

解　因为函数 $f(x)$ 是初等函数，故 $f(x)$ 在其定义域内是连续的，连续区间为 $(-\infty, 1)$，$(1, 2)$，$(2, +\infty)$. 而

$$f(x) = \frac{x^2 - 1}{x^2 - 3x + 2} = \frac{(x-1)(x+1)}{(x-1)(x-2)}$$

$f(x)$ 在 $x_1 = 1$，$x_2 = 2$ 处无定义，故 $x_1 = 1$，$x_2 = 2$ 是 $f(x)$ 的间断点.

因为 $\lim\limits_{x \to 1} f(x) = \lim\limits_{x \to 1} \dfrac{x+1}{x-2} = -2$，故 $x_1 = 1$ 是 $f(x)$ 的可去间断点，属于第一类间断点.

因为 $\lim\limits_{x \to 2} f(x) = \lim\limits_{x \to 2} \dfrac{x+1}{x-2} = \infty$，故 $x_2 = 2$ 是 $f(x)$ 的无穷间断点，属于第二类间断点.

1.7.4　闭区间上连续函数的性质

以后的内容会用到闭区间上连续函数的性质，下面对其进行介绍.

定理 1.9（最值定理）　若函数 $f(x)$ 在闭区间 $[a, b]$ 上连续，则它在 $[a, b]$ 上一定能取到最小值和最大值.

此定理中的闭区间和连续是缺一不可的.

定理 1.10（有界性定理）　若函数 $f(x)$ 在区间 $[a, b]$ 上连续，则它在 $[a, b]$ 上有界.

定理 1.11（零点定理）　若函数 $f(x)$ 在闭区间 $[a, b]$ 上连续，且 $f(a) \cdot f(b) < 0$，则至少存在一点 $x_0 \in (a, b)$，使得 $f(x_0) = 0$.

此定理又称为根的存在性定理.

定理 1.12（介值定理）　若函数在区间 $[a, b]$ 上连续，m、M 分别为 $f(x)$ 在区间 $[a, b]$ 上的最小值和最大值，则对于 m、M 之间的任意实数 c，至少存在一点 $\xi \in (a, b)$，使得

$$f(\xi) = c$$

例 32　证明方程 $x + \mathrm{e}^x = 0$ 在 $(-1, 1)$ 内至少有一个实根.

证明　令 $f(x) = x + \mathrm{e}^x$，$f(x)$ 为 $\mathbf{R}$ 上的初等函数，故在 $[-1, 1]$ 上连续，且

$$f(-1) = -1 + \mathrm{e}^{-1} = \frac{1}{\mathrm{e}} - 1 < 0, \quad f(1) = 1 + \mathrm{e} > 0$$

由定理 1.11 得，至少存在 $x_0 \in (-1, 1)$ 使得 $f(x_0) = 0$，即 x_0 是 $f(x) = 0$ 在 $(-1, 1)$ 上的一个实根.

习 题 1.7

1. 求下列函数的极限.

(1) $\lim\limits_{x \to 1}[\sin(\ln x)]$；

(2) $\lim\limits_{x \to \mathrm{e}}(x\ln x + 2x)$；

(3) $\lim\limits_{x \to 0} \dfrac{\ln(a + x) - \ln a}{x}$;　　　　　　(4) $\lim\limits_{x \to \infty} e^{\frac{2x^2 - 1}{x^2 - 1}}$;

(5) $\lim\limits_{x \to \pi} \left(\sin \dfrac{3}{2} x \right)^8$.

2. 求常数 k，使得函数

$$f(x) = \begin{cases} (1 + kx)^{\frac{1}{x}}, & x > 0 \\ 3, & x \leqslant 0 \end{cases}$$

在 $(-\infty, +\infty)$ 内处处连续.

3. 讨论下面函数的连续性，并指出间断点及类型.

(1) $f(x) = \dfrac{x^2 - 1}{x(x - 1)}$;　　　　　　(2) $f(x) = \begin{cases} e^{\frac{1}{x}}, & x \neq 0 \\ 0, & x = 0 \end{cases}$.

4. 设函数 $f(x) = \begin{cases} x^2 + x + b, & x < -1 \\ ax + 1, & -1 \leqslant x \leqslant 1 \\ x^2 + x + b, & x > 1 \end{cases}$ 在 $x = -1$ 和 $x = 1$ 处连续，求 a、b 的值.

5. 设 $f(x) = \begin{cases} -x + 1, & x \in [0, 1) \\ 1, & x = 1 \\ -x + 3, & x \in (1, 2] \end{cases}$，讨论 $f(x)$ 在 $[0, 2]$ 上是否连续，是否有最大值、最小值.

6. 验证方程 $x \cdot 2^x = 0$ 至少有一个小于 1 的正根.

〜〜〜〜 综合练习一 〜〜〜〜

1. 函数 $f(x)$ 在 x_0 处有定义是 $\lim\limits_{x \to x_0} f(x)$ 存在的 _____ 条件；$\lim\limits_{x \to x_0} f(x)$ 存在是函数 $f(x)$ 在 x_0 处连续的 _____ 条件.

2. 将下列函数分解成几个简单的函数.

(1) $y = \sqrt{\sin \sqrt{x}}$;　　　　　　(2) $y = e^{\cot x^2}$;

(3) $y = \lg^2 \arccos x$;　　　　　　(4) $y = \arctan(x^2 + 1)^2$.

3. 计算下列极限.

(1) $\lim\limits_{x \to 0} \dfrac{1 - \sqrt{x + 1}}{2x}$;　　　　　　(2) $\lim\limits_{n \to \infty} \dfrac{1 + \dfrac{1}{2} + \dfrac{1}{2^2} + \cdots + \dfrac{1}{2^n}}{1 + \dfrac{1}{3} + \dfrac{1}{3^2} + \cdots + \dfrac{1}{3^n}}$;

(3) $\lim\limits_{x \to 0} x \cdot \cot 2x$;

(4) $\lim\limits_{x \to 0} (1 + 4x)^{\frac{1}{x}}$;

(5) $\lim\limits_{x \to \infty} \left(1 + \dfrac{5}{x}\right)^{-x}$;

(6) $\lim\limits_{x \to \infty} \left(\dfrac{2 - 2x}{3 - 2x}\right)^{x}$;

(7) $\lim\limits_{x \to 0} \ln(\cos x)$;

(8) $\lim\limits_{x \to 0} \sin\left[(1 + x)^{\frac{1}{x}}\right]$.

4. $\lim\limits_{x \to \infty} \dfrac{1 + \sin 2x}{x} = ($ $)$.

A. 0　　　　　　　B. 1　　　　　　　C. 2　　　　　　　D. 不存在

5. $x = 1$ 是函数 $f(x) = \dfrac{1}{(1 - x)^2}$ 的( ).

A. 连续点　　　B. 振荡间断点　　C. 可去间断点　　D. 无穷间断点

6. 设 $f(x) = \begin{cases} \arctan x, & x > 1 \\ a + \ln x, & 0 < x < 2 \end{cases}$，当 a 取何值时，$\lim\limits_{x \to 1} f(x)$ 存在?

7. 判断下列函数在指定的趋向过程中是无穷小量还是无穷大量，并说明理由.

(1) $f(x) = \dfrac{x^2 + 1}{x^2 - 1}$, $x \to 1$;

(2) $f(x) = \dfrac{1}{1 + x^2}$, $x \to \infty$;

(3) $f(x) = \dfrac{1}{2^x}$, $x \to +\infty$;

(4) $f(x) = \dfrac{1}{\sin x}$, $x \to \pi$.

8. 若 $\lim\limits_{x \to 1} \dfrac{x^3 + 2x + a}{x - 1} = b$，求 a、b 的值.

9. 设 $f(x) = \begin{cases} x + 4, & x \leqslant 0 \\ e^x + x + 3, & 0 < x \leqslant 2 \\ (x + 1)^2, & x > 2 \end{cases}$，求 $\lim\limits_{x \to 1} f(x)$, $\lim\limits_{x \to 2} f(x)$.

10. 设 $f(x) = \begin{cases} 3x + 2, & x \leqslant -1 \\ \dfrac{\ln(x + 2)}{x + 1} + a, & -1 < x < 0 \\ -2 + b, & x \geqslant 0 \end{cases}$ 在 $(-\infty, +\infty)$ 内连续，求 a、b 的值.

11. 证明方程 $x^3 + 3x - 1 = 0$ 至少有一个小于 1 的正根.

12. 已知 $\lim\limits_{x \to \infty} \left(\dfrac{x + c}{x - c}\right)^x = 8$，求 c 的值.

第 2 章 导 数 与 微 分

在实际生活中，除了需要了解变量之间的函数关系，还会经常考虑以下问题：

（1）求给定函数 y 相对于自变量 x 的变化率；

（2）当自变量 x 发生微小变化时，求函数 y 改变量的近似值.

这两个问题分别是函数的导数和微分. 函数的导数与微分是微积分中的两个基本概念. 导数反映函数相对于自变量的变化快慢程度；而微分反映当自变量有微小改变时，函数大体的变化程度.

本章主要讨论导数与微分的概念及其计算方法，并在后面会以实例说明它们在经济中的一些应用.

2.1 导 数 的 概 念

2.1.1 引例

1. 变速直线运动的瞬时速度

设一物体做变速直线运动，设其路程函数为 $s = s(t)$. 显然，从时刻 t_0 到时刻 $t_0 + \Delta t$，这期间物体运动的平均速度为

$$\bar{v}(t) = \frac{\Delta s}{\Delta t} = \frac{s(t_0 + \Delta t) - s(t_0)}{\Delta t}$$

但它不能精确地表达物体在 t_0 时刻的瞬时速度. 一般来说，当 Δt 越小，平均速度 $\bar{v}(t)$ 就越接近物体在 t_0 时刻的瞬时速度. 因此，当 $\Delta t \to 0$ 时，$\bar{v}(t)$ 的极限就是物体在 t_0 时刻的瞬时速度，即

$$v(t_0) = \lim_{\Delta t \to 0} \frac{s(t_0 + \Delta t) - s(t_0)}{\Delta t}$$

2. 曲线的切线的斜率

对于圆、椭圆等一些特殊曲线的切线，传统的方法定义为与曲线有且仅有一个交点的直线，显然这个定义对于任意曲线是不适用的. 我们先定义曲线 $y = f(x)$ 在一点 $M(x_0, y_0)$ 处的切线，如图 2-1 所示.

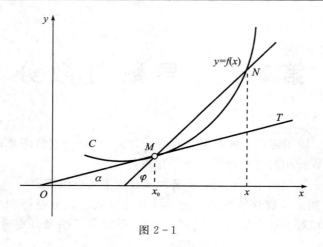

图 2 - 1

在曲线上取与 $M(x_0, y_0)$ 邻近的一点 $N(x_0 + \Delta x, y_0 + \Delta y)$，作割线 MN；当点 N 沿着曲线无限接近点 M 时，割线 MN 绕着点 M 转动，若割线 MN 的极限位置 MT 存在，MT 就称为曲线 $y = f(x)$ 在点 M 处的切线.

那么曲线切线的斜率如何计算呢？

设割线 MN 的倾斜角为 $\varphi\left(\varphi \neq \dfrac{\pi}{2}\right)$，则割线 MN 的斜率为

$$\tan\varphi = \frac{f(x_0 + \Delta x) - f(x_0)}{\Delta x}$$

当 $\Delta x \to 0$ 时，点 N 沿着曲线无限接近于点 M，此时割线 MN 就无限接近 M 处的切线 MT，所以割线 MN 斜率的极限值就是切线 MT 的斜率，设切线倾斜角为 α，即

$$\tan\alpha = \lim_{\Delta x \to 0} \frac{f(x_0 + \Delta x) - f(x_0)}{\Delta x}$$

2.1.2 导数的定义

1. 函数 $y = f(x)$ 在 x_0 处的导数

定义 2.1　设函数 $y = f(x)$ 在点 x_0 的某个邻域内有定义，当自变量 x 在 x_0 处取得增量 $\Delta x(x_0 + \Delta x$ 也在该邻域内)，相应地，因变量 y 取得 $\Delta y = f(x_0 + \Delta x) - f(x_0)$，若 Δy 与 Δx 之比当 $\Delta x \to 0$ 时极限存在，则称函数 $y = f(x)$ 在点 x_0 处可导，并称这个极限为函数 $y = f(x)$ 在点 x_0 处的导数，记为 $y'\big|_{x=x_0}$，即

$$y'\big|_{x=x_0} = \lim_{\Delta x \to 0} \frac{\Delta y}{\Delta x} = \lim_{\Delta x \to 0} \frac{f(x_0 + \Delta x) - f(x_0)}{\Delta x}$$

也可记作 $f'(x_0)$，$\dfrac{\mathrm{d}y}{\mathrm{d}x}\Big|_{x=x_0}$，或 $\dfrac{\mathrm{d}f(x)}{\mathrm{d}x}\Big|_{x=x_0}$．若令 $x_0+\Delta x=x$，则 $\Delta x=x-x_0$，当 $\Delta x\to 0$ 时，$x\to x_0$，则可得到一个等价定义：

$$f'(x_0)=\lim_{x\to x_0}\frac{f(x)-f(x_0)}{x-x_0}$$

若极限 $\lim\limits_{\Delta x\to 0}\dfrac{\Delta y}{\Delta x}$ 不存在，则称函数 $y=f(x)$ 在点 x_0 处不可导．特别地，如果当 $\Delta x\to 0$ 时，比值 $\dfrac{\Delta y}{\Delta x}\to\infty$，为方便起见，称 $y=f(x)$ 的导数为无穷大．

2. 函数 $y=f(x)$ 在区间 (a,b) 内的导函数

如果函数 $y=f(x)$ 在开区间 (a,b) 内的每一点都可导，就称函数在开区间 (a,b) 内可导．这时对于区间 I 内的每一个确定的 x 值，都对应着 $f(x)$ 的一个确定的导数．这样就构成了一个新的函数，这个函数就叫作原来函数 $y=f(x)$ 的导函数，简称导数．记作 y'，$f'(x)$，$\dfrac{\mathrm{d}y}{\mathrm{d}x}$ 或 $\dfrac{\mathrm{d}f(x)}{\mathrm{d}x}$．

把函数在 x_0 处的导数定义中的 x_0 换成 x，即可得出导函数定义式：

$$f'(x)=\lim_{\Delta x\to 0}\frac{f(x+\Delta x)-f(x)}{\Delta x}$$

显然，函数 $f(x)$ 在点 x_0 处的导数 $f'(x_0)$ 就是导函数 $f'(x)$ 在点 x_0 处的函数值，即 $f'(x_0)=f'(x)\big|_{x=x_0}$．

3. 单侧导数

若 $\lim\limits_{\Delta x\to 0^-}\dfrac{f(x_0+\Delta x)-f(x_0)}{\Delta x}$ 存在，则称此极限值为函数 $y=f(x)$ 在点 x_0 处的左导数，记作 $f'_-(x_0)$；若 $\lim\limits_{\Delta x\to 0^+}\dfrac{f(x_0+\Delta x)-f(x_0)}{\Delta x}$ 存在，则称此极限值为函数 $y=f(x)$ 在点 x_0 处的右导数，记作 $f'_+(x_0)$，即

$$f'_-(x_0)=\lim_{\Delta x\to 0^-}\frac{f(x_0+\Delta x)-f(x_0)}{\Delta x},\ f'_+(x_0)=\lim_{\Delta x\to 0^+}\frac{f(x_0+\Delta x)-f(x_0)}{\Delta x}$$

显然，函数 $f(x)$ 在 x_0 处可导的充分必要条件是左导数 $f'_-(x_0)$ 和右导数 $f'_+(x_0)$ 都存在且相等．

左导数和右导数统称为函数的单侧导数．

若函数 $f(x)$ 在开区间 (a,b) 内可导，且 $f'_+(a)$ 及 $f'_-(b)$ 都存在，则称 $f(x)$ 在闭区间 $[a,b]$ 上可导．

下面求一些常见函数的导数．

例 1　求函数 $y = C(C$ 为常数$)$ 的导数.

解
$$y' = \lim_{\Delta x \to 0} \frac{f(x + \Delta x) - f(x)}{\Delta x} = \lim_{\Delta x \to 0} \frac{C - C}{\Delta x} = 0$$

即常数函数的导数为 0.

例 2　求函数 $y = x^2$ 的导数.

解　$y' = \lim_{\Delta x \to 0} \dfrac{f(x + \Delta x) - f(x)}{\Delta x} = \lim_{\Delta x \to 0} \dfrac{(x + \Delta x)^2 - x^2}{\Delta x} = \lim_{\Delta x \to 0} \dfrac{2x\Delta x + (\Delta x)^2}{\Delta x} = 2x$

即 x^2 的导数为 $2x$. 更一般地，对于 $y = x^\alpha (\alpha$ 是常数$)$，有 $(x^\alpha)' = \alpha x^{\alpha - 1}$.

例 3　求函数 $y = \cos x$ 的导数.

解　$y' = \lim_{\Delta x \to 0} \dfrac{f(x + \Delta x) - f(x)}{\Delta x} = \lim_{\Delta x \to 0} \dfrac{\cos(x + \Delta x) - \cos x}{\Delta x}$

$$= \lim_{\Delta x \to 0} \frac{-2\sin \dfrac{2x + \Delta x}{2} \sin \dfrac{\Delta x}{2}}{\Delta x} = \lim_{\Delta x \to 0} -\sin\left(x + \frac{\Delta x}{2}\right) \frac{\sin \dfrac{\Delta x}{2}}{\dfrac{\Delta x}{2}} = -\sin x$$

即 $(\cos x)' = -\sin x$，用类似的方法可求得 $(\sin x)' = \cos x$.

例 4　求函数 $y = \log_a x (a > 0, a \neq 1)$ 的导数.

解　$y' = \lim_{\Delta x \to 0} \dfrac{f(x + \Delta x) - f(x)}{\Delta x} = \lim_{\Delta x \to 0} \dfrac{\log_a(x + \Delta x) - \log_a x}{\Delta x}$

$$= \lim_{\Delta x \to 0} \frac{\log_a\left(1 + \dfrac{\Delta x}{x}\right)}{\Delta x} = \lim_{\Delta x \to 0} \log_a\left(1 + \frac{\Delta x}{x}\right)^{\frac{1}{\Delta x}} = \log_a e^{\frac{1}{x}} = \frac{1}{x \ln a}$$

即 $(\log_a x)' = \dfrac{1}{x \ln a}$.

特别地，当 $a = e$ 时，有 $(\ln x)' = \dfrac{1}{x}$.

例 5　求函数 $y = e^x$ 的导数.

解　$y' = \lim_{\Delta x \to 0} \dfrac{f(x + \Delta x) - f(x)}{\Delta x} = \lim_{\Delta x \to 0} \dfrac{e^{x + \Delta x} - e^x}{\Delta x} = \lim_{\Delta x \to 0} \dfrac{e^x(e^{\Delta x} - 1)}{\Delta x} = e^x$

即 $(e^x)' = e^x$.

2.1.3　导数的几何意义

由前面的讨论可知，函数 $f(x)$ 在点 x_0 处的导数的几何意义就是曲线 $y = f(x)$ 在点 $M(x_0, y_0)$ 处切线的斜率，即 $f'(x_0) = \tan\alpha$，其中 α 是切线的倾斜角.

若 $y = f(x)$ 在点 x_0 处的导数为无穷大，这时曲线 $y = f(x)$ 在点 $M(x_0, y_0)$ 处具有垂直于 x 轴的切线 $x = x_0$.

根据导数的几何意义和直线的点斜式方程得到曲线 $y = f(x)$ 在点 $M(x_0, y_0)$ 处的切线方程为

$$y - y_0 = f'(x_0)(x - x_0)$$

法线方程为

$$y - y_0 = -\frac{1}{f'(x_0)}(x - x_0)$$

其中 $f'(x_0) \neq 0$.

例 6　求函数 $y = x^3$ 在点 $(1, 1)$ 处的切线和法线方程.

解　根据导数的几何意义,所求切线的斜率为 $y'\big|_{x=1} = 3x^2\big|_{x=1} = 3$,可得所求曲线的切线方程为

$$y - 1 = 3(x - 1),\ \text{即}\ 3x - y - 2 = 0$$

所求法线方程为

$$y - 1 = -\frac{1}{3}(x - 1),\ \text{即}\ x + 3y - 4 = 0$$

2.1.4　函数可导性与连续性的关系

函数 $y = f(x)$ 在点 x_0 处连续是指 $\lim\limits_{\Delta x \to 0} \Delta y = 0$ 成立,而在点 x_0 处可导是指 $\lim\limits_{\Delta x \to 0} \dfrac{\Delta y}{\Delta x}$ 存在,那么它们之间有什么关系呢?

定理 2.1　若函数 $y = f(x)$ 在 x_0 处可导,则 $f(x)$ 在 x_0 处一定连续.

证明　函数 $y = f(x)$ 在点 x_0 处可导,即 $\lim\limits_{\Delta x \to 0} \dfrac{\Delta y}{\Delta x} = f'(x_0)$ 存在,由极限运算法则可得

$$\lim_{\Delta x \to 0} \Delta y = \lim_{\Delta x \to 0} \frac{\Delta y}{\Delta x} \cdot \Delta x = \lim_{\Delta x \to 0} \frac{\Delta y}{\Delta x} \cdot \lim_{\Delta x \to 0} \Delta x = 0$$

即函数 $y = f(x)$ 在点 x_0 处连续.

但上述命题的逆命题不成立,即函数 $f(x)$ 在 x_0 处连续,但它在 x_0 处不一定可导. 看下面的例 7.

例 7　讨论 $y = |x|$ 在 $x = 0$ 处的可导性与连续性.

解　因为 $\lim\limits_{x \to 0^+} |x| = \lim\limits_{x \to 0^+} x = 0 = \lim\limits_{x \to 0^-} |x| = \lim\limits_{x \to 0^-} (-x) = 0$,所以 $\lim\limits_{x \to 0} |x| = 0 = f(0)$,即 $y = |x|$ 在 $x = 0$ 处连续.

$$\text{右导数}\ f'_+(0) = \lim_{x \to 0^+} \frac{f(x) - f(0)}{x - 0} = \lim_{x \to 0^+} \frac{x - 0}{x - 0} = 1$$

$$\text{左导数}\ f'_-(0) = \lim_{x \to 0^-} \frac{f(x) - f(0)}{x - 0} = \lim_{x \to 0^-} \frac{-x - 0}{x - 0} = -1$$

所以，$\lim\limits_{\Delta x \to 0} \dfrac{\Delta y}{\Delta x}$ 不存在，即函数 $y = |x|$ 在点 $x = 0$ 处不可导.

由此可见，函数在某点连续是在该点可导的必要条件，但不是充分条件.

例 8 设函数 $f(x) = \begin{cases} \mathrm{e}^x, & x \leqslant 0 \\ x^2 + ax + b, & x > 0 \end{cases}$ 在 $x = 0$ 处可导，问 a, b 为何值？

解 因为 $f(x)$ 在 $x = 0$ 处可导，所以 $f(x)$ 在 $x = 0$ 处连续，故有

$$\lim_{x \to 0^+} f(x) = \lim_{x \to 0^-} f(x) = f(0)$$

而

$$\lim_{x \to 0^+} f(x) = \lim_{x \to 0^+} (x^2 + ax + b) = b$$

$$\lim_{x \to 0^-} f(x) = \lim_{x \to 0^-} \mathrm{e}^x = 1, \quad f(0) = 1$$

故 $b = 1$.

因为 $f(x)$ 在 $x = 0$ 处可导，而

右导数 $f'_+(0) = \lim\limits_{x \to 0^+} \dfrac{f(x) - f(0)}{x - 0} = \lim\limits_{x \to 0^+} \dfrac{(x^2 + ax + 1) - 1}{x} = a$

左导数 $f'_-(0) = \lim\limits_{x \to 0^-} \dfrac{f(x) - f(0)}{x - 0} = \lim\limits_{x \to 0^-} \dfrac{\mathrm{e}^x - 1}{x} = 1$

故 $a = 1$.

所以，当 $a = 1, b = 1$ 时，函数 $f(x)$ 在 $x = 0$ 处可导.

习 题 2.1

1. 利用导数定义求函数 $f(x) = 3x^2 + 2x - 1$ 在 $x = 1$ 处的导数值.

2. 设 $f'(x_0)$ 存在，则下列各极限等于什么？

(1) $\lim\limits_{\Delta x \to 0} \dfrac{f(x_0 - \Delta x) - f(x_0)}{\Delta x}$；

(2) $\lim\limits_{\Delta x \to 0} \dfrac{f(x_0 + 2\Delta x) - f(x_0)}{\Delta x}$；

(3) $\lim\limits_{h \to 0} \dfrac{f(x_0 - 2h) - f(x_0)}{h}$；

(4) $\lim\limits_{h \to 0} \dfrac{f(x_0 + h) - f(x_0 - h)}{h}$.

3. 求曲线 $y = \sin x$ 上 $\left(\dfrac{\pi}{6}, \dfrac{1}{2} \right)$ 处的切线和法线方程.

4. 讨论下列函数在指定点处的连续性与可导性.

(1) $f(x) = \begin{cases} x^2, & x \geqslant 0 \\ x, & x < 0 \end{cases}$，在 $x = 0$ 处；

(2) $f(x) = \begin{cases} \dfrac{\sin(x-1)}{x-1}, & x \neq 1 \\ 0, & x = 1 \end{cases}$，在 $x = 1$ 处.

5. 讨论函数 $y = \sqrt[3]{x}$ 在 $x = 0$ 处的可导性.

6. 如果 $f(x)$ 为偶函数, 且 $f'(0)$ 存在, 证明 $f'(0) = 0$.

7. 设函数 $f(x) = \begin{cases} ax + b, & x > 0 \\ \cos x, & x \leqslant 0 \end{cases}$ 在 $x = 1$ 处可导, 问 a、b 为何值?

8. 求经过点 $(2, 0)$ 且与双曲线 $y = \dfrac{1}{x}$ 相切的直线方程.

2.2 函数的求导法则与基本初等函数求导公式

在上一节中, 根据导数的定义求出了一些简单函数的导数. 针对比较复杂的函数, 用定义求它们的导数往往很困难、甚至是不可能的. 本节将以函数极限中的一些结论为基础, 推导求导数的几个基本法则以及上一节中未提到的几个基本初等函数的导数公式. 借助这些法则和公式, 就能比较方便地求出常见的初等函数的导数.

2.2.1 函数的和、差、积、商求导法则

定理 2.2 设函数 $u(x)$ 和 $v(x)$(分别简记为 u、v) 在点 x 处可导, 则 $u(x) \pm v(x)$、$u(x) \cdot v(x)$、$\dfrac{u(x)}{v(x)}(v(x) \neq 0)$ 在点 x 处都可导, 且

(1) $(u \pm v)' = u' \pm v'$;

(2) $(uv)' = u'v + uv'$;

(3) $\left(\dfrac{u}{v} \right)' = \dfrac{u'v - uv'}{v^2}$.

以上三个法则都可以用导数的定义和极限的运算法则来验证, 下面以法则 2 为例:

证明

$$
\begin{aligned}
(uv)' &= \lim_{\Delta x \to 0} \frac{u(x + \Delta x)v(x + \Delta x) - u(x)v(x)}{\Delta x} \\
&= \lim_{\Delta x \to 0} \frac{[u(x + \Delta x) - u(x)]v(x + \Delta x) + u(x)[v(x + \Delta x) - v(x)]}{\Delta x} \\
&= \lim_{\Delta x \to 0} \frac{u(x + \Delta x) - u(x)}{\Delta x} \lim_{\Delta x \to 0} v(x + \Delta x) + u(x) \lim_{\Delta x \to 0} \frac{v(x + \Delta x) - v(x)}{\Delta x} \\
&= u'(x)v(x) + u(x)v'(x)
\end{aligned}
$$

定理中法则 1、2 可推广到有限个可导函数的情形.

推论 设 $u = u(x)$, $v = v(x)$, $w = w(x)$ 均在点 x 处可导, 则有
$$
(u \pm v \pm w)' = u' \pm v' \pm w', \quad (uvw)' = u'vw + uv'w + uvw'
$$

特别地,在法则 2 中,当 $v(x) = C(C$ 为常数) 时,$(Cu)' = Cu'$.

例 9 求函数 $y = 2x^2 + \sqrt{x} - \ln2$ 的导数.

解
$$y' = (2x^2)' + (\sqrt{x})' - (\ln2)' = 4x + \frac{1}{2\sqrt{x}}$$

例 10 求函数 $y = \sin x \ln x$ 的导数.

解
$$y' = (\sin x)' \ln x + \sin x (\ln x)' = \cos x \ln x + \frac{\sin x}{x}$$

例 11 求函数 $y = \tan x$ 的导数.

解
$$y' = (\tan x)' = \left(\frac{\sin x}{\cos x}\right)' = \frac{(\sin x)' \cos x - \sin x (\cos x)'}{\cos^2 x}$$
$$= \frac{\cos^2 x + \sin^2 x}{\cos^2 x} = \frac{1}{\cos^2 x} = \sec^2 x$$

同理可得,$(\cot x)' = -\csc^2 x$.

例 12 求函数 $y = \sec x$ 的导数.

解 $y' = (\sec x)' = \left(\frac{1}{\cos x}\right)' = \frac{1' \cdot \cos x - 1 \cdot (\cos x)'}{\cos^2 x} = \frac{\sin x}{\cos^2 x} = \sec x \tan x$

同理可得,$(\csc x)' = -\csc x \cot x$.

例 13 求函数 $y = \frac{x^5 \sin x}{1 + \cos x}$ 的导数.

解
$$y' = \frac{(x^5 \sin x)'(1 + \cos x) - x^5 \sin x (1 + \cos x)'}{(1 + \cos x)^2}$$
$$= \frac{(5x^4 \sin x + x^5 \cos x)(1 + \cos x) - x^5 \sin x(-\sin x)}{(1 + \cos x)^2}$$
$$= \frac{5x^4 \sin x(1 + \cos x) + x^5 \cos x + x^5 \cos^2 x + x^5 \sin^2 x}{(1 + \cos x)^2}$$
$$= \frac{5x^4 \sin x(1 + \cos x) + x^5 \cos x + x^5}{(1 + \cos x)^2}$$
$$= \frac{5x^4 \sin x + x^5}{1 + \cos x}$$

2.2.2 反函数的求导法则

定理 2.3 设函数 $x = f(y)$ 在区间 I_y 内单调、可导且 $f'(y) \neq 0$,则它的反函数 $y = f^{-1}(x)$ 在区间 $I_x = \{x | x = f(y), y \in I_y\}$ 内可导,并且

$$[f^{-1}(x)]' = \frac{1}{f'(y)} \quad \text{或} \quad \frac{\mathrm{d}y}{\mathrm{d}x} = \frac{1}{\frac{\mathrm{d}x}{\mathrm{d}y}}$$

证明　由于 $x = f(y)$ 在 I_y 内单调、可导，因此 $x = f(y)$ 的反函数 $y = f^{-1}(x)$ 存在，且 $f^{-1}(x)$ 在 I_x 内单调、连续.

任取 $x \in I_x$，给 x 一个增量 $\Delta x (\Delta x \neq 0, x + \Delta x \in I_x)$，由 $y = f^{-1}(x)$ 的单调性可知

$$\Delta y = f^{-1}(x + \Delta x) - f^{-1}(x) \neq 0$$

于是有

$$\frac{\Delta y}{\Delta x} = \frac{1}{\frac{\Delta x}{\Delta y}}$$

因 $y = f^{-1}(x)$ 连续，故 $\lim\limits_{\Delta x \to 0} \Delta y = 0$. 从而

$$[f^{-1}(x)]' = \lim_{\Delta x \to 0} \frac{\Delta y}{\Delta x} = \lim_{\Delta y \to 0} \frac{1}{\frac{\Delta x}{\Delta y}} = \frac{1}{f'(y)}$$

上述结论可以简单说成：反函数的导数等于原来函数导数的倒数.

例 14　求函数 $y = a^x (a > 0, a \neq 1)$ 的导数.

解　$y = a^x$ 是 $x = \log_a y$ 的反函数.

$$x'_y = (\log_a y)'_y = \frac{1}{y \ln a}$$

所以

$$(a^x)' = \frac{1}{x'_y} = y \ln a$$

即 $(a^x)' = a^x \ln a$.

例 15　求函数 $y = \arcsin x (-1 < x < 1)$ 的导数.

解　$y = \arcsin x$ 是 $x = \sin y \left(-\dfrac{\pi}{2} < y < \dfrac{\pi}{2}\right)$ 的反函数.

$$(\arcsin x)' = \frac{1}{x'_y} = \frac{1}{(\sin y)'_y} = \frac{1}{\cos y} = \frac{1}{\sqrt{1 - x^2}} \quad (-1 < x < 1)$$

类似地，可得 $(\arccos x)' = -\dfrac{1}{\sqrt{1 - x^2}}$.

例 16　求函数 $y = \arctan x$ 在 $(-\infty, +\infty)$ 上的导数.

解　$y = \arctan x$ 是 $x = \tan y$，$y \in \left(-\dfrac{\pi}{2}, \dfrac{\pi}{2}\right)$ 的反函数.

$$(\arctan x)' = \frac{1}{x'_y} = \frac{1}{(\tan y)'_y} = \frac{1}{\sec^2 y} = \frac{1}{1 + \tan^2 y} = \frac{1}{1 + x^2}$$

类似地，可得 $(\text{arccot} x)' = -\dfrac{1}{1 + x^2}$.

2.2.3　复合函数的求导法则

定理 2.4　设函数 $y = f[\varphi(x)]$ 是由函数 $y = f(u)$ 和函数 $u = \varphi(x)$ 复合而成的，若函数 $u = \varphi(x)$ 在点 x 处可导，函数 $y = f(u)$ 在对应点 $u = \varphi(x)$ 处也可导，则复合函数 $y = f[\varphi(x)]$ 在点 x 处也可导，且 $\{f[\varphi(x)]\}' = f'(u)\varphi'(x)$，也可简写为

$$\frac{\mathrm{d}y}{\mathrm{d}x} = \frac{\mathrm{d}y}{\mathrm{d}u} \cdot \frac{\mathrm{d}u}{\mathrm{d}x} \ 或 \ y'_x = y'_u \cdot u'_x$$

例 17　已知 $y = \sin 2x$，求 $\dfrac{\mathrm{d}y}{\mathrm{d}x}$.

解　$y = \sin 2x$ 可看做由 $y = \sin u$ 和 $u = 2x$ 复合而成，因此

$$\frac{\mathrm{d}y}{\mathrm{d}x} = \frac{\mathrm{d}y}{\mathrm{d}u} \cdot \frac{\mathrm{d}u}{\mathrm{d}x} = 2\cos u = 2\cos 2x$$

例 18　已知 $y = \ln\tan x$，求 y'.

解　$y = \ln\tan x$ 可看做由 $y = \ln u$ 和 $u = \tan x$ 复合而成，因此

$$y' = y'_u \cdot u'_x = \frac{1}{u}\sec^2 x = \frac{\sec^2 x}{\tan x} = \frac{1}{\sin x \cos x} = 2\csc 2x$$

以上各例是由一些初等函数复合而成的简单函数，求导方式是从外到内层层求导，故形象地称其为链式法则，该法则可以推广到有限次复合的情况.

通常，不必每一次写出具体的复合过程，只要将中间变量的式子当做一个整体即可，熟练掌握这一方法可加快求导速度.

例 19　已知 $y = \mathrm{e}^{\sin\frac{1}{x}}$，求 y'.

解　$y' = (\mathrm{e}^{\sin\frac{1}{x}})' = \mathrm{e}^{\sin\frac{1}{x}}\left(\sin\frac{1}{x}\right)' = \mathrm{e}^{\sin\frac{1}{x}}\left(\cos\frac{1}{x}\right)\left(\frac{1}{x}\right)' = -\frac{1}{x^2}\mathrm{e}^{\sin\frac{1}{x}}\cos\frac{1}{x}$

例 20　已知 $x > 0$，证明幂函数导数公式 $(x^\alpha)' = \alpha x^{\alpha-1}$（$\alpha$ 为任意常数）.

解　因为 $x^\alpha = \mathrm{e}^{\alpha\ln x}$，所以

$$(x^\alpha)' = (\mathrm{e}^{\alpha\ln x})' = \mathrm{e}^{\alpha\ln x}(\alpha\ln x)' = x^\alpha \alpha \frac{1}{x} = \alpha x^{\alpha-1}$$

2.2.4　常数和基本初等函数的导数公式

(1) $(C)' = 0$;

(2) $(x^\alpha)' = \alpha x^{\alpha-1}$，$\alpha$ 为实数;

(3) $(\sin x)' = \cos x$;

(4) $(\cos x)' = -\sin x$;

(5) $(\tan x)' = \sec^2 x$;

(6) $(\cot x)' = -\csc^2 x$;

(7) $(\sec x)' = \sec x\tan x$;

(8) $(\csc x)' = -\csc x\cot x$;

(9) $(a^x)' = a^x\ln a$;

(10) $(\mathrm{e}^x)' = \mathrm{e}^x$;

(11) $(\log_a x)' = \dfrac{1}{x\ln a}$;

(12) $(\ln x)' = \dfrac{1}{x}$;

(13) $(\arcsin x)' = \dfrac{1}{\sqrt{1-x^2}}$;

(14) $(\arccos x)' = -\dfrac{1}{\sqrt{1-x^2}}$;

(15) $(\arctan x)' = \dfrac{1}{1+x^2}$;

(16) $(\text{arccot} x)' = -\dfrac{1}{1+x^2}$.

例 21　求下列函数的导数.

(1) $y = \ln(x + \sqrt{1+x^2})$;　　　　(2) $y = \sin 2x \sin^2 x$.

解　(1) $y' = \dfrac{1}{x+\sqrt{1+x^2}}(x+\sqrt{1+x^2})'$

$= \dfrac{1}{x+\sqrt{1+x^2}}\left(1+\dfrac{2x}{2\sqrt{1+x^2}}\right)$

$= \dfrac{1}{\sqrt{1+x^2}}$

(2) $y' = (\sin 2x)'\sin^2 x + \sin 2x(\sin^2 x)'$

$= 2\cos 2x\sin^2 x + \sin 2x \cdot 2\sin x \cdot \cos x$

$= 2\cos 2x\sin^2 x + \sin^2 2x$

习 题 2.2

1. 求下列函数的导数.

(1) $y = x^2 - \dfrac{2}{x} + 101$;

(2) $y = 3x^4 - \dfrac{1}{x^2} + \sin x$;

(3) $y = (1+x^2)\cos x$;

(4) $y = \sqrt{x} + \cos x - 3$;

(5) $y = (\sqrt{x}+1)\left(\dfrac{1}{\sqrt{x}}-1\right)$;

(6) $y = x^2(\ln x + \sqrt{x})$;

(7) $y = (3x^2+4x-5)^6$;

(8) $y = \sin(2-4x)$;

(9) $y = (x-1)\sqrt{x^2+1}$;

(10) $y = \ln(a^2-x^2)$;

(11) $y = \cos^2 x - x\sin^2 x$;

(12) $y = \sqrt{a^2+x^2}$;

(13) $y = \dfrac{x}{2}\sqrt{x^2-a^2}$;

(14) $y = \arctan(e^x)$;

(15) $y = \cos^2\dfrac{x}{3}\tan\dfrac{x}{2}$;

(16) $y = \ln\sin x$;

(17) $y = \ln x^2 + (\ln x)^2$;

(18) $y = \ln(x+\sqrt{x^2-a^2})$;

(19) $y = (2x + \cos^2 x)^3$;　　　　　　　　　(20) $y = \arccos\sqrt{x}$.

2. 证明：

(1) $(\arccos x)' = -\dfrac{1}{\sqrt{1-x^2}}$;　　　　　　(2) $(\text{arccot} x)' = -\dfrac{1}{1+x^2}$.

3. 求曲线 $y = x^2 + x - 2$ 的切线方程，使该切线平行于直线 $x + y - 3 = 0$.

4. 求下列函数在给出点处的导数.

(1) $y = 2\sin x - 5\cos x$，求 $y'\big|_{x=\frac{\pi}{6}}$;　　(2) $\rho = \theta\tan\theta + \dfrac{1}{3}\sin\theta$，求 $\dfrac{\mathrm{d}\rho}{\mathrm{d}\theta}\Big|_{\theta=\frac{\pi}{4}}$.

5. 设 $f(x)$ 可导，求下列函数的导数.

(1) $y = [f(x)]^2$;　　　　　　　　　(2) $y = f(\mathrm{e}^x)\mathrm{e}^{f(x)}$.

6. 求下列函数的导数.

(1) $y = \arctan\dfrac{1+x}{1-x}$;　　　　　　(2) $y = \cos^2 x\cos x^2$;

(3) $y = x\arccos\dfrac{x}{2} + \sqrt{4-x^2}$;　　　(4) $y = \sqrt[3]{x+\sqrt{x}}$.

2.3　高阶导数

我们知道，如果物体的运动方程为 $s = s(t)$，则物体在 t 时刻的瞬时速度为 s 对 t 的导数，即 $v = s'$. 而 v 对时间 t 的导数称为物体在 t 时刻的瞬时加速度，即 $a = v' = (s')'$，称为 s 对 t 的二阶导数.

一般地，设 $f'(x)$ 在点 x 的某个邻域内有定义，若极限 $\lim\limits_{\Delta x \to 0} \dfrac{f'(x+\Delta x) - f'(x)}{\Delta x}$ 存在，则称此极限值为函数 $y = f(x)$ 点 x 的二阶导数，记为 y''，$f''(x)$，$\dfrac{\mathrm{d}^2 y}{\mathrm{d}x^2}$，$\dfrac{\mathrm{d}^2 f(x)}{\mathrm{d}x^2}$.

类似地，函数 $y = f(x)$ 的二阶导数的导数称为它的三阶导数，记为 y'''，$f'''(x)$，$\dfrac{\mathrm{d}^3 y}{\mathrm{d}x^3}$，$\dfrac{\mathrm{d}^3 f(x)}{\mathrm{d}x^3}$. 以此类推，一般地我们将函数 $y = f(x)$ 的 $n-1$ 阶导数的导数称为 $y = f(x)$ 的 n 阶导数，记作 $y^{(n)}$，$f^{(n)}(x)$，$\dfrac{\mathrm{d}^n y}{\mathrm{d}x^n}$，$\dfrac{\mathrm{d}^n f(x)}{\mathrm{d}x^n}$.

函数的二阶及二阶以上的导数统称为高阶导数.

例 22　已知函数 $y = x^3$，求 y'''.

解　　　　　$y' = (x^3)' = 3x^2$
　　　　　　　　$y'' = (3x^2)' = 6x$

$$y''' = 6$$

例 23　已知函数 $y = a^x (a > 0,\ 且\ a \neq 1)$，求 $y^{(n)}$.

解
$$y' = a^x \ln a$$
$$y'' = a^x (\ln a)^2$$
$$y''' = a^x (\ln a)^3$$
$$\cdots\cdots$$
$$y^{(n)} = a^x (\ln a)^n$$

特别地，当 $a = e$ 时，$(e^x)^{(n)} = e^x$.

例 24　已知函数 $y = \sin x$，求 $y^{(n)}$.

解
$$y' = \cos x = \sin\left(x + \frac{\pi}{2}\right)$$
$$y'' = \cos\left(x + \frac{\pi}{2}\right) = \sin\left(x + \frac{2\pi}{2}\right)$$
$$y''' = \cos\left(x + \frac{2\pi}{2}\right) = \sin\left(x + \frac{3\pi}{2}\right)$$

从而推得
$$y^{(n)} = \sin\left(x + \frac{n\pi}{2}\right)$$

同理可得，$(\cos x)^{(n)} = \cos\left(x + \frac{n\pi}{2}\right)$.

例 25　$y = \ln(1 + x)$，求 $y^{(n)}$.

解
$$y' = \frac{1}{1+x},\quad y'' = \frac{-1}{(1+x)^2}$$
$$y''' = \frac{1 \times 2}{(1+x)^3},\quad y^{(4)} = \frac{-1 \times 2 \times 3}{(1+x)^4}$$

从而推得
$$y^{(n)} = \frac{(-1)^{n-1}(n-1)!}{(1+x)^n}$$

例 26　求幂函数 $y = x^\mu$（μ 是任意常数）的 n 阶导数公式.

解
$$y' = \mu x^{\mu-1}$$
$$y'' = \mu(\mu-1) x^{\mu-2}$$
$$y''' = \mu(\mu-1)(\mu-2) x^{\mu-3}$$
$$y^{(4)} = \mu(\mu-1)(\mu-2)(\mu-3) x^{\mu-4}$$

一般地，可得
$$y^{(n)} = \mu(\mu-1)(\mu-2)\cdots(\mu-n+1) x^{\mu-n}$$

即

$$(x^\mu)^{(n)} = \mu(\mu-1)(\mu-2)\cdots(\mu-n+1)x^{\mu-n}$$

当 $\mu = n$ 时，得到

$$(x^n)^{(n)} = \mu(\mu-1)(\mu-2)\cdots 3\times 2\times 1 = n!$$

而 $(x^n)^{(n+1)} = 0$.

如果函数 $u = u(x)$ 及 $v = v(x)$ 都在点 x 处具有 n 阶导数，那么函数 $u(x) \pm v(x)$ 也在点 x 处具有 n 阶导数，且

$$(u \pm v)^{(n)} = u^{(n)} \pm v^{(n)}$$
$$(uv)' = u'v + uv'$$
$$(uv)'' = u''v + 2u'v' + uv''$$
$$(uv)''' = u'''v + 3u''v' + 3u'v'' + uv'''$$

用数学归纳法可以证明

$$(uv)^{(n)} = \sum_{k=0}^{n} C_n^k u^{(n-k)} v^{(k)}$$

这一公式称为莱布尼茨公式.

例 27 $y = x^2 e^{2x}$，求 $y^{(20)}$.

解 设 $u = e^{2x}$，$v = x^2$，则

$$u^{(k)} = 2^k e^{2x} \quad (k = 1, 2, \cdots, 20)$$
$$v' = 2x, \quad v'' = 2, \quad v^{(k)} = 0 \quad (k = 3, 4, \cdots, 20)$$

代入莱布尼茨公式，得

$$y^{(20)} = (uv)^{(20)} = u^{(20)}v + C_{20}^1 u^{(19)} v' + C_{20}^2 u^{(18)} v''$$

$$= 2^{20} e^{2x} \times x^2 + 20 \times 2^{19} e^{2x} \times 2x + \frac{20 \times 19}{2!} 2^{18} e^{2x} \times 2$$

$$= 2^{20} e^{2x} (x^2 + 20x + 95)$$

习 题 2.3

1. 求下列函数的二阶导数.

(1) $y = \dfrac{x^2}{1-x}$;

(2) $y = (1+x^2)\text{arccot}x$;

(3) $y = x^2 e^{3x}$;

(4) $y = \dfrac{\ln x}{x^2}$;

(5) $y = \ln(x + \sqrt{1+x^2})$;

(6) $y = \cos^2 x \ln x$.

2. 求下列函数的 n 阶导数.

(1) $y = x\ln x$；　　　　　　　　　　(2) $y = xe^x$.

3. 验证函数 $y = e^x\cos x$ 满足关系式 $y'' - 2y' + 2y = 0$.

4. 设 $y = e^x\cos x$，求 $y^{(4)}$.

5. 设 $f(u)$ 二阶可导，求下列函数的二阶导数.

(1) $y = f(x^2)$；　　　　　　　　　(2) $y = f\left(\dfrac{1}{x}\right)$；

(3) $y = \ln[f(x)]$；　　　　　　　　(4) $y = e^{-f(x)}$.

2.4　隐函数及参数方程所确定的函数的导数

2.4.1　隐函数的导数

形如 $y = f(x)$ 的函数叫显函数，例如 $y = \sin 3x$，$y = x^2 + 2x - 3$ 等都是显函数. 如果函数的自变量 x 和因变量 y 之间的函数关系由方程 $F(x, y) = 0$ 所确定，则说方程 $F(x, y) = 0$ 确定了一个隐函数. 例如 $x^2 + y^2 = 16$，$xy = e^y$ 等.

对于隐函数，有的能化成显函数，有的显化就很困难，甚至不可能. 因此希望有一种方法可以直接由方程计算出所确定的隐函数的导数，而不管隐函数能否化成显函数.

隐函数求导方法的思想就是将方程 $F(x, y) = 0$ 中的 y 看做关于 x 的函数 $y(x)$，方程两端同时对 x 求导，然后解出 $\dfrac{\mathrm{d}y}{\mathrm{d}x}$.

例 28　求由方程 $y^2 = x\ln y$ 确定的隐函数 y 对 x 的导数.

解　将方程两边同时对 x 求导，得

$$2yy' = \ln y + \frac{x}{y} \cdot y'$$

故

$$y' = \frac{y\ln y}{2y^2 - x}$$

例 29　求由方程 $e^y = xy$ 所确定的隐函数 y 对 x 的导数.

解　将方程两边同时对 x 求导，得

$$e^y \cdot y' = y + xy'$$

故

$$y' = \frac{y}{e^y - x}$$

例 30　求由方程 $x - y + \cos y = 0$ 所确定的隐函数 y 对 x 的二阶导数.

解　将方程两边同时对 x 求导，得

$$1 - y' - \sin y \cdot y' = 0$$

故

$$y' = \frac{1}{1 + \sin y}$$

上式两边再对 x 求导，得

$$y'' = -\frac{\cos y \cdot y'}{(1 + \sin y)^2}$$

将 y' 的结果代入，得

$$y'' = -\frac{\cos y \cdot \dfrac{1}{1 + \sin y}}{(1 + \sin y)^2} = -\frac{\cos y}{(1 + \sin y)^3}$$

例 31　求由方程 $y^5 + 2y - x - 3x^7 = 0$ 所确定的隐函数 $y = f(x)$ 在 $x = 0$ 处的导数 $y'\big|_{x=0}$.

解　将方程两边分别对 x 求导数，得

$$5y^4 \cdot y' + 2y' - 1 - 21x^6 = 0$$

由此得

$$y' = \frac{1 + 21x^6}{5y^4 + 2}$$

因为当 $x = 0$ 时，由原方程得 $y = 0$，所以

$$y'\big|_{x=0} = \frac{1 + 21x^6}{5y^4 + 2}\bigg|_{x=0} = \frac{1}{2}$$

例 32　求由方程 $x - y + \dfrac{1}{2}\sin y = 0$ 所确定的隐函数 y 的二阶导数.

解　将方程两边对 x 求导，得

$$1 - \frac{dy}{dx} + \frac{1}{2}\cos y \cdot \frac{dy}{dx} = 0$$

于是

$$\frac{dy}{dx} = \frac{2}{2 - \cos y}$$

上式两边再对 x 求导，得

$$\frac{d^2 y}{dx^2} = \frac{-2\sin y \cdot \dfrac{dy}{dx}}{(2 - \cos y)^2} = \frac{-4\sin y}{(2 - \cos y)^3}$$

我们可以看到隐函数与显函数在求导结果上有一个很大的区别：显函数求导结果不能含有 y，但隐函数求导结果有时却含有 y，尤其是在不能直接化为显函数时.

利用隐函数求导法，还可以比较方便地求出某些显函数的导数. 例如求函数 $y = $

$\arcsin x$ 的导数，可以将其看成是由隐函数 $\sin y - x = 0$ 确定的. 方程两边同时对 x 求导易得

$$\cos y \cdot y' - 1 = 0$$

所以

$$y' = \frac{1}{\cos y} = \frac{1}{\sqrt{1 - x^2}}$$

在某些情况下，即使是显函数直接求导也比较复杂，例如 $y = \sqrt[3]{\frac{(x-a)(x-b)}{(x-c)(x-d)}}$ 和幂指函数 $y = f(x)^{g(x)}$ 等，这时可以先在 $y = f(x)$ 的两边取自然对数，变成隐函数的形式，然后利用隐函数的求导方法求出它的导数，这种方法叫作对数求导法.

例 33　求函数 $y = \sqrt[3]{\frac{(x-a)(x-b)}{(x-c)(x-d)}}$ 的导数.

解　对方程两边取自然对数，得

$$\ln |y| = \frac{1}{3}(\ln |x-a| + \ln |x-b| - \ln |x-c| - \ln |x-d|)$$

将方程两边同时对 x 求导，得

$$\frac{1}{y}y' = \frac{1}{3}\left(\frac{1}{x-a} + \frac{1}{x-b} - \frac{1}{x-c} - \frac{1}{x-d}\right)$$

$$y' = \frac{1}{3} \cdot \sqrt[3]{\frac{(x-a)(x-b)}{(x-c)(x-d)}} \cdot \left(\frac{1}{x-a} + \frac{1}{x-b} - \frac{1}{x-c} - \frac{1}{x-d}\right)$$

例 34　求 $y = x^{\sin x} (x > 0)$ 的导数.

解法 1　对方程两边取自然对数，得

$$\ln y = \sin x \cdot \ln x$$

上式两边对 x 求导，得

$$\frac{1}{y}y' = \cos x \cdot \ln x + \sin x \cdot \frac{1}{x}$$

于是

$$y' = y\left(\cos x \cdot \ln x + \sin x \cdot \frac{1}{x}\right) = x^{\sin x}\left(\cos x \cdot \ln x + \frac{\sin x}{x}\right)$$

解法 2　这种幂指函数的导数也可按下面的方法求：

$$y = x^{\sin x} = \mathrm{e}^{\sin x \cdot \ln x}, \quad y' = \mathrm{e}^{\sin x \cdot \ln x}(\sin x \cdot \ln x)' = x^{\sin x}\left(\cos x \cdot \ln x + \frac{\sin x}{x}\right)$$

例 35　求函数 $y = x^x$ 的导数.

解　对方程两边取自然对数，得

$$\ln y = x \ln x$$

将方程两边同时对 x 求导，得

$$\frac{1}{y} y' = \ln x + 1$$

即

$$y' = x^x (\ln x + 1)$$

2.4.2 由参数方程所确定的函数的导数

两个变量 x 和 y 之间的函数关系，除了用显函数 $y = f(x)$ 和隐函数 $F(x, y) = 0$ 表示外，还可以用参数方程 $\begin{cases} x = \varphi(t) \\ y = \psi(t) \end{cases}$ （其中 t 为参数）来表示，现在讨论如何由参数方程求 y 对 x 的导数.

在参数方程中，如果 $x = \varphi(t)$ 具有单调连续的反函数 $t = \varphi^{-1}(x)$，那么由参数方程所确定的函数可以看成是由函数 $y = \psi(t)$ 和 $t = \varphi^{-1}(x)$ 复合而成的函数. 假设 $x = \varphi(t)$，$y = \psi(t)$ 都可导，而且 $\varphi'(t) \neq 0$，则根据复合函数的求导法则与反函数的求导法则，有

$$\frac{\mathrm{d}y}{\mathrm{d}x} = \frac{\mathrm{d}y}{\mathrm{d}t} \cdot \frac{\mathrm{d}t}{\mathrm{d}x}, \ \text{即} \ \frac{\mathrm{d}y}{\mathrm{d}x} = \frac{\dfrac{\mathrm{d}y}{\mathrm{d}t}}{\dfrac{\mathrm{d}x}{\mathrm{d}t}} = \frac{\psi'(t)}{\varphi'(t)}$$

如果 $x = \varphi(t)$，$y = \psi(t)$ 还是二阶可导且 $\varphi'(t) \neq 0$，那么又可以得到函数的二阶导数公式：

$$\frac{\mathrm{d}^2 y}{\mathrm{d}x^2} = \frac{\mathrm{d}\left(\dfrac{\mathrm{d}y}{\mathrm{d}x}\right)}{\mathrm{d}x} = \frac{\mathrm{d}\left(\dfrac{\psi'(t)}{\varphi'(t)}\right)}{\mathrm{d}t} \cdot \frac{\mathrm{d}t}{\mathrm{d}x} = \frac{\psi''(t)\varphi'(t) - \psi'(t)\varphi''(t)}{[\varphi'(t)]^2} \cdot \frac{1}{\varphi'(t)}$$

即

$$\frac{\mathrm{d}^2 y}{\mathrm{d}x^2} = \frac{\psi''(t)\varphi'(t) - \psi'(t)\varphi''(t)}{[\varphi'(t)]^3}$$

例 36 求曲线 L：$\begin{cases} x = \cos t \\ y = \sin t \end{cases}$ 在 $t = \dfrac{\pi}{4}$ 对应点处的切线方程.

解 根据导数的几何意义，得

$$k = \frac{(\sin t)'}{(\cos t)'} \Big|_{t = \frac{\pi}{4}} = \frac{\cos t}{-\sin t} \Big|_{t = \frac{\pi}{4}} = -1$$

当 $t = \dfrac{\pi}{4}$ 时，$x = \dfrac{\sqrt{2}}{2}$，$y = \dfrac{\sqrt{2}}{2}$. 于是所求得的切线方程为

$$y - \frac{\sqrt{2}}{2} = -\left(x - \frac{\sqrt{2}}{2}\right)$$

整理得

$$y + x = \sqrt{2}$$

习 题 2.4

1．求下列方程所确定隐函数 y 的导数 $\dfrac{\mathrm{d}y}{\mathrm{d}x}$.

(1) $2x^3 + 3xy + 5y^3 = 0$；　　　　　(2) $y\mathrm{e}^x + \ln y = 1$；

(3) $\cos(xy) = x$；　　　　　　　　(4) $y = x^2 + x\mathrm{e}^y$；

(5) $y = x + \ln y$；　　　　　　　　(6) $y = \sin(x + y)$；

(7) $xy = \mathrm{e}^{x+y}$；　　　　　　　　(8) $x^y = y^x$.

2．求下列方程所确定的隐函数 y 的二阶导数 $\dfrac{\mathrm{d}^2 y}{\mathrm{d}x^2}$.

(1) $x^2 - y^2 = 4$；　　　　　　　　(2) $y = 1 + x\mathrm{e}^y$；

(3) $x - y + \dfrac{1}{2}\sin y = 0$.

3．求曲线 $y\mathrm{e}^x + \ln y = 1$ 上点 $(0,1)$ 处的切线方程.

4．用对数求导法求下列函数的导数.

(1) $y = \dfrac{\sqrt{x+2}(3-x)^4}{(x+1)^5}$；　　　(2) $y = x\sqrt{\dfrac{1-x}{1+x}}$；

(3) $y = x^{\sin x}$；　　　　　　　　(4) $y = x^{x^x}$.

5．求下列参数方程所确定函数的一阶和二阶导数.

(1) $\begin{cases} x = \cos t \\ y = \sin t \end{cases}$；　　　　　(2) $\begin{cases} x = 1 - t^3 \\ y = t - t^3 \end{cases}$；

(3) $\begin{cases} x = at^2 \\ y = bt^3 \end{cases}$；　　　　　(4) $\begin{cases} x = \mathrm{e}^t \sin t \\ y = \mathrm{e}^t \cos t \end{cases}$.

2.5　函 数 的 微 分

2.5.1　微分的定义

设一块正方形金属薄片边长为 x_0，当受热后边长增加 Δx，如图 2-2 所示，那么面积 S 相应的增量为

$$\Delta S = (x_0 + \Delta x)^2 - x_0^2 = 2x_0 \Delta x + (\Delta x)^2$$

从上式可以看出，ΔS 分成两部分：第一部分是 $2x_0 \Delta x$；第二部分是 $(\Delta x)^2$，它是在图中带有交叉斜线的小正方形的面积. 当 $\Delta x \to 0$ 时，第二部分 $(\Delta x)^2$ 是比 Δx 高阶的无穷小，

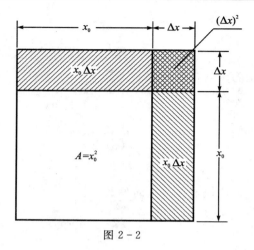

图 2 - 2

即 $(\Delta x)^2 = o(\Delta x)$. 由此可见，如果边长改变很微小，即 $|\Delta x|$ 很小时，面积的改变量 ΔS 可近似地用第一部分 $2x_0\Delta x$ 来代替，它是 Δx 的线性函数，其系数 $2x_0$ 仅与点 x_0 有关，与 Δx 无关，故称第一部分为 ΔS 的线性主部.

由此给出微分的定义.

定义 2.2 设函数 $y = f(x)$ 在 x_0 的某个邻域内有定义. 当自变量 x 在点 x_0 处有一个增量 Δx，若函数的增量 $\Delta y = f(x_0 + \Delta x) - f(x_0)$ 可表示为 $\Delta y = A\Delta x + o(\Delta x)$，其中 A 是不依赖于 Δx 的常数，$o(\Delta x)$ 是比 Δx 高阶的无穷小. 那么称函数 $y = f(x)$ 在 x_0 处是可微的，而 $A\Delta x$ 称为函数 $y = f(x)$ 在点 x_0 处的微分. 记作 $\mathrm{d}y\big|_{x=x_0}$，即 $\mathrm{d}y\big|_{x=x_0} = A\Delta x$.

下面讨论可微的条件. 设函数 $y = f(x)$ 在点 x_0 处可微，即 $\Delta y = A\Delta x + o(\Delta x)$ 成立，则有

$$\frac{\Delta y}{\Delta x} = A + \frac{o(\Delta x)}{\Delta x}$$

当 $\Delta x \to 0$ 时，

$$\lim_{\Delta x \to 0} \frac{\Delta y}{\Delta x} = A + \lim_{\Delta x \to 0} \frac{o(\Delta x)}{\Delta x} = A = f'(x_0)$$

由此可见，函数 $y = f(x)$ 在点 x_0 处可微，则函数 $y = f(x)$ 点 x_0 处可导，且 $A = f'(x_0)$.

反之，若函数 $y = f(x)$ 在点 x_0 处可导，即 $\lim\limits_{\Delta x \to 0} \dfrac{\Delta y}{\Delta x} = f'(x_0)$ 存在，根据无穷小与函数极限的关系，得

$$\frac{\Delta y}{\Delta x} = f'(x_0) + \alpha(\Delta x \to 0 \text{ 时}, \alpha \to 0)$$

即

$$\Delta y = f'(x_0)\Delta x + \alpha\Delta x = f'(x_0)\Delta x + o(\Delta x)$$

因为 $f'(x_0)$ 不依赖于 Δx, 故上式相当于 $\Delta y = A\Delta x + o(\Delta x)$. 所以, 函数 $y = f(x)$ 在点 x_0 处也是可微的.

综上所述, 有以下定理:

定理 2.5　函数 $f(x)$ 在点 x_0 处可微的充分必要条件是函数 $f(x)$ 在点 x_0 处可导, 且有

$$\mathrm{d}y\Big|_{x=x_0} = f'(x_0)\Delta x$$

函数 $y = f(x)$ 在任意点 x 的微分, 称为函数的微分, 记作 $\mathrm{d}y$ 或 $\mathrm{d}f(x)$, 且有 $\mathrm{d}y = f'(x)\Delta x$.

通常地把自变量 x 的增量 Δx 称为自变量的微分, 记作 $\mathrm{d}x$, 即 $\mathrm{d}x = \Delta x$, 于是函数的微分又可写成 $\mathrm{d}y = f'(x)\mathrm{d}x$. 从而有 $\dfrac{\mathrm{d}y}{\mathrm{d}x} = f'(x)$, 即 $\dfrac{\mathrm{d}y}{\mathrm{d}x}$ 为函数的微分与自变量微分之商. 因此, 导数也称为"微商".

2.5.2　微分的几何意义

如图 2-3 所示, 过曲线上一点 $M(x, y)$ 作切线 MT, 设 MT 的倾斜角为 α, 则 $\tan\alpha = f'(x)$. 当自变量有增量 Δx 时, 切线 MT 的纵坐标也得到相应的增量 QP, 并且 $QP = \tan\alpha\Delta x = f'(x)\Delta x = \mathrm{d}y$. 因此, 函数 $y = f(x)$ 在点 x 处微分的几何意义就是曲线 $y = f(x)$ 在 M 处的切线上对应于 Δx 的纵坐标的增量.

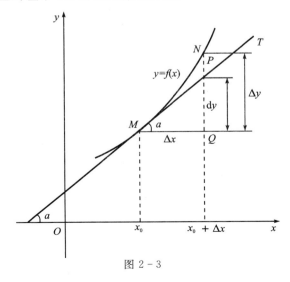

图 2-3

2.5.3 微分公式和微分的运算法则

从函数的微分表达式 $dy = f'(x)dx$ 可以看出,要计算函数的微分,只要计算出函数的导数 y' 再乘以自变量的微分即可,因此可得到如下的微分公式和微分运算法则.

1. 微分的基本公式

(1) $d(C) = 0$ (C 为常数);

(2) $d(x^a) = ax^{a-1}dx$;

(3) $d(\sin x) = \cos x dx$;

(4) $d(\cos x) = -\sin x dx$;

(5) $d(\tan x) = \sec^2 x dx$;

(6) $d(\cot x) = -\csc^2 x dx$;

(7) $d(\sec x) = \sec x \tan x dx$;

(8) $d(\csc x) = -\csc x \cot x dx$;

(9) $d(a^x) = a^x \ln a dx$;

(10) $d(e^x) = e^x dx$;

(11) $d(\log_a x) = \dfrac{1}{x \ln a}dx$;

(12) $d(\ln x) = \dfrac{1}{x}dx$;

(13) $d(\arcsin x) = \dfrac{1}{\sqrt{1-x^2}}dx$;

(14) $d(\arccos x) = -\dfrac{1}{\sqrt{1-x^2}}dx$;

(15) $d(\arctan x) = \dfrac{1}{1+x^2}dx$;

(16) $d(\text{arccot}x) = -\dfrac{1}{1+x^2}dx$.

2. 函数的和、差、积、商的微分法则

设 u 和 v 都是 x 的可微函数,C 为常数,则有

(1) $d(u \pm v) = du \pm dv$;

(2) $d(Cu) = Cdu$;

(3) $d(uv) = udv + vdu$;

(4) $d\left(\dfrac{u}{v}\right) = \dfrac{vdu - udv}{v^2}$ ($v \neq 0$).

3. 复合函数的微分

根据微分的定义,当 u 是自变量时,函数 $y = f(u)$ 的微分是 $dy = f'(u)du$. 如果 u 不是自变量而是中间变量,且为 x 的可微函数 $u = \varphi(x)$,那么复合函数 $y = f[\varphi(x)]$ 的微分为

$$dy = f'(u)\varphi'(x)dx = f'(u)du$$

由此可见,无论 u 是自变量还是中间变量,微分形式 $dy = f'(u)du$ 并不改变,这一性质称为一阶微分形式不变性.

例 37 求函数 $y = \ln\sin 3x$ 的微分.

解 $$dy = d(\ln\sin 3x) = \dfrac{3}{\sin 3x}\cos 3x dx = 3\cot 3x dx$$

例 38 用微分求由方程 $xe^y - \ln y = 3$ 确定的隐函数 $y = y(x)$ 的微分 dy.

解 方程两边分别求微分得

$$e^y dx + x e^y dy - \frac{1}{y} dy = 0$$

即

$$dy = - \frac{y e^y}{x y e^y - 1} dx$$

例 39 求函数 $y = e^{3x^2 + 2x + 1}$ 的微分.

解 设 $u = 3x^2 + 2x + 1$，则 $y = e^u$，利用微分形式不变性，有

$$dy = (e^u)' du = e^{3x^2 + 2x + 1} \cdot (6x + 2) dx$$

2.5.4 微分在近似计算中的应用

由微分的定义知道，当 $|\Delta x|$ 很小时，Δy 可以用 dy 近似代替，即

$$\Delta y = f(x_0 + \Delta x) - f(x_0) \approx dy = f'(x_0) \Delta x$$

也可以计算出 $f(x_0 + \Delta x)$ 的近似值，即

$$f(x_0 + \Delta x) \approx f(x_0) + f'(x_0) \Delta x$$

上式若取 $x_0 = 0$，$\Delta x = x$，得 $f(x) \approx f(0) + f'(0) x$.

由此，当 $|x|$ 很小时可以推出以下几个在工程上常用的近似公式：

(1) $e^x \approx 1 + x$； (2) $\ln(1 + x) \approx x$；

(3) $\sin x \approx x$（x 为弧度）； (4) $\tan x \approx x$（x 为弧度）；

(5) $\sqrt[n]{1 + x} \approx 1 + \dfrac{x}{n}$.

例 40 求 $\sqrt[3]{1.02}$ 的近似值.

解 令 $f(x) = \sqrt[3]{x}$，取 $x_0 = 1$，$\Delta x = 0.02$，由

$$f(x_0 + \Delta x) \approx f(x_0) + f'(x_0) \Delta x = \sqrt[3]{x_0} + \frac{1}{3 \sqrt[3]{x_0^2}} \Delta x$$

得

$$\sqrt[3]{1.02} \approx \sqrt[3]{1} + \frac{1}{3 \sqrt[3]{1}} \times 0.02 \approx 1.0067$$

例 41 求 $e^{-0.02}$ 的近似值.

解 设 $f(x) = e^x$，这里 $x = -0.02$，其值很小，利用近似公式得

$$e^{-0.02} \approx 1 - 0.02 = 0.98$$

例 42 计算 $\sin(30°30')$ 的近似值.

解 设 $f(x) = \sin x$，取 $x_0 = \dfrac{\pi}{6}$，$\Delta x = \dfrac{\pi}{360}$，由

$$f(x_0 + \Delta x) \approx f(x_0) + f'(x_0) \Delta x$$

得
$$\sin(30°30') = \sin\left(\frac{\pi}{6} + \frac{\pi}{360}\right) \approx \sin\frac{\pi}{6} + \cos\frac{\pi}{6} \times \frac{\pi}{360}$$

$$= \frac{1}{2} + \frac{\sqrt{3}}{2} \times \frac{\pi}{360} \approx 0.5 + 0.0076 = 0.5076$$

习 题 2.5

1. 计算 $y = x^3$ 在 $x = 2$ 处，Δx 分别等于 -0.1，0.01 时的 Δy 及 $\mathrm{d}y$.

2. 填入适当的函数使等式成立.

(1) $\mathrm{d}(\quad) = 2\mathrm{d}x$;　　　　(2) $\mathrm{d}(\quad) = \dfrac{1}{1+x^2}\mathrm{d}x$;

(3) $\mathrm{d}(\quad) = 3x\mathrm{d}x$;　　　　(4) $\mathrm{d}(\quad) = 2(x+1)\mathrm{d}x$;

(5) $\mathrm{d}(\quad) = \cos t\mathrm{d}t$;　　　　(6) $\mathrm{d}(\quad) = \cos 2x\mathrm{d}x$;

(7) $\mathrm{d}(\quad) = \sin\omega x\,\mathrm{d}x$;　　　　(8) $\mathrm{d}(\quad) = 3\mathrm{e}^{2x}\mathrm{d}x$;

(9) $\mathrm{d}(\quad) = \dfrac{1}{1+x}\mathrm{d}x$;　　　　(10) $\mathrm{d}(\quad) = \dfrac{1}{x^2}\mathrm{d}x$;

(11) $\mathrm{d}(\quad) = \mathrm{e}^{-2x}\mathrm{d}x$;　　　　(12) $\mathrm{d}(\quad) = 2^x\mathrm{d}x$;

(13) $\mathrm{d}(\quad) = \dfrac{1}{\sqrt{x}}\mathrm{d}x$;　　　　(14) $\mathrm{d}(\quad) = \sec^2 x\mathrm{d}x$;

(15) $\mathrm{d}(\quad) = \sec^2 3x\mathrm{d}x$;　　　　(16) $\mathrm{d}(\quad) = \dfrac{1}{\sqrt{1-x^2}}\mathrm{d}x$.

3. 求下列函数的微分.

(1) $y = x\sin 2x$;　　　　(2) $y = x\ln x - x^2$;

(3) $y = \arctan \mathrm{e}^x$;　　　　(4) $y = \mathrm{e}^{-ax}\sin bx$;

(5) $y = 3^{\ln\tan x}$;　　　　(6) $y = x\arctan\sqrt{x}$;

(7) $y = \dfrac{1}{x} + 2\sqrt{x}$;　　　　(8) $y = \ln\tan\dfrac{x}{2}$;

(9) $y = \mathrm{e}^{\sqrt{x+1}}\sin x$;　　　　(10) $y = \arcsin\sqrt{x}$;

(11) $y = \ln\ln x$;　　　　(12) $y = [\ln(1-x)]^2$.

4. 求下列曲线在给定点处的切线方程和法线方程.

(1) $\begin{cases} x = \sin t \\ y = \cos 2t \end{cases}$ 在 $t = \dfrac{\pi}{4}$ 处;　　　　(2) $\begin{cases} x = 2\mathrm{e}^t \\ y = \mathrm{e}^{-t} \end{cases}$ 在 $t = 0$ 处.

5. 利用微分求下列数的近似值.

(1) $\mathrm{e}^{1.01}$;　　　　　　　　(2) $\tan 45°10'$;

(3) $\sqrt[3]{999}$；

(4) $\cos 29°$；

(5) $\ln 0.98$；

(6) $\sqrt[3]{1.03}$.

6. 一金属圆管，它的外半径为 10 cm，当管壁厚为 0.04 cm 时，利用微分求圆管截面面积的近似值.

2.6　边际与弹性分析简介

2.6.1　边际的概念

在经济问题中，常常会用到变化率的概念，而变化率又分为平均变化率和瞬时变化率. 平均变化率就是函数增量与自变量增量之比. 而瞬时变化率就是函数对自变量的导数，即当自变量增量趋于零时平均变化率的极限.

设在点 $x = x_0$ 处，x 从 x_0 改变一个单位时，y 的增量 Δy 的准确值为 $\Delta y\big|_{\substack{x=x_0 \\ \Delta x=1}}$，当 x 改变很小时，由微分的应用知道，Δy 的近似值为 $\Delta y\big|_{\substack{x=x_0 \\ \Delta x=1}} \approx \mathrm{d}y\big|_{\substack{x=x_0 \\ \Delta x=1}} = f'(x_0)$. 这说明 $y = f(x)$ 在点 $x = x_0$ 处，当 x 产生一个单位的改变时，y 近似改变 $f'(x_0)$ 个单位. 在应用问题中解释边际函数值的具体意义时略去"近似"二字，于是有如下定义：

定义 2.3　设函数 $y = f(x)$ 在点 x 处可导，则称导函数 $f'(x)$ 为函数的边际函数. $f'(x)$ 在 x_0 处的值 $f'(x_0)$ 为边际函数值. 即当 $x = x_0$ 时，x 改变一个单位，y 改变 $f'(x_0)$ 个单位.

2.6.2　常见的边际函数

1. 边际成本

总成本函数 $C(Q)$ 的导数

$$C'(Q) = \lim_{\Delta Q \to 0} \frac{\Delta C}{\Delta Q} = \lim_{\Delta Q \to 0} \frac{C(Q + \Delta Q) - C(Q)}{\Delta Q}$$

称为边际成本.

对于产量只取整数单位的产品而言，一个单位的变化则是最小的变化. 现假设产品的数量是连续变化的，于是产品的单位可以无限细分，则边际成本就是产量为 Q 单位的总成本的变化率. 它近似地表示假定已经生产了 Q 单位产品时，再增加一个单位产品使总成本增加的数量.

平均成本 $\bar{C}(Q)$ 的导数

$$\bar{C}'(Q) = \left(\frac{C(Q)}{Q}\right)' = \frac{QC'(Q) - C(Q)}{Q^2}$$

称为边际平均成本.

2. 边际收益

总收益 $R(Q)$ 的导数称为边际收益，它近似地表示：假定已经销售了 Q 单位产品，再销售一个单位产品所增加的总收益.

3. 边际利润

总利润 $L(Q)$ 的导数称为边际利润，它近似地表示：若已经生产了 Q 单位产品，再生产一个单位产品所增加的总利润.

4. 边际需求

若 $Q = Q(P)$ 是需求函数，则需求量 Q 对价格 P 的导数称为边际需求函数.

例 43 某产品的总成本函数和收入函数分别为

$$C(Q) = 3 + 2\sqrt{Q}, R(Q) = \frac{5Q}{Q+1}$$

其中 Q 为该产品的销售量. 求该产品的边际成本、边际收益和边际利润.

解 边际成本为

$$C'(Q) = \frac{1}{\sqrt{Q}}$$

边际收益为

$$R'(Q) = \frac{5}{(Q+1)^2}$$

边际利润为

$$L'(Q) = R'(Q) - C'(Q) = \frac{5}{(Q+1)^2} - \frac{1}{\sqrt{Q}}$$

例 44 某厂生产某种产品，总成本 C 是产量 Q 的函数 $C = C(Q) = 200 + 4Q + 0.05Q^2$（单位：元），

(1) 指出固定成本、可变成本；

(2) 求边际成本函数及产量 $Q = 200$ 单位时的边际成本，并说明其经济意义；

(3) 如果对该厂征收固定税收，问固定税收对产品的边际成本是否会有影响？为什么？试举例说明.

解 (1) 固定成本为 200 元，可变成本为 $4Q + 0.05Q^2$；

(2) 边际成本函数为 $C'(Q) = 4 + 0.1Q$，则

$$C'(200) = 4 + 0.1 \times 200 = 24$$

当产量 $Q = 200$ 单位时，边际成本为 24 元，在经济上说明在产量为 200 单位的基础上，再增加一个单位产品，总成本要增加 24 元.

（3）因国家对该厂征收的固定税收与产量 Q 无关，这种固定税收可列入固定成本，因而对边际成本没有影响. 例如，国家征收的固定税收为 100 元，则总成本为

$$C = C(Q) = (200 + 100) + 4Q + 0.05Q^2$$

边际成本函数仍为

$$C'(Q) = 4 + 0.1Q$$

2.6.3　弹性分析

在边际分析中，函数变化率与函数改变量的讨论均属于绝对值范围的讨论，但在经济问题中，这是不足以深入分析问题的. 例如：甲商品每单位价格为 10 元，涨价 1 元；乙商品每单位价格为 100 元，也涨价 1 元，两种商品的价格绝对改变量都是 1 元. 显然甲商品的涨价幅度大于乙产品，所以有必要研究函数的相对改变量与相对变化率.

函数 $y = f(x)$ 的改变量 $\Delta y = f(x + \Delta x) - f(x)$ 称为函数在点 x 处的绝对改变量，Δx 为自变量在点 x 处的绝对改变量. 我们把函数在点 x 处的绝对改变量与函数在该点处函数值之比 $\Delta y / y$ 称为函数在该点处的相对改变量.

定义 2.4　设函数 $y = f(x)$ 在点 x 处可导，称极限

$$\lim_{\Delta x \to 0} \frac{\Delta y / y}{\Delta x / x} = \lim_{\Delta x \to 0} \frac{\Delta y}{\Delta x} \cdot \frac{x}{y} = f'(x) \cdot \frac{x}{y} = \frac{\mathrm{d}y}{\mathrm{d}x} \cdot \frac{x}{y}$$

为函数 $y = f(x)$ 在点 x 处的相对变化率或弹性，记作 $\eta_y(x)$，即

$$\eta_y(x) = \frac{x}{y} \cdot \frac{\mathrm{d}y}{\mathrm{d}x}$$

函数 $y = f(x)$ 在点 x 的弹性 $\eta_y(x)$ 反映了当自变量 x 变化 1% 时，函数 $f(x)$ 变化的百分数为 $|\eta_y(x)| \%$.

若函数 $Q = Q(P)$ 为需求函数，则需求的价格弹性为

$$\eta_Q(P) = \frac{P}{Q} Q'(P)$$

几种特殊的价格弹性：

（1）需求的价格弹性等于零. 也就是说，这种商品完全没有弹性，不管价格如何变，其需求量都不发生变化，显然完全符合这种情况的商品是没有的. 但近似符合这种情况的商品是存在的，例如在一定范围内消费者对食品、生活品的需求. 这种商品的需求曲线的图形是一条垂直的直线.

（2）需求的价格弹性为无穷大. 它表明商品在一定价格条件下，有多少就可以卖掉多少；然而想把价格稍微提高一点点，就可能一个也卖不掉. 这种商品的需求曲线的图形是一条水平的直线.

（3）单位弹性. 即需求曲线上各点的弹性均为 1，也就是说，在任何价格水平下，价格

变动一个百分比，需求量均按同样的百分比变化. 这种商品的需求曲线图形是一条双曲线.

　（4）需求曲线是一条倾斜的直线. 这时，需求曲线上各点的弹性都是变化的.

　例 45　某种商品的需求函数为 $Q = 10 - P/2$.

　求：（1）需求的价格弹性函数；

　（2）当 $P = 5$ 时的需求价格弹性，并说明其经济意义.

　（3）当 $P = 10$ 时的需求价格弹性，并说明其经济意义.

　（4）当 $P = 15$ 时的需求价格弹性，并说明其经济意义.

　解　（1）需求的价格弹性函数为

$$\eta_Q(P) = \frac{P}{Q}Q'(P) = \frac{P}{10 - \frac{P}{2}} \times \left(-\frac{1}{2}\right) = \frac{P}{P - 20}$$

　（2）
$$\eta_Q(5) = -\frac{1}{3}$$

这说明当 $P = 5$ 时该商品的需求缺乏弹性，此时价格上涨 1%，需求量下降 $\frac{1}{3}\%$.

　（3）
$$\eta_Q(10) = -1$$

这说明当 $P = 10$ 时该商品的需求具有单位弹性，此时价格上涨 1%，需求量下降 1%.

　（4）
$$\eta_Q(15) = -3$$

这说明当 $P = 15$ 时该商品的需求富有弹性，此时价格下降 1%，将导致需求量增加 3%.

习　题　2.6

　1. 求出下列函数的边际函数与弹性函数.

　（1）$y = x^2 e^{-x}$；　　　　　　　（2）$y = \dfrac{e^x}{x}$.

　2. 某商品的价格 P 与需求 Q 的函数为 $P = 10 - Q/5$，求当 $P = 6$ 时的总收益、平均收益、边际收益和需求价格弹性.

　3. 设生产某产品的成本函数为 $C(x) = 100 + 6x + x^2/4$，求当 $x = 10$ 时的总成本、平均成本、边际成本.

　4. 某厂每周生产 Q 单位（单位：百件）产品的总成本 C（单位：千元）是产量的函数 $C = C(Q) = 100 + 12Q + Q^2$，如果每百件产品销售价格为 4 万元，试写出利润函数及边际利润为零时的每周产量.

　5. 设巧克力糖每周的需求量 Q（单位：千克）是价格 P（单位：元）的函数：

$$Q = f(P) = \frac{1000}{(2P+1)^2}$$

求当 $P = 10$ 时，巧克力糖的边际需求量，并说明其经济意义.

<h1 style="text-align:center">综合练习二</h1>

1. 选择题

(1) $f(x)$ 在点 x_0 处可导是 $f(x)$ 在点 x_0 处连续的(　　).

A. 必要条件　　　　B. 充分条件　　　　C. 充要条件　　　　D. 以上均不对

(2) $f(x)$ 在点 x_0 处可导是 $f(x)$ 在点 x_0 处可微的(　　).

A. 必要条件　　　　B. 充分条件　　　　C. 充要条件　　　　D. 以上均不对

(3) 曲线 $y = x^2 + 4x - 2$ 在点 $x = 1$ 处的切线斜率为(　　).

A. 0　　　　　　　B. 2　　　　　　　C. 4　　　　　　　D. 6

(4) 已知函数 $f(x) = \begin{cases} 1-x, & x \leqslant 0 \\ e^{-x}, & x > 0 \end{cases}$，则 $f(x)$ 在点 $x = 0$ 处(　　).

A. 间断　　　　　B. 连续但不可导　　C. $f'(0) = -1$　　D. $f'(0) = 1$

(5) 设 $f(x) = \begin{cases} k(k-1)xe^x + 1, & x > 0 \\ k^2, & x = 0 \\ x^2 + 1, & x < 0 \end{cases}$，则下列结论不成立的是(　　).

A. k 为任意值时，$\lim\limits_{x \to 0} f(x)$ 存在　　　　B. $k = 1$ 或 $k = -1$ 时，$f(x)$ 在 $x = 0$ 处连续

C. $k = -1$ 时，$f(x)$ 在 $x = 0$ 处可导　　D. $k = 1$ 时，$f(x)$ 在 $x = 0$ 处可导

2. 填空题

(1) 若 $f(x) = x(x+1)(x+2)\cdots(x+100)$，则 $f'(0) =$ _____.

(2) 设 $y^{(n-2)} = x\ln x$，则 $y^{(n)} =$ _____.

(3) 设 $f(x) = \begin{cases} x, & x \geqslant 0 \\ \tan x, & x < 0 \end{cases}$，则 $f(x)$ 在 $x = 0$ 处的导数为_____.

(4) 设 $y = e^{\cos x}$，则 $y'' =$ _____.

(5) 设 $y = f\left(\dfrac{1}{x}\right)$，其中 $f(u)$ 为二阶可导函数，则 $\dfrac{\mathrm{d}^2 y}{\mathrm{d}x^2} =$ _____.

(6) 设 $f'(a) = b$，则 $\lim\limits_{x \to 0} \dfrac{f(a) - f(a-3x)}{5x} =$ _____.

3. 求下列函数的导数.

(1) $y = \dfrac{1}{1 + \cos x}$;

(2) $y = \cos e^{-x}$;

(3) $y = (1 + x^2)\arctan x$；
(4) $y = \sin\ln x^2$；

(5) $e^x - e^y = \sin(xy)$；
(6) $y^3 = x + \arccos(xy)$；

(7) $y = (\cot x)^{\frac{1}{x}}$；
(8) $y = \sin x + x^{\sqrt{x}}$；

(9) $y = \ln(e^x + \sqrt{1 + e^{2x}})$．

4. 求下列参数方程的导数．

(1) $\begin{cases} x = a(1 - \sin t) \\ y = b(1 - \cos t) \end{cases}$；
(2) $\begin{cases} x = t^2 \\ y = \dfrac{1}{1+t} \end{cases}$．

5. 求下列函数的二阶导数．

(1) $y = e^{\sqrt{x}}$；
(2) $y = x^3 \ln x$．

6. 已知函数 $f(x)$ 可导，求下列函数的导数．

(1) $y = f(x^2)$；
(2) $y = a^{f(x)} + \left[f(x) \right]^2$．

7. 求下列函数的微分．

(1) $y = \sin^3 x - \cos 3x$；
(2) $y = e^x \arctan x$；

(3) $x^2 + xy + y^2 = 3$；
(4) $xy = e^{x-y}$；

(5) $y = \ln\tan\dfrac{x}{2} - \cot x \cdot \ln(1 + \sin x) - x$．

8. 某产品的总成本函数和收入函数分别为 $C(Q) = 100 + 5Q + 2Q^2$，$R(Q) = 200Q + Q^2$，其中 Q 为该产品的产量．

(1) 求该产品的边际成本、边际收益和边际利润函数．

(2) 已生产并销售 25 个单位产品，第 26 个单位产品会有多少利润？

9. 某种商品的需求量 Q 为价格 P 的函数：$Q = 150 - 2P^2$．

求：(1) 当 $P = 6$ 时的边际需求，并说明其经济意义；

(2) 当 $P = 6$ 时的需求弹性，并说明其经济意义．

(3) 当 $P = 6$ 时，若价格下降 2‰，总收益将怎样变化？

第 3 章　　微分中值定理及导数应用

在第 2 章建立了导数和微分的概念,并讨论了它们的计算方法. 本章将介绍微分中值定理,利用导数求解极限的洛必达法则以及利用导数来研究函数的某些性态,并解决一些实际问题.

3.1　微分中值定理

3.1.1　罗尔定理

如果函数 $y = f(x)$ 满足:

(1) 在闭区间 $[a, b]$ 上连续;

(2) 在开区间 (a, b) 内可导;

(3) $f(a) = f(b)$.

则区间 (a, b) 内至少存在一点 ξ,使得 $f'(\xi) = 0$.

证明　因为函数 $f(x)$ 在区间 $[a, b]$ 上连续,所以它在 $[a, b]$ 上必能取得最小值 m 和最大值 M. 于是有两种情况:

(1) 若 $M = m$,则 $f(x) = m$,于是 $f'(x) = 0$,定理的结论显然成立.

(2) 若 $M > m$,由于 $f(a) = f(b)$,则数 M 与 m 中至少有一个不等于端点的函数值 $f(a)$,设 $M \neq f(a)$,则存在点 $\xi \in (a, b)$,使得 $f(\xi) = M$.

因为 $f(\xi) = M$,所以 $f(x) - f(\xi) \leqslant 0$,$\forall x \in (a, b)$.

当 $x > \xi$ 时,有

$$\frac{f(x) - f(\xi)}{x - \xi} \leqslant 0$$

由 $f'(\xi)$ 存在及极限的保号性可知

$$f'(\xi) = \lim_{x \to \xi^+} \frac{f(x) - f(\xi)}{x - \xi} \leqslant 0$$

当 $x < \xi$ 时,有

$$\frac{f(x) - f(\xi)}{x - \xi} \geqslant 0$$

于是

$$f'(\xi) = \lim_{x \to \xi^-} \frac{f(x) - f(\xi)}{x - \xi} \geqslant 0$$

所以 $f'(\xi) = 0$.

罗尔中值定理的几何意义：如果连续光滑曲线 $y = f(x)$ 在 A，B 处的纵坐标相等，那么弧 AB 上至少有一点 C，使曲线在点 C 处的切线是水平切线. 如图 $3-1$ 所示.

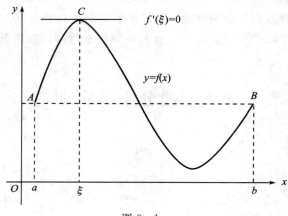

图 $3-1$

例 1 验证 $f(x) = x^2 - 2x - 3$ 在区间 $[-1,3]$ 上满足罗尔定理的条件，并求 ξ.

解 因为 $f(x) = x^2 - 2x - 3$ 在 $[-1,3]$ 连续，$f'(x) = 2x - 2$，故 $f(x)$ 在 $(-1,3)$ 内可导，且 $f(-1) = f(3) = 0$，所以 $f(x)$ 满足罗尔定理的三个条件.

令 $f'(x) = 2x - 2 = 0$，可得出 $x = 1 \in (-1,3)$，即 $\xi = 1$，使得 $f'(\xi) = 0$.

3.1.2 拉格朗日中值定理

如果函数 $y = f(x)$ 满足：

(1) 在闭区间 $[a,b]$ 上连续；

(2) 在开区间 (a,b) 内可导；

则区间 (a,b) 内至少存在一点 ξ，使得

$$f'(\xi) = \frac{f(b) - f(a)}{b - a}$$

证明 引进辅助函数，令

$$\varphi(x) = f(x) - f(a) - \frac{f(b) - f(a)}{b - a}(x - a)$$

容易验证函数 $f(x)$ 满足罗尔定理的条件：$\varphi(a) = \varphi(b) = 0$，$\varphi(x)$ 在闭区间 $[a,b]$ 上

连续，在开区间 (a, b) 内可导，且

$$\varphi'(x) = f'(x) - \frac{f(b) - f(a)}{b - a}$$

根据罗尔定理可知，在开区间 (a, b) 内至少有一点 ξ，使 $\varphi'(\xi) = 0$，即

$$f'(\xi) - \frac{f(b) - f(a)}{b - a} = 0$$

由此得

$$\frac{f(b) - f(a)}{b - a} = f'(\xi)$$

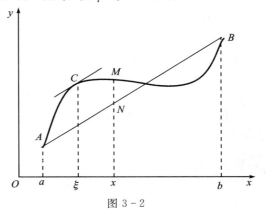

由图 3-2 可看出，$\dfrac{f(b) - f(a)}{b - a}$ 为弦 AB 的斜率，而 $f'(\xi)$ 为曲线在点 C 处的切线的斜率. 因此拉格朗日中值定理的几何意义：如果连续曲线 $y = f(x)$ 上除端点外处处具有不垂直于 x 轴的切线，那么这弧上至少有一点 C，使曲线在 C 点处的切线平行于弦 AB.

图 3-2

由拉格朗日中值定理可以得出下面两个重要推论：

推论 1　若函数 $f(x)$ 在区间 (a, b) 内导数恒为零，则 $f(x)$ 在区间 (a, b) 内是一个常数 C.

证明　在 (a, b) 内任取两点 x_1，x_2，不妨设 $x_1 < x_2$，由拉格朗日中值定理可得

$$f(x_2) - f(x_1) = f'(\xi)(x_2 - x_1)，\quad x_1 < \xi < x_2$$

又因为 $f'(\xi) = 0$，所以 $f(x_2) - f(x_1) = 0$，即 $f(x_2) = f(x_1)$.

推论 2　如果在区间 (a, b) 内恒有 $f'(x) = g'(x)$，则 $f(x) = g(x) + C$（C 为常数）.

证明　令 $F(x) = f(x) - g(x)$. 因为

$$F'(x) = f'(x) - g'(x) = 0，\quad x \in (a, b)$$

由推论 1 可得出，$F(x) = C$，即 $f(x) = g(x) + C$，$x \in (a, b)$.

例 2　证明：$\arctan x + \operatorname{arccot} x = \dfrac{\pi}{2}$.

证明　设

$$f(x) = \arctan x + \operatorname{arccot} x$$

$$f'(x) = \frac{1}{1 + x^2} - \frac{1}{1 + x^2} = 0$$

由推论 1 得，在 $(-\infty, +\infty)$ 内 $f(x) = C$. 当 $x = 1$ 时，可推出 $C = \pi/2$.

3.1.3　柯西中值定理

如果函数 $f(x)$，$g(x)$ 满足：

(1) 在闭区间 $[a, b]$ 上连续；

(2) 在开区间 (a, b) 内可导；

(3) $g'(x)$ 在区间 (a, b) 内不为零.

则区间 (a, b) 内至少存在一点 ξ，使得

$$\frac{f'(\xi)}{g'(\xi)} = \frac{f(b) - f(a)}{g(b) - g(a)}$$

当 $g(x) = x$ 时，柯西中值定理就成为拉格朗日中值定理，若再令 $f(a) = f(b)$，就可得到罗尔定理的结论.

习　题　3.1

1. 下列函数中在区间 $[-1, 1]$ 上满足罗尔定理的是（　　）.

A. $y = x$ 　　　　　B. $y = |x|$ 　　　　　C. $y = x^2$ 　　　　　D. $y = \dfrac{1}{x^2}$

2. 验证函数 $y = 4x^3 - 6x^2 - 2$ 在 $[0, 1]$ 上满足拉格朗日中值定理.

3. 不用求函数 $f(x) = x(x-1)(x-2)(x-3)$ 的导数，判断 $f'(\xi) = 0$ 根的个数.

4. 证明：方程 $x^3 + x - 1 = 0$ 有且只有一个正根.

5. 证明：当 $a > b > 0$ 时，$\dfrac{a-b}{a} < \ln \dfrac{a}{b} < \dfrac{a-b}{b}$.

6. 证明：当 $x > 1$ 时，$e^x > xe$.

3.2　洛必达法则

在前面的学习中，已经掌握了几种求极限的方法. 对于商的极限我们经常会遇到 "$\dfrac{0}{0}$"，"$\dfrac{\infty}{\infty}$" 型的极限，此类型的极限有可能存在也有可能不存在. 通常把这类极限称为未定式（或不定式）. 对于这两类极限，我们无法使用"商的极限等于极限的商"这一规则进行求解. 下面介绍的洛必达法则是求这类极限的一个非常重要的方法.

3.2.1　"$\dfrac{0}{0}$"型未定式

定理 3.1（洛必达法则）　如果函数 $f(x)$ 和 $g(x)$ 满足如下三个条件：

(1) $\lim\limits_{x \to x_0} f(x) = 0$，$\lim\limits_{x \to x_0} g(x) = 0$；

(2) 在 x_0 的某个去心邻域内，$f'(x)$，$g'(x)$ 都存在，且 $g'(x) \neq 0$；

(3) $\lim\limits_{x \to x_0} \dfrac{f'(x)}{g'(x)} = A$（或 ∞）.

则

$$\lim_{x \to x_0} \frac{f(x)}{g(x)} = \lim_{x \to x_0} \frac{f'(x)}{g'(x)} = A \text{（或 } \infty\text{）}$$

注意：法则中 $x \to x_0$ 换成其他变化过程，例如 $x \to \infty$ 时，只要做相应的修改，亦有相同的结论.

例 3 求 $\lim\limits_{x \to 0} \dfrac{\sin ax}{\sin bx}$ （$b \neq 0$）.

解 由洛必达法则得

$$\lim_{x \to 0} \frac{\sin ax}{\sin bx} = \lim_{x \to 0} \frac{a \cos ax}{b \cos bx} = \frac{a}{b}$$

例 4 求 $\lim\limits_{x \to 0} \dfrac{e^x - \cos x}{x^2}$.

解 由洛必达法则得

$$\lim_{x \to 0} \frac{e^x - \cos x}{x^2} = \lim_{x \to 0} \frac{e^x + \sin x}{2x} = \infty$$

例 5 求 $\lim\limits_{x \to 1} \dfrac{x^3 - 3x + 2}{x^3 - 2x^2 + x}$.

解 由洛必达法则得

$$\lim_{x \to 1} \frac{x^3 - 3x + 2}{x^3 - 2x^2 + x} = \lim_{x \to 1} \frac{3x^2 - 3}{3x^2 - 4x + 1}$$

此时极限仍为"$\dfrac{0}{0}$"型未定式，继续使用洛必达法则，有

$$\lim_{x \to 1} \frac{3x^2 - 3}{3x^2 - 4x + 1} = \lim_{x \to 1} \frac{6x}{6x - 4} = 3$$

注意：已经不再是"$\dfrac{0}{0}$"型未定式，不能继续使用洛必达法则进行求解.

例 6 求 $\lim\limits_{x \to +\infty} \dfrac{\dfrac{\pi}{2} - \arctan x}{\dfrac{1}{x}}$.

解 当 $x \to +\infty$ 时，上式为"$\dfrac{0}{0}$"型未定式，因此

$$\lim_{x \to +\infty} \frac{\frac{\pi}{2} - \arctan x}{\frac{1}{x}} = \lim_{x \to +\infty} \frac{-\dfrac{1}{1+x^2}}{-\dfrac{1}{x^2}} = \lim_{x \to +\infty} \frac{x^2}{1+x^2} = 1$$

3.2.2 "$\frac{\infty}{\infty}$" 型未定式

定理 3.2 如果函数 $f(x)$ 和 $g(x)$ 满足如下三个条件：

(1) $\lim\limits_{x \to x_0} f(x) = \infty$，$\lim\limits_{x \to x_0} g(x) = \infty$；

(2) 在 x_0 的某个去心邻域内，$f'(x)$，$g'(x)$ 都存在，且 $g'(x) \neq 0$；

(3) $\lim\limits_{x \to x_0} \dfrac{f'(x)}{g'(x)} = A$（或 ∞）.

则

$$\lim_{x \to x_0} \frac{f(x)}{g(x)} = \lim_{x \to x_0} \frac{f'(x)}{g'(x)} = A \quad (\text{或} \; \infty)$$

注意：法则中 $x \to x_0$ 换成其他变化过程，例如 $x \to \infty$ 时，只要做相应的修改，亦有相同的结论.

例 7 求 $\lim\limits_{x \to +\infty} \dfrac{e^x}{x^3}$.

解
$$\lim_{x \to +\infty} \frac{e^x}{x^3} = \lim_{x \to +\infty} \frac{e^x}{3x^2} = \lim_{x \to +\infty} \frac{e^x}{6x} = \lim_{x \to +\infty} \frac{e^x}{6} = +\infty$$

例 8 求 $\lim\limits_{x \to +\infty} \dfrac{\ln x}{(x+1)^2}$.

解
$$\lim_{x \to +\infty} \frac{\ln x}{(x+1)^2} = \lim_{x \to +\infty} \frac{\dfrac{1}{x}}{2(x+1)} = \lim_{x \to +\infty} \frac{1}{2x(x+1)} = 0$$

例 9 求 $\lim\limits_{x \to 0} \dfrac{\tan x - x}{x^2 \tan x}$.

解 $\lim\limits_{x \to 0} \dfrac{\tan x - x}{x^2 \tan x} = \lim\limits_{x \to 0} \dfrac{\tan x - x}{x^3} = \lim\limits_{x \to 0} \dfrac{\sec^2 x - 1}{3x^2} = \lim\limits_{x \to 0} \dfrac{2\sec x \cdot \sec x \cdot \tan x}{6x} = \dfrac{1}{3}$

此题表明，洛必达法则是求未定式极限的一种有效方法，但适当与其他极限方法相结合，可更加简化计算.

例 10 求 $\lim\limits_{x \to \infty} \dfrac{x + \sin x}{x}$.

解 当 $x \to \infty$ 时，上式是"$\frac{\infty}{\infty}$"型未定式，使用洛必达法则将分子、分母求导后得

$$\lim_{x \to \infty} \frac{(x + \sin x)'}{(x)'} = \lim_{x \to \infty} \frac{1 + \cos x}{1} = \lim_{x \to \infty} (1 + \cos x)$$

此式振荡无极限，故洛必达法则失效，但是原极限是存在的，改用其他方法：

$$原式 = \lim_{x \to \infty}\left(1 + \frac{\sin x}{x}\right) = 1$$

3.2.3 其他类型的未定式

除"$\frac{0}{0}$"和"$\frac{\infty}{\infty}$"型的未定式之外，还有"$0 \cdot \infty$"、"$\infty - \infty$"、"0^0"、"1^∞"、"∞^0"型等未定式，都可以将它们转化为"$\frac{0}{0}$"或"$\frac{\infty}{\infty}$"型的未定式来计算.

1. "$0 \cdot \infty$"型

例 11 求 $\lim\limits_{x \to 0^+} x \ln x$.

解 该极限是"$0 \cdot \infty$"型未定式，故

$$\lim_{x \to 0^+} x \ln x = \lim_{x \to 0^+} \frac{\ln x}{1/x} = \lim_{x \to 0^+} \frac{1/x}{-1/x^2} = \lim_{x \to 0^+}(-x) = 0$$

2. "$\infty - \infty$"型

例 12 求 $\lim\limits_{x \to 1}\left(\dfrac{2}{x^2 - 1} - \dfrac{1}{x - 1}\right)$.

解 $\lim\limits_{x \to 1}\left(\dfrac{2}{x^2 - 1} - \dfrac{1}{x - 1}\right) = \lim\limits_{x \to 1}\dfrac{2 - (x + 1)}{x^2 - 1} = \lim\limits_{x \to 1}\dfrac{1 - x}{x^2 - 1} = \lim\limits_{x \to 1}\dfrac{-1}{x + 1} = -\dfrac{1}{2}$

3. "0^0"、"1^∞"、"∞^0"型

"0^0"、"1^∞"、"∞^0"型未定式是幂指函数形式，即 $f(x)^{g(x)}$，通常利用 $[f(x)]^{g(x)} = e^{\ln[f(x)]^{g(x)}} = e^{g(x)\ln f(x)}$ 进行转化，下面举例说明.

例 13 求 $\lim\limits_{x \to 0^+} x^x$.

解 该极限为"0^0"型，故

$$\lim_{x \to 0^+} x^x = \lim_{x \to 0^+} e^{x \ln x} = e^{\lim\limits_{x \to 0^+} x \ln x} = e^{\lim\limits_{x \to 0^+} \frac{\ln x}{1/x}} = e^{\lim\limits_{x \to 0^+} \frac{1/x}{-1/x^2}} = e^0 = 1$$

例 14 求 $\lim\limits_{x \to 1} x^{\frac{x}{1-x}}$.

证明 该极限为"1^∞"型未定式，故

$$\lim_{x \to 1} x^{\frac{x}{1-x}} = \lim_{x \to 1} e^{\frac{x}{1-x}\ln x} = e^{\lim\limits_{x \to 1} \frac{x \ln x}{1-x}} = e^{\lim\limits_{x \to 1} \frac{\ln x + 1}{-1}} = e^{-1}$$

例 15 求 $\lim\limits_{x \to 0}(\cot x)^{\sin x}$.

解 该极限为"∞^0"型未定式，故

$$\lim_{x \to 0}(\cot x)^{\sin x} = \lim_{x \to 0}e^{\ln(\cot x)^{\sin x}} = \lim_{x \to 0}e^{\sin x \ln(\cot x)}$$

$$= \lim_{x \to 0}e^{\dfrac{\ln(\cot x)}{\frac{1}{\sin x}}} = e^{\lim\limits_{x \to 0}\frac{\ln(\cot x)}{\frac{1}{\sin x}}} = e^{\lim\limits_{x \to 0^-}\frac{\frac{1}{\cot x}\cdot\frac{-1}{\sin^2 x}}{\frac{1}{\sin^2 x}\cos x}} = e^{\lim\limits_{x \to 0}\frac{\sin x}{\cos^2 x}} = e^0 = 1$$

习 题 3.2

1. 求下列函数极限.

(1) $\lim\limits_{x \to 0} \dfrac{\ln(1+x)}{x}$;

(2) $\lim\limits_{x \to 0} \dfrac{e^x - e^{-x}}{\sin x}$;

(3) $\lim\limits_{x \to a} \dfrac{\cos x - \cos a}{x - a}$;

(4) $\lim\limits_{x \to 0} \dfrac{\sin ax}{\tan bx}, b \neq 0$;

(5) $\lim\limits_{x \to \frac{\pi}{2}} \dfrac{\ln \sin x}{(\pi - 2x)^2}$;

(6) $\lim\limits_{x \to a} \dfrac{x^5 - a^5}{x^3 - a^3}$;

(7) $\lim\limits_{x \to 0^+} \dfrac{\ln \tan 7x}{\ln \tan 2x}$;

(8) $\lim\limits_{x \to \frac{\pi}{2}} \dfrac{\tan x}{\tan 3x}$;

(9) $\lim\limits_{x \to +\infty} \dfrac{\ln\left(1 + \dfrac{1}{x}\right)}{\operatorname{arccot} 2x}$;

(10) $\lim\limits_{x \to 0} \dfrac{\ln(1+x^2)}{\sec x - \cos x}$;

(11) $\lim\limits_{x \to 0} x \cot 2x$;

(12) $\lim\limits_{x \to 0} x^2 e^{\frac{1}{x^2}}$;

(13) $\lim\limits_{x \to 1}\left[\dfrac{1}{2(1-x)} - \dfrac{3}{2(1-x^3)}\right]$;

(14) $\lim\limits_{x \to \infty}\left(1 + \dfrac{3}{x}\right)^x$;

(15) $\lim\limits_{x \to 0^+} x^{\tan x}$;

(16) $\lim\limits_{x \to 0^+}\left(\dfrac{1}{x}\right)^{\sin x}$.

2. 验证下列极限存在，但不能用洛必达法则求出.

(1) $\lim\limits_{x \to 0} \dfrac{x^2 \cos \dfrac{1}{x}}{\sin x}$;

(2) $\lim\limits_{x \to \infty} \dfrac{x + \sin x}{x - \sin x}$.

3.3　函数的单调性、极值与最值

3.3.1　函数的单调性

在初等数学中学习过函数单调性的概念，现在利用导数研究函数的单调性.

如果函数 $y = f(x)$ 在 $[a,b]$ 上单调增加（单调减少），那么它的图形是一条沿 x 轴正向上升(下降)的曲线. 这时曲线的各点处的切线斜率是非负的(是非正的), 即 $f'(x) \geqslant 0$ (或 $f'(x) \leqslant 0$), 如图 3-3 所示.

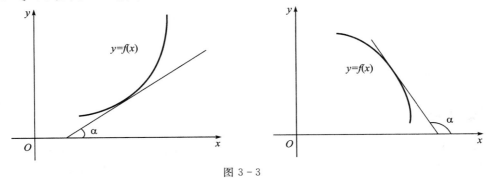

图 3-3

由此可见, 函数的单调性与函数的导数符号有关. 应用拉格朗日中值定理, 可得到函数单调性的判别方法.

定理 3.3　设函数 $y = f(x)$ 在 $[a, b]$ 上连续, 在 (a, b) 内可导.

(1) 如果在区间 (a, b) 内 $f'(x) > 0$, 那么 $y = f(x)$ 在 $[a, b]$ 上单调增加;

(2) 如果在区间 (a, b) 内 $f'(x) < 0$, 那么 $y = f(x)$ 在 $[a, b]$ 上单调减少.

注意: 定理中的闭区间 $[a, b]$ 换成开区间、半开半闭区间或无穷区间, 结论也成立. 在区间内个别点导数为零, 不影响函数单调性.

例 16　讨论函数 $f(x) = x^3 - 3x + 2$ 的单调性.

解　函数 $f(x)$ 的定义域为 $(-\infty, +\infty)$,
$$f'(x) = 3x^2 - 3 = 3(x-1)(x+1)$$
令 $f'(x) = 0$ 得 $x_1 = -1$, $x_2 = 1$, 从而将定义域划分为三个区间(见表 3-1):

表 3-1

x	$(-\infty, -1)$	-1	$(-1, 1)$	1	$(1, +\infty)$
$f'(x)$	$+$	0	$-$	0	$+$
$f(x)$	↗		↘		↗

函数 $f(x)$ 在区间 $(-\infty, -1]$ 及 $[1, +\infty)$ 内是单调增加的(用 ↗ 表示), $(-1, 1)$ 内是单调减少的(用 ↘ 表示).

例 17　证明: 当 $x > 1$ 时, $2\sqrt{x} > 3 - \dfrac{1}{x}$.

证明　设 $f(x) = 2\sqrt{x} - \left(3 - \dfrac{1}{x}\right)$, 则

$$f'(x) = \frac{1}{\sqrt{x}} - \frac{1}{x^2} = \frac{1}{x^2}(x\sqrt{x} - 1)$$

当 $x > 1$ 时，$f'(x) > 0$，因此 $f(x)$ 在 $[1, +\infty)$ 上单调递增. 故 $f(x) > f(1)$，即

$$2\sqrt{x} - \left(3 - \frac{1}{x}\right) > 0$$

所以当 $x > 1$ 时，$2\sqrt{x} > 3 - \frac{1}{x}$.

3.3.2　函数的极值

定义 3.1　设函数 $f(x)$ 在 x_0 的某邻域 $U(x_0)$ 内有定义，若对于去心邻域 $\mathring{U}(x_0)$ 内任何 x，有 $f(x) < f(x_0)$（或 $f(x) > f(x_0)$），那么就称 $f(x_0)$ 是函数 $f(x)$ 的一个极大值（或极小值）.

函数的极大值和极小值统称为极值. 使函数取得极值的点称为极值点.

如图 3-4 所示，点 x_1、x_2、x_4、x_5、x_6 为函数 $y = f(x)$ 的极值点，其中 x_1、x_4、x_6 为函数 $y = f(x)$ 的极小值点，x_2、x_5 为极大值点.

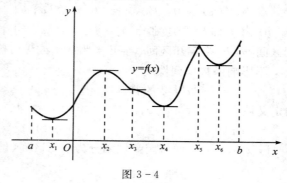

图 3 - 4

几点说明：

(1) 函数极值的概念是局部性的.

(2) 函数的极大值不一定比函数的极小值大.

定理 3.4（极值存在的必要条件）　设函数 $f(x)$ 在 x_0 处可导，并且在 x_0 处取得极值，那么 $f'(x_0) = 0$.

使导数为零的点称为函数的驻点（稳定点或临界点），也就是说，可导函数的极值点必是驻点. 但是驻点不一定是极值点，在图 3-4 中可以看出，在极值点 x_1，x_2，x_4，x_6 处，函数的导数为零，在 x_5 处导数不存在. 又例如 $y = x^3$ 在 $x = 0$ 处导数为零，但 $x = 0$ 并不是该函数的极值点. 此外，函数在它导数不存在的点处也可能取得极值. 例如函数 $y = |x|$

在 $x = 0$ 处不可导，但函数在该点取得极小值.

定理 3.5（极值存在的第一充分条件）　设函数 $y = f(x)$ 在点 x_0 处连续，且在 x_0 的某去心邻域 $\mathring{U}(x_0, \delta)$ 内可导.

（1）当 $x \in (x_0 - \delta, x_0)$ 时，$f'(x) > 0$，而当 $x \in (x_0, x_0 + \delta)$ 时，$f'(x) < 0$，则 $f(x)$ 在 x_0 处取得极大值.

（2）当 $x \in (x_0 - \delta, x_0)$ 时，$f'(x) < 0$，而当 $x \in (x_0, x_0 + \delta)$ 时，$f'(x) > 0$，则 $f(x)$ 在 x_0 处取得极小值.

（3）当 $x \in \mathring{U}(x_0, \delta)$ 时，$f'(x)$ 不变号，那么 $f(x_0)$ 不是函数 $f(x)$ 的极值.

根据定理 3.5 我们可以按以下步骤来求极值点和相应的极值.

（1）求出导数 $f'(x)$；

（2）求出 $f(x)$ 的全部驻点和不可导点；

（3）用这些点将定义域划分为若干区间，考察每一个区间中 $f'(x)$ 的符号，根据定理来确定（2）中点究竟是否为极值点，是极大值点还是极小值点.

例 18　求函数 $f(x) = (x^2 - 1)^3 + 1$ 的极值.

解　　　　　　　　$f'(x) = 3(x^2 - 1)^2 \cdot 2x = 6x(x - 1)^2(x + 1)^2$

得到驻点 $x_1 = 0$，$x_2 = -1$，$x_3 = 1$. 从而可将定义域划分为 4 个区间（见表 3 - 2）.

表 3 - 2

x	$(-\infty, -1)$	-1	$(-1, 0)$	0	$(0, 1)$	1	$(1, +\infty)$
$f'(x)$	$-$	0	$-$	0	$+$	0	$+$
$f(x)$	↘	非极值	↘	极小值	↗	非极值	↗

由表 3 - 2 可知，$f(x)$ 在 $x = 0$ 处取得极小值 $f(0) = 0$.

定理 3.6（极值存在的第二充分条件）　设函数 $y = f(x)$ 在点 x_0 处具有二阶导数，且 $f'(x_0) = 0$，$f''(x_0) \neq 0$，那么：

（1）当 $f''(x_0) < 0$ 时，函数 $f(x)$ 在 x_0 处取得极大值；

（2）当 $f''(x_0) > 0$ 时，函数 $f(x)$ 在 x_0 处取得极小值.

定理 3.6 表明，如果函数 $y = f(x)$ 在驻点 x_0 处的二阶导数 $f''(x_0) \neq 0$，那么该驻点 x_0 一定是极值点，并且可按二阶导数 $f''(x_0)$ 的符号来判定究竟是极大值还是极小值. 但若 $f''(x_0) = 0$，该判别方法失效. 需改用极值存在的第一充分条件来进行判别.

例 19　求函数 $f(x) = x^3 - 3x^2 - 9x + 4$ 的极值.

解　　　　$f'(x) = 3x^2 - 6x - 9 = 3(x^2 - 2x - 3) = 3(x - 3)(x + 1)$

得到驻点为 $x_1 = 3$，$x_2 = -1$. 又因为

$$f''(x) = 6x - 6$$

$f''(3) = 12 > 0$，则函数 $f(x)$ 在 $x_1 = 3$ 处取得极小值，极小值为 $f(3) = -23$.

$f''(-1) = -12 < 0$，则函数 $f(x)$ 在 $x_2 = -1$ 处取得极大值，极大值为 $f(-1) = 9$.

3.3.3　函数的最大值和最小值

在实际生活中，常常遇到诸如用料最省、成本最低、收益最大等问题，这样的问题在数学中有时可归纳为求某一函数的最大值和最小值问题.

对于一个闭区间 $[a, b]$ 上的连续函数 $f(x)$ 一定有最大值和最小值，它的最大值、最小值只能在区间的端点、驻点和不可导点处取得. 只要比较以上所有的函数值，其中最大的就是函数在 $[a, b]$ 上的最大值，最小的就是函数在 $[a, b]$ 上的最小值.

例 20　求函数 $y = x + \sqrt{1-x}$ 在区间 $[-3, 1]$ 上的最大值和最小值.

解
$$y' = 1 - \frac{1}{2\sqrt{1-x}}$$

由此可得到驻点 $x_1 = \dfrac{3}{4}$ 和不可导点 $x_2 = 1$，比较

$$f\left(\frac{3}{4}\right) = \frac{5}{4},\ f(1) = 1,\ f(-3) = -1$$

得到函数 $y = x + \sqrt{1-x}$ 在区间 $[-3, 1]$ 上的最大值 $f\left(\dfrac{3}{4}\right) = \dfrac{5}{4}$ 和最小值 $f(-3) = -1$.

例 21　求函数 $f(x) = 2x^3 - 6x^2 - 18x - 7$ 在区间 $[-2, 4]$ 上的最大值和最小值.

解
$$f'(x) = 6x^2 - 12x - 18 = 6(x-3)(x+1)$$

令 $f'(x) = 0$ 可得到驻点 $x_1 = 3$ 和 $x_2 = -1$，没有不可导点. 比较 $f(-2) = -11$，$f(-1) = 3$，$f(3) = -61$，$f(4) = -47$，得到函数 $f(x) = 2x^3 - 6x^2 - 18x - 7$ 在区间 $[-2, 4]$ 上的最大值为 3、最小值为 -61.

3.3.4　函数最值在经济中的应用

例 22　某工厂在一个月生产产品 Q 件时，总收入和成本分别由以下两式给出：$R(Q) = 5Q - 0.003Q^2$（万元），$C(Q) = 300 + 1.1Q$（万元），求一个月产量 Q 为多少时，利润最大？

解　由题意知，利润为

$$L(Q) = R(Q) - C(Q) = -0.003Q^2 + 3.9Q - 300 \quad (Q > 0)$$
$$L'(Q) = -0.006Q + 3.9$$

令 $L'(Q) = 0$，得驻点 $Q = 650$，又 $L''(650) = -0.006 < 0$，故 $Q = 650$ 为利润的一

个极大值点, 这时利润也取得最大值. 故一个月产量为 650 件时, 最大利润为 967.5 万元.

例 23 某种商品的平均成本 $\bar{C}(x) = 2$, 价格函数为 $P(x) = 20 - 4x$, 其中 x 为商品数量, 国家向企业每件商品征税 t.

(1) 生产商品多少时, 利润最大?

(2) 在企业取得最大利润的情况下, t 为何值时才能使总税收最大?

解 (1) 总成本 $C(x) = x\bar{C}(x) = 2x$

总收益 $R(x) = xP(x) = x(20 - 4x)$

总税收 $T(x) = xt$

总利润 $L(x) = R(x) - C(x) - T(x) = (18 - t)x - 4x^2$

令 $L'(x) = 18 - t - 8x = 0$, 得 $x = \dfrac{18 - t}{8}$. 又 $L''(x) = -8 < 0$, 所以 $L\left(\dfrac{18 - t}{8}\right) = \dfrac{(18 - t)^2}{16}$ 为最大利润.

(2) 取得最大利润时的税收为

$$T = xt = \frac{t(18 - t)}{8} \quad (t > 0)$$

令 $T' = \dfrac{9 - t}{4} = 0$, 得 $t = 9$. 又 $T'' = -\dfrac{1}{4} < 0$, 所以当 $t = 9$ 时, 总税收取得最大值:

$$T(9) = \frac{9(18 - 9)}{8} = \frac{81}{8}$$

此时的总利润为 $L = \dfrac{81}{16}$.

工厂要保证生产, 需要定期地订购各种原材料存在仓库里; 大公司也需要成批地购进各种商品, 放在库房里以备销售. 不论是原材料还是商品, 都会遇到一个库存多少的问题: 库存太多, 库存费用高; 库存太少, 要保证供应, 势必增多进货次数, 这样一来, 订货费高了. 因此, 必须研究如何合理地安排进货的批量、次数, 才能使总费用最省.

下面讨论这种模型: 需求恒定, 不允许缺货, 要成批进货, 且只考虑库存费和订货费两种费用. 由于在每一进货周期内, 都是在初始时进货, 即货物的初始库存量等于每批的进货量 x, 以后均匀消耗, 在周期末库存量降为 0, 故平均库存量为 $x/2$.

例 24 某公司每月需要某种商品 2500 件, 每件金额 150 元. 每年每件商品的库存成本为金额的 16%, 每次订货费 100 元. 试求每月进货最优批量及最低成本 (即库存费与订货费之和最小).

解 设批量为 x，则平均库存量为 $\dfrac{x}{2}$，订货次数为 $\dfrac{2500}{x}$．

$$库存费 = \frac{x}{2} \times \frac{150 \times 16\%}{12} = x,\quad 订货费 = \frac{2500}{x} \times 100 = \frac{250\,000}{x}$$

$$库存成本\ C(x) = x + \frac{250\,000}{x}$$

而

$$C'(x) = 1 - \frac{250\,000}{x^2}$$

令 $C'(x) = 0$，得 $x = 500$（负值舍）．

这是实际问题，最小值一定存在，因此，每月进货批量为 500 件时成本最低为

$$C(500) = 500 + \frac{250\,000}{500} = 1000（元）$$

习 题 3.3

1. 判断下列函数的单调性．

(1) $f(x) = x^3 + x$;　　　　　　　　(2) $f(x) = \cos x - x$;

(3) $f(x) = x - \arctan x$.

2. 确定下列函数的单调区间．

(1) $f(x) = 2x^3 - 6x^2 - 18x - 7$;　　(2) $f(x) = 2x^3 - \ln x$;

(3) $f(x) = (x-1)(x+1)^3$;　　　　　(4) $f(x) = \mathrm{e}^{-x^2}$.

3. 求下列函数的极值．

(1) $f(x) = x + \sqrt{1-x}$;　　　　　　(2) $f(x) = 4x^3 - 3x^2 - 6x + 1$;

(3) $f(x) = x - \ln(1+x)$;　　　　　　(4) $f(x) = x + \tan x$.

4. 利用函数的单调性证明下列不等式．

(1) 当 $x > 1$ 时，$\mathrm{e}^x > \mathrm{e}x$;　　　　(2) 当 $x > 0$ 时，$1 + \dfrac{1}{2}x > \sqrt{1+x}$.

5. 求下列函数在指定区间上的最大值和最小值．

(1) $f(x) = x^3 - 2x^2 + 5$，$[-2, 2]$;　(2) $f(x) = x + \cos x$，$[0, 2\pi]$;

(3) $f(x) = x + 2\sqrt{x}$，$[0, 4]$;　　　(4) $f(x) = \sqrt{100 - x^2}$，$[-6, 8]$.

6. 要制造一个容积为 V 的圆柱形罐头盒，问：底面半径 r 和罐头盒高 h 应如何确定，所用材料最省？

7. 某快速食品店每月对汉堡的需求与价格关系是由

$$p(x) = \frac{60\,000 - x}{20\,000}$$

确定的, 其中 x 是需求量, p 是价格. 又设生产 x 个汉堡的成本为 $C(x) = 5000 + 0.56x$, $0 \leqslant x \leqslant 50\,000$. 试问当产量是多少时, 快速食品店可获得最大利润?

8. 设公司生产某种产品, 年销售量为 100 万件. 每批生产的准备费为 800 元, 生产一件产品的成本为 6 元. 每年产品的库存费为 1 元 / 件. 试求最优的生产批量, 使得生产准备费与库存费总成本为最小.

9. 某旅行社在暑假期间为教师安排旅游. 并规定: 达到 100 人的团体, 每人收费 1000 元. 如果团体的人数超过 100 人, 则每超过 1 人, 平均每人收费将降低 5 元(团体人数不能超过 180 人). 试问: 如何组团, 可使旅行社的收费最多?

3.4 函数图形的描绘

3.4.1 曲线的凹凸性与拐点

为准确描绘函数图形, 仅知道单调性、极值与最值等信息是不够的, 还要知道曲线的弯曲方向以及不同弯曲方向的分界点等信息.

定义 3.2 设 $f(x)$ 在区间 I 上连续, 如果对 I 上任意两点 x_1, x_2,

(1) 如果恒有 $f\left(\dfrac{x_1 + x_2}{2}\right) < \dfrac{f(x_1) + f(x_2)}{2}$, 那么称 $f(x)$ 在 I 上的图形是凹的;

(2) 如果恒有 $f\left(\dfrac{x_1 + x_2}{2}\right) > \dfrac{f(x_1) + f(x_2)}{2}$, 那么称 $f(x)$ 在 I 上的图形是凸的.

如图 3-5 所示.

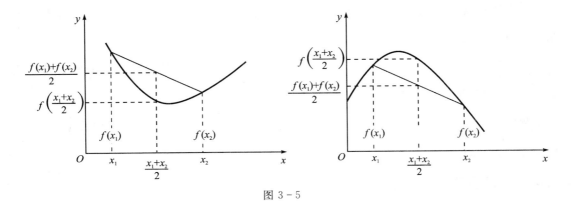

图 3-5

定义 3.2′ 在开区间 (a, b) 内, 如果曲线弧位于其每一点切线的上方, 那么就称曲线在(a,b)内是凹的；如果曲线弧位于每一点切线的下方，那么就称曲线在(a,b)内是凸的.

下面给出曲线凹凸性的判别定理.

定理 3.7 设函数$f(x)$在$[a,b]$上连续，在(a,b)内具有一、二阶导数.

(1) 若在(a,b)内$f''(x)>0$，则曲线$f(x)$在$[a,b]$上是凹的；

(2) 若在(a,b)内$f''(x)<0$，则曲线$f(x)$在$[a,b]$上是凸的.

例 25 求$y=x^3$的凹凸区间.

解 $y'=3x^2$，$y''=6x$，于是：

当$x\in(-\infty,0)$时，$y''<0$，曲线是凸的；当$x\in(0,+\infty)$时，$y''>0$，曲线是凹的.

曲线上凹弧与凸弧的分界点称为拐点，在上例中，点$(0,0)$就是函数$y=x^3$的拐点.

例 26 求$y=x^4-2x^3+1$的凹凸性和拐点.

解 $$y'=4x^3-6x^2，y''=12x^2-12x=12x(x-1)$$

当$x\in(-\infty,0)$时，$y''>0$，曲线是凹的；当$x\in(0,1)$时，$y''<0$，曲线是凸的；当$x\in(1,+\infty)$时，$y''>0$，曲线是凹的.

从而$(0,f(0))$和$(1,f(1))$，即$(0,1)$与$(1,0)$是曲线的两个拐点.

3.4.2 曲线的渐近线

当曲线上的点沿曲线移向无穷远时，该点到某一直线的距离趋近于零，则称这条直线为曲线的渐近线.

常见的渐近线有以下三种：

(1) 水平渐近线. 若$\lim\limits_{x\to\infty}f(x)=b$，则称直线$y=b$为曲线$y=f(x)$的一条水平渐近线.

(2) 铅垂渐近线. 若$\lim\limits_{x\to x_0}f(x)=\infty$，则称直线$x=x_0$为曲线$y=f(x)$的一条铅垂渐近线（或垂直渐近线）.

(3) 斜渐近线. 若$\lim\limits_{x\to\infty}\dfrac{f(x)}{x}=a$，$\lim\limits_{x\to\infty}[f(x)-ax]=b$，则称直线$y=ax+b$是曲线$y=f(x)$的一条斜渐近线.

例如：直线$y=0$是曲线$y=\dfrac{1}{x-1}$的一条水平渐近线. 直线$x=1$是曲线$y=\dfrac{1}{x-1}$的一条铅垂渐近线.

3.4.3 函数图形的描绘

描点法是函数作图的基本方法，但这种方法不仅计算量大，而且对于图形上一些关键点（如极值点、拐点等）往往得不到反映，现在利用导数研究函数性态，可以较精确地画出函数的图形.

利用导数描绘函数图形的一般步骤如下：

（1）确定函数定义域，判别函数是否具有周期性、奇偶性.

（2）求出驻点、不可导点、零点等特殊点，这些特殊点将定义域划分成若干子区间.

（3）列表讨论函数单调性、极值、曲线的凹凸性及拐点.

（4）求出曲线的渐近线.

（5）根据需要适当选取辅助点，描绘函数图形.

例 27　描绘 $f(x) = \dfrac{4x^2-1}{x^2-1}$ 的图形.

解　（1）$f(x)$ 的定义域为 $(-\infty,-1) \bigcup (-1,1) \bigcup (1,+\infty)$，且为偶函数，无周期性.

（2）
$$f'(x) = -\frac{6x}{(x^2-1)^2}$$
$$f''(x) = \frac{6(3x^2+1)}{(x^2-1)^3}$$

可以得出 $f(x)$ 的零点是 $-\dfrac{1}{2}$ 和 $\dfrac{1}{2}$，驻点是 0. 在 $x = \pm 1$ 处，$f(x)$，$f'(x)$，$f''(x)$ 均不存在.

（3）列表讨论，如表 3-3 所示.

表 3-3

x	$(-\infty,-1)$	-1	$\left(-1,-\dfrac{1}{2}\right)$	$-\dfrac{1}{2}$	$\left(-\dfrac{1}{2},0\right)$	0	$\left(0,\dfrac{1}{2}\right)$	$\dfrac{1}{2}$	$\left(\dfrac{1}{2},1\right)$	1	$(1,+\infty)$
$f'(x)$	$+$	不存在	$+$	$+$	$+$	0	$-$	$-$	$-$	不存在	$-$
$f''(x)$	$+$		$-$	$-$	$-$	-6	$-$	$-$	$-$		$+$
$f(x)$	↗		↗	0	↗	极大值 $f(0)=1$	↘	0	↘		↘

（4）因为 $\lim\limits_{x\to -1} f(x) = \infty$，$\lim\limits_{x\to 1} f(x) = \infty$，所以得到两条铅垂渐近线 $x = 1$ 和 $x = -1$. 又因为 $\lim\limits_{x\to\infty} f(x) = 4$，得到一条水平渐近线 $y = 4$.

（5）综合以上分析，可描绘出 $f(x)$ 的图形，如图 3-6 所示.

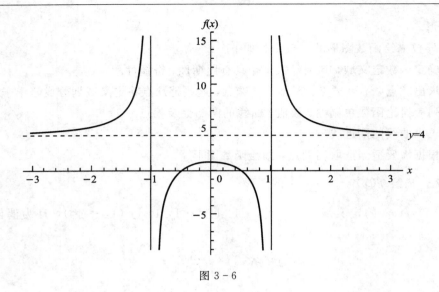

图 3 - 6

例 28 描绘函数 $f(x) = \dfrac{1}{\sqrt{2\pi}}e^{-\frac{1}{2}x^2}$ 的图形.

解 (1) 函数 $f(x)$ 为偶函数,定义域为 $(-\infty, +\infty)$,图形关于 y 轴对称.

(2) $\qquad f'(x) = -\dfrac{x}{\sqrt{2\pi}}e^{-\frac{1}{2}x^2}$, $f''(x) = \dfrac{(x+1)(x-1)}{\sqrt{2\pi}}e^{-\frac{1}{2}x^2}$

令 $f'(x) = 0$,得驻点 $x_1 = 0$;令 $f''(x) = 0$,得 $x_2 = -1$ 和 $x_3 = 1$.

(3) 列表分析,如表 3 - 4 所示.

表 3 - 4

x	$(-\infty, -1)$	-1	$(-1, 0)$	0	$(0, 1)$	1	$(1, +\infty)$
$f'(x)$	$+$		$+$	0	$-$		$-$
$f''(x)$	$+$	0	$-$		$-$	0	$+$
$y = f(x)$	↗	$\dfrac{1}{\sqrt{2\pi e}}$	↗	$\dfrac{1}{\sqrt{2\pi}}$	↘	$\dfrac{1}{\sqrt{2\pi e}}$	↘

(4) 曲线有水平渐近线 $y = 0$.

(5) 综合以上分析,可先描绘出区间 $(0, +\infty)$ 内的图形,然后利用对称性作出区间 $(-\infty, 0)$ 内的图形. 其图形如图 3 - 7 所示.

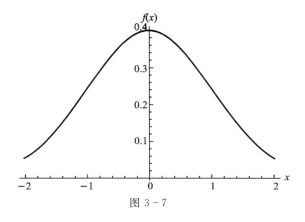

图 3 - 7

习 题 3.4

1. 求下列函数的凹凸区间及拐点.

(1) $y = x\mathrm{e}^{-x}$；

(2) $y = (x+1)^4 + \mathrm{e}^x$；

(3) $y = \ln(1+x^2)$；

(4) $y = \mathrm{e}^{\arctan x}$.

2. 求下列函数曲线的渐近线.

(1) $y = \dfrac{1}{x^2 - 4x + 5}$；

(2) $y = \dfrac{1}{(x+2)^3}$；

(3) $y = \mathrm{e}^{\frac{1}{x}}$；

(4) $y = x\mathrm{e}^{x^{-2}}$.

3. 当 a, b 为何值时，点$(1, 3)$ 为 $y = ax^3 - bx^2$ 的拐点.

4. 绘制下列函数图形.

(1) $y = \dfrac{1}{1+x^2}$；

(2) $y = x\mathrm{e}^{-x}$；

(3) $y = x - \ln(x+1)$；

(4) $y = x\sqrt{3-x}$.

综合练习三

1. 选择题

(1) 设 $f(0) = 1$，且极限$\lim\limits_{x\to 0}\dfrac{f(x) - 1}{x}$ 存在，则该极限为（　　）.

A. 0　　　　　B. 1　　　　　C. $f'(0)$　　　　　D. $f'(1)$

(2) 若 x_0 是函数 $f(x)$ 的极值点，则结论成立的是（　　）.

A. $f'(x_0) = 0$　　B. $f'(x_0) > 0$　　C. $f'(x_0) < 0$　　D. $f'(x_0)$ 可能不存在

(3) 设函数 $f(x)$ 在区间 (a, b) 内具有连续的二阶导数,且 $f'(x) < 0$,$f''(x) < 0$,则曲线在此区间 (a, b) 内是( ).

A. 单调减少且凸的   B. 单调减少且凹的

C. 单调增加且凸的   D. 单调增加且凹的

(4) 曲线 $y = x^2 \ln x$ 的拐点是( ).

A. $x = e^{\frac{1}{2}}$ B. $x = e^{\frac{3}{2}}$

C. $\left(e^{-\frac{1}{2}}, -\frac{1}{2} e^{-1} \right)$ D. $\left(e^{-\frac{3}{2}}, -\frac{3}{2} e^{-3} \right)$

(5) 已知 $y = ax^3 - x^2 - x - 1$ 在 $x_0 = 1$ 处有极小值,则 a 的值为( ).

A. 1   B. $\dfrac{1}{3}$ C. 0   D. $-\dfrac{1}{3}$

(6) $\lim\limits_{x \to 0} \dfrac{x^2 \cdot \sin \dfrac{1}{x}}{\tan x} = ($).

A. 不存在   B. 1   C. 0   D. -1

(7) 在 $\left(-\dfrac{\pi}{2}, \dfrac{\pi}{2} \right)$ 中,函数 $f(x) = |\sin x|$ 的单调区间的分界点是( ).

A. $-\dfrac{\pi}{2}$ B. $\dfrac{\pi}{2}$ C. 0   D. -1

(8) 设 $x = 1$ 是函数 $f(x) = \dfrac{1}{x^2 + bx + 2}$ 的驻点,则 $b = ($).

A. -2 B. 2   C. $\dfrac{1}{2}$ D. $-\dfrac{1}{2}$

2. 填空题

(1) 过点 $(-1, 3)$ 的曲线为 $y = ax^2 - 2bx$,其驻点为 $x = 1$,则 $a = $ _____,$b = $ _____.

(2) 曲线 $f(x) = \dfrac{2x^2}{(x-4)^2}$ 的水平渐近线为 _____,垂直渐近线为 _____.

(3) 已知 $\lim\limits_{x \to 0} \dfrac{(e^x - ax - 3b)x}{1 - \sqrt{1 - x^2}} = 6$,则 $a = $ _____,$b = $ _____.

(4) 设 $f(x) = (x^2 - 1)^2 + 2$ 在 $[-2, 1]$ 上的最大值为 _____,最小值为 _____.

(5) 设 $x_1 = 1$,$x_2 = 2$ 均为函数 $y = a\ln x + bx^2 + 3x$ 的极值点,则 $a = $ _____,$b = $ _____.

3. 验证罗尔定理对函数 $f(x) = x^3 - 2x^2 + x - 1$ 在 $[0, 1]$ 上的正确性.

4. 验证函数 $f(x) = \sqrt{x} - 1$ 在区间 $[1, 4]$ 上满足拉格朗日中值定理的条件,并求 ξ.

5. 不用求函数 $f(x) = (x-3)(x-4)(x-5)(x-7)$ 的导数,说明方程 $f'(x) = 0$ 有几个实根,并指出实根所在的区间.

6. 证明:$\arcsin x + \arccos x = \dfrac{\pi}{2}$　$(-1 \leqslant x \leqslant 1)$.

7. 用洛必达法则求下列极限.

(1) $\lim\limits_{x \to 1} \dfrac{x^2 - 3x + 2}{x^3 - 1}$;

(2) $\lim\limits_{x \to 0} \dfrac{\sin ax}{\sin bx}$　$(b \neq 0)$;

(3) $\lim\limits_{x \to 0} \dfrac{\mathrm{e}^x - \mathrm{e}^{-x}}{\sin x}$;

(4) $\lim\limits_{x \to a} \dfrac{\sin x - \sin a}{x - a}$;

(5) $\lim\limits_{x \to +\infty} \dfrac{\ln x}{x^2}$;

(6) $\lim\limits_{x \to +\infty} \dfrac{x^2 + 1}{x \ln x}$;

(7) $\lim\limits_{x \to 0} (1 + \sin x)^{\frac{1}{x}}$;

(8) $\lim\limits_{x \to 0^+} \left(\ln \dfrac{1}{x} \right)^x$.

8. 判断下列函数的单调性.

(1) $y = x - \ln(1 + x^2)$;

(2) $y = \cos x - x$.

9. 求下列函数的极值.

(1) $y = 2x^3 - 3x^2$;

(2) $y = x^2 \mathrm{e}^{-x^2}$;

(3) $y = \dfrac{2x}{1 + x^2}$;

(4) $y = \dfrac{(\ln x)^2}{x}$.

10. 求下列函数的最值.

(1) $y = x^4 - 2x^2 + 5$,$[-2, 2]$;

(2) $y = \sqrt{x(10 - x)}$,$[0, 10]$;

(3) $y = x + \sqrt{1 - x}$,$[0, 1]$;

(4) $y = \dfrac{x^2}{1 + x}$,$\left[-\dfrac{1}{2}, 1 \right]$.

11. 假设某新公司建立时有员工 8 人,公司计划在今后 10 年内员工人数的增长函数模型为 $N(t) = 8\left(1 + \dfrac{160t}{16 + t^2}\right)$,$0 \leqslant t \leqslant 10$,其中 $N(t)$ 表示公司成立 t 年以后的员工人数. 试问公司在哪一年员工人数达到最大值?最大值是多少?

12. 某房地产公司拥有 100 套公寓,当每套公寓月租金为 1000 元时,公寓可全部租出. 当月租金每增加 25 元时,公寓就会少租出一套,而且租出去的公寓每月每套平均花费 20 元维护费. 试问如何定价出租,才能使公司收益最大?

13. 某食品店每季度(按 90 天计)需要汉堡 45 000 个,食品店每次订货要支付包装及送货费 45 元,若一次订货太多,必须把汉堡放在冰箱里,估计每盒储存成本为 2 元. 试问每次应订多少盒才能使储存及订货成本最小?

14. 一长方形土地,其一边沿着一条河,相邻的一边沿着公路. 除沿河的一边外,其他三边均需要建筑篱笆. 沿公路一边篱笆的造价为 15 元 / 米,另两边篱笆的造价为 10 元 / 米. 现需围成长方形土地的面积为 1 600 000 平方米. 试问如何设计篱笆的尺寸,才能使篱笆的造价成本最低?

第4章 不 定 积 分

第 2 章中，我们已经讨论过如何求一个已知函数的导函数的问题，而我们也会遇到这样的问题：求一函数使它的导函数等于已知函数，这是积分学的基本问题之一。本章将讨论这类问题 —— 求导和微分运算的逆问题.

4.1 不定积分的概念

4.1.1 原函数与不定积分的概念

定义 4.1 如果在区间 I 上存在函数 $F(x)$，总有 $F'(x)=f(x)$，则称函数 $F(x)$ 为函数 $f(x)$ 在区间 I 上的原函数.

例 1 在 $(-\infty,+\infty)$ 内有 $(x^2)'=2x$，则 x^2 是 $2x$ 在 $(-\infty,+\infty)$ 内的一个原函数.

例 2 在 $(0,+\infty)$ 内有 $(\ln x)'=\dfrac{1}{x}$，则 $\ln x$ 是 $\dfrac{1}{x}$ 在 $(0,+\infty)$ 内的一个原函数；在 $(-\infty,0)$ 内有 $[\ln(-x)]'=\dfrac{1}{x}$，则 $\ln(-x)$ 是 $\dfrac{1}{x}$ 在 $(-\infty,0)$ 内的一个原函数. 综合起来，$\ln|x|$ 是 $\dfrac{1}{x}$ 在 $(-\infty,0)\bigcup(0,+\infty)$ 内的一个原函数.

关于对原函数的理解，我们要思考以下几个问题：

第一，什么函数存在原函数？

定理 4.1（原函数存在定理） 如果函数 $f(x)$ 在区间 I 上连续，那么在区间 I 上函数 $f(x)$ 必有原函数（证明将在后边章节中给出）.

第二，若函数 $f(x)$ 在区间 I 上有原函数 $F(x)$，即 $\forall x\in I$，都有 $F'(x)=f(x)$，那么，对于任意常数 C，必然也有 $[F(x)+C]'=f(x)$，即说明 $F(x)+C$ 也是函数 $f(x)$ 在区间 I 上的原函数. 由 C 的任意性知，若 $f(x)$ 在区间 I 上存在原函数，则 $f(x)$ 在区间 I 上有无穷多个原函数.

第三，如果在区间 I 上 $F(x)$ 是 $f(x)$ 的一个原函数，那么 $f(x)$ 其他无穷多个原函数与 $F(x)$ 有何关系，如何表示？

设 $\Phi(x)$ 是 $f(x)$ 在区间 I 上的另一个原函数，即 $\forall x\in I$，有 $\Phi'(x)=f(x)$；而 $\forall x\in I$，

有 $F'(x) = f(x)$.

即 $\forall x \in I$, 有

$$\left[\Phi(x) - f(x) \right]' = 0$$

故 $\forall x \in I$, 有

$$\left[\Phi(x) - f(x) \right] = C_0 \quad (C_0 \text{ 为常数})$$

这表明, $f(x)$ 在区间 I 上的任意两个原函数的差是一个常数, 若有一个原函数是 $F(x)$, 则 $f(x)$ 在区间 I 上的任意原函数可表示为 $F(x) + C$, C 为任意常数.

由第二、第三个问题, 我们给出下述结论:

定理 4.2　在区间 I 上, 若函数 $F(x)$ 是函数 $f(x)$ 的一个原函数, 则 $F(x) + C$ (C 为任意常数) 也是 $f(x)$ 在区间 I 上的原函数, 且 $f(x)$ 的任一原函数均可表示成 $F(x) + C$ 的形式.

此定理在第二、第三个问题分析中已证.

清楚了原函数的相关问题后, 我们给出不定积分的定义:

定义 4.2　若 $F(x)$ 是 $f(x)$ 在区间 I 上的一个原函数 (即 $F'(x) = f(x)$, $\forall x \in I$), 则称 $F(x) + C$ (C 为任意常数) 为 $f(x)$ 在区间 I 上的不定积分, 记为 $\int f(x)\mathrm{d}x$, 即

$$\int f(x)\mathrm{d}x = F(x) + C$$

其中, $\int$ 为积分符号, x 为积分变量, $f(x)$ 为被积函数, $f(x)\mathrm{d}x$ 为被积表达式, C 为积分常数.

由例 1, 例 2 可知:

$$\int 2x\mathrm{d}x = x^2 + C, \quad \int \frac{1}{x}\mathrm{d}x = \ln|x| + C$$

4.1.2　基本积分公式

不定积分是微分的逆运算, 从导数的基本公式可得到相应的积分基本公式.

例如:

$(\arctan x)' = \dfrac{1}{1+x^2}$, 得 $\int \dfrac{1}{1+x^2}\mathrm{d}x = \arctan x + C$ （C 为任意常数）

$(\sin x)' = \cos x$, 得 $\int \cos x \mathrm{d}x = \sin x + C$ （C 为任意常数）

类似我们可以得其他的基本积分公式, 这些基本公式是求不定积分的基础, 须牢固掌握, 公式如下:

(1) $\int k\mathrm{d}x = kx + C$ （k 是常数）；　　　(2) $\int x^a \mathrm{d}x = \dfrac{x^{a+1}}{a+1} + C (a \neq -1)$；

(3) $\int \dfrac{1}{x}\mathrm{d}x = \ln \mid x \mid + C$；　　　　(4) $\int \mathrm{e}^x \mathrm{d}x = \mathrm{e}^x + C$；

(5) $\int a^x \mathrm{d}x = \dfrac{a^x}{\ln a} + C$；　　　　(6) $\int \cos x\mathrm{d}x = \sin x + C$；

(7) $\int \sin x\mathrm{d}x = -\cos x + C$；　　　(8) $\int \sec^2 x\mathrm{d}x = \tan x + C$；

(9) $\int \mathrm{cosec}^2 x\mathrm{d}x = -\cot x + C$；　　(10) $\int \sec x\tan x\mathrm{d}x = \sec x + C$；

(11) $\int \mathrm{cosec}x\cot x\mathrm{d}x = -\mathrm{cosec}x + C$；

(12) $\int \dfrac{1}{\sqrt{1-x^2}}\mathrm{d}x = \arcsin x + C = -\arccos x + C$；

(13) $\int \dfrac{1}{1+x^2}\mathrm{d}x = \arctan x + C = -\mathrm{arccot}x + C$.

例 3　求 $\int \dfrac{1}{x \cdot \sqrt[3]{x}}\mathrm{d}x$.

解　　　$\int \dfrac{1}{x \cdot \sqrt[3]{x}}\mathrm{d}x = \int x^{-\frac{4}{3}}\mathrm{d}x = \dfrac{x^{(-\frac{4}{3}+1)}}{-\frac{4}{3}+1} + C = -3x^{-\frac{1}{3}} + C$

此题是利用公式（2），其中 $a = -\dfrac{4}{3}$.

4.1.3　不定积分的性质

1. $\left(\int f(x)\mathrm{d}x\right)' = f(x)$

证明　设 $F(x)$ 是 $f(x)$ 的一个原函数，即 $F'(x) = f(x)$，则

$$\int f(x)\mathrm{d}x = F(x) + C$$

于是

$$\left[\int f(x)\mathrm{d}x\right]' = [F(x) + C]' = F'(x) = f(x)$$

2. $\int f'(x)\mathrm{d}x = f(x) + C$

证明　因为 $f(x)$ 是其导函数 $f'(x)$ 的一个原函数，故

$$\int f'(x)\mathrm{d}x = f(x) + C$$

以上两个性质表明,把某函数先积分后求导,结果还是该函数,若先求导后积分,则结果与原来函数相差一任意常数.

3. $\int [f(x) \pm g(x)] \mathrm{d}x = \int f(x) \mathrm{d}x \pm \int g(x) \mathrm{d}x$

证明　$\left[\int f(x) \mathrm{d}x \pm \int g(x) \mathrm{d}x \right]' = \left[\int f(x) \mathrm{d}x \right]' \pm \left[\int g(x) \mathrm{d}x \right]' = f(x) \pm g(x)$

此性质可推广到被积函数是有限多个函数的和、差的形式.

4. $\int kf(x) \mathrm{d}x = k \int f(x) \mathrm{d}x \quad (k \neq 0, k$ 是常数$)$

此性质可参照性质 3 证明.

注意:与积分变量无关的常数因子可提到积分符号外边,但与积分变量相关的因式切勿随意提到积分符号外边.

例 4　求 $\int (\mathrm{e}^x + 2\cos x) \mathrm{d}x$.

解　$\int (\mathrm{e}^x + 2\cos x) \mathrm{d}x = \int \mathrm{e}^x \mathrm{d}x + 2 \int \cos x \mathrm{d}x = \mathrm{e}^x + 2\sin x + C$

例 5　$\int \sin^2 \dfrac{x}{2} \mathrm{d}x$.

解　$\int \sin^2 \dfrac{x}{2} \mathrm{d}x = \int \dfrac{1 - \cos x}{2} \mathrm{d}x = \dfrac{1}{2} \int (1 - \cos x) \mathrm{d}x = \dfrac{1}{2} \int \mathrm{d}x - \dfrac{1}{2} \int \cos x \mathrm{d}x$

$\qquad\qquad = \dfrac{1}{2} x - \dfrac{1}{2} \sin x + C$

例 6　$\int \dfrac{1 + x + x^2}{x(1 + x^2)} \mathrm{d}x$.

解　$\int \dfrac{1 + x + x^2}{x(1 + x^2)} \mathrm{d}x = \int \left[\dfrac{1 + x^2}{x(1 + x^2)} + \dfrac{x}{x(1 + x^2)} \right] \mathrm{d}x = \int \left(\dfrac{1}{x} + \dfrac{1}{1 + x^2} \right) \mathrm{d}x$

$\qquad\qquad = \ln |x| + \arctan x + C$

例 7　$\int \dfrac{x^4}{1 + x^2} \mathrm{d}x$.

解　$\int \dfrac{x^4}{1 + x^2} \mathrm{d}x = \int \dfrac{x^4 - 1 + 1}{1 + x^2} \mathrm{d}x = \int \left(\dfrac{x^4 - 1}{1 + x^2} + \dfrac{1}{1 + x^2} \right) \mathrm{d}x = \int \left(x^2 - 1 + \dfrac{1}{1 + x^2} \right) \mathrm{d}x$

$\qquad\qquad = \dfrac{1}{3} x^3 - x + \arctan x + C$

总结:通过以上几个例题,我们看到,利用函数变形技巧对积分函数进行变形,同时灵活利用不定积分的基本性质,将被积函数转换成基本积分公式中出现过的类型,进而得到计算结果.

例8 设某种产品的月边际成本函数为 $MC = 3x + 5$，产品的月固定成本为 100 元. 试求月成本函数.

解 总成本函数为

$$C(x) = \int (3x + 5) \mathrm{d}x = \frac{3}{2} x^2 + 5x + C$$

又 $C(0) = 100$，代入上式得 $C = 100$，故产品的月总成本函数为

$$C(x) = \frac{3}{2} x^2 + 5x + 100$$

习 题 4.1

1. 求下列函数的一个原函数.

(1) $f(x) = 2x^3$；

(2) $f(x) = \mathrm{e}^{2x}$；

(3) $f(x) = \cos 3x$；

(4) $f(x) = 2x + \sin 2x$.

2. 求下列不定积分.

(1) $\int x^2 \cdot \sqrt[3]{x} \mathrm{d}x$；

(2) $\int (x^2 + 1)^2 \mathrm{d}x$；

(3) $\int \left(\frac{1}{x^2} - 3\cos x + \frac{1}{x} \right) \mathrm{d}x$；

(4) $\int \left(\frac{3}{1 + x^2} - \frac{2}{\sqrt{1 - x^2}} \right) \mathrm{d}x$；

(5) $\int a^x \cdot \mathrm{e}^x \mathrm{d}x$；

(6) $\int \left(3\sin x + \frac{1}{\sin^2 x} \right) \mathrm{d}x$；

(7) $\int \frac{x^2}{1 + x^2} \mathrm{d}x$；

(8) $\int \frac{1}{x^2 (x^2 + 1)} \mathrm{d}x$；

(9) $\int \frac{x^3 - 2x + 5}{x^2} \mathrm{d}x$；

(10) $\int \frac{1}{\cos^2 x} \mathrm{d}x$；

(11) $\int \frac{1}{1 + \cos 2x} \mathrm{d}x$；

(12) $\int \mathrm{e}^{x+1} \mathrm{d}x$.

3. 已知曲线通过点 $(\mathrm{e}^2, 3)$，且在任一点处的切线的斜率等于该点横坐标的倒数，求曲线方程.

4. 已知某产品产量的变化率是时间 t 的函数 $f(t) = at + b(a, b$ 为常数$)$. 设此产品的产量为函数 $P(t)$，且 $P(0) = 0$，求 $P(t)$.

4.2 换元积分法

利用积分的性质和基本积分表，能计算的不定积分是很有限的. 例如 $\int \mathrm{e}^{5x} \mathrm{d}x$ 用前面的

方法就解决不了，利用复合函数求导法则知

$$\left(\frac{1}{5}\mathrm{e}^{5x}\right)' \xlongequal{\diamondsuit u=5x} \frac{1}{5}\mathrm{e}^u \cdot u' = \mathrm{e}^u = \mathrm{e}^{5x}$$

故
$$\int \mathrm{e}^{5x}\mathrm{d}x = \frac{1}{5}\mathrm{e}^{5x} + C$$

由于微分与积分互为逆运算，那么复合函数的微分法反过来用于求不定积分是否可行？答案是肯定的，利用中间变量代换，得到复合函数的积分方法，称为换元积分法，简称换元法. 换元法中的中间变量代换主要有以下两种情况：第一是引入新变量 u，其中 u 等于 x 的某个函数 $\varphi(x)$，即 $u=\varphi(x)$. 另一种是作变量代换 $x=\varphi(t)$，t 是引入的新变量. 因而，依据中间变量代换的不同情况把换元法分为第一类换元法（也叫凑微分法）和第二类换元法.

4.2.1   第一类换元法

定理 4.3   若 $\int f(u)\mathrm{d}u = F(u)+C$，且 $u=\varphi(x)$，其中 $\varphi(x)$ 可导，则

$$\int f[\varphi(x)] \cdot \varphi'(x)\mathrm{d}x = \int f[\varphi(x)]\mathrm{d}[\varphi(x)] = \int f(u)\mathrm{d}u = F(u)+C = F[\varphi(x)]+C$$

证明 $\{F[\varphi(x)]+C\}' = \{F[\varphi(x)]\}' = F'(u) \cdot \varphi'(x) = f(u) \cdot \varphi'(x)$
$$= f[\varphi(x)] \cdot \varphi'(x)$$

利用第一类换元法求积分的步骤：

(1) 凑微分：把所求不定积分化为 $\int f[\varphi(x)]\mathrm{d}\varphi(x)$ 的形式；

(2) 变量代换：令 $u=\varphi(x)$，将原积分化为关于 u 的不定积分，求出 $\int f(u)\mathrm{d}u$ 的结果；

(3) 变量回代：将(2)的结果代换成原积分变量.

类型一 $\mathrm{d}x = \frac{1}{a}\mathrm{d}(ax+b)$ （a,b 为常数，$a\neq0$）

例 9   求 $\int \sin2x\mathrm{d}x$.

解 $$\int \sin2x\mathrm{d}x = \int \sin2x \cdot \frac{1}{2}\mathrm{d}2x = \frac{1}{2}\int \sin2x\mathrm{d}2x$$

令 $u=2x$，则

$$\int \sin2x\mathrm{d}x = -\frac{1}{2}\cos u + C = -\frac{1}{2}\cos2x + C$$

本题中利用 $\mathrm{d}x = \frac{1}{2}\mathrm{d}(2x)$ 来凑积分.

例 10　求 $\displaystyle\int\frac{1}{\sqrt{5x-2}}\mathrm{d}x.$

解　　　$\displaystyle\int\frac{1}{\sqrt{5x-2}}\mathrm{d}x=\int(5x-2)^{-\frac{1}{2}}\mathrm{d}x=\frac{1}{5}\int(5x-2)^{-\frac{1}{2}}\mathrm{d}(5x-2)$

令 $u=5x-2$，则

$$\int\frac{1}{\sqrt{5x-2}}\mathrm{d}x=\frac{2}{5}u^{\frac{1}{2}}+C=\frac{2}{5}\sqrt{5x-2}+C$$

本题中利用 $\mathrm{d}x=\dfrac{1}{5}\mathrm{d}(5x-2)$ 进行凑微分.

例 11　求 $\displaystyle\int\frac{1}{\sqrt{a^2-x^2}}\mathrm{d}x(a>0).$

解　　　$\displaystyle\int\frac{1}{\sqrt{a^2-x^2}}\mathrm{d}x=\int\frac{1}{a\sqrt{1-\left(\dfrac{x}{a}\right)^2}}\mathrm{d}x=\int\frac{1}{\sqrt{1-\left(\dfrac{x}{a}\right)^2}}\mathrm{d}\left(\dfrac{x}{a}\right)$

令 $u=\dfrac{x}{a}$，则

$$\int\frac{1}{\sqrt{a^2-x^2}}\mathrm{d}x=\int\frac{1}{\sqrt{1-u^2}}\mathrm{d}u=\arcsin u+C=\arcsin\frac{x}{a}+C$$

类型二　$x^{n-1}\mathrm{d}x=\dfrac{1}{n}\mathrm{d}(x^n)\ \ (n\neq0)$

例 12　求 $\displaystyle\int x\mathrm{e}^{x^2}\mathrm{d}x.$

解　　　　　　　　$\displaystyle\int x\mathrm{e}^{x^2}\mathrm{d}x=\frac{1}{2}\int\mathrm{e}^{x^2}\mathrm{d}(x^2)$

令 $u=x^2$，则

$$\int x\mathrm{e}^{x^2}\mathrm{d}x=\frac{1}{2}\int\mathrm{e}^u\mathrm{d}u=\frac{1}{2}\mathrm{e}^u+C=\frac{1}{2}\mathrm{e}^{x^2}+C$$

本题利用 $x\mathrm{d}x=\dfrac{1}{2}\mathrm{d}(x^2)$ 进行凑微分.

例 13　求 $\displaystyle\int\frac{1}{\sqrt{x}(1+x)}\mathrm{d}x.$

解　　　　　$\displaystyle\int\frac{1}{\sqrt{x}(1+x)}\mathrm{d}x=\int\frac{2\mathrm{d}\sqrt{x}}{1+(\sqrt{x})^2}=2\arctan\sqrt{x}+C$

本题利用 $\dfrac{1}{\sqrt{x}}\mathrm{d}x=2\mathrm{d}(\sqrt{x})$ 进行凑微分.

例 14　求 $\int \dfrac{\sin \dfrac{1}{x}}{x^2}\mathrm{d}x.$

解
$$\int \frac{\sin \frac{1}{x}}{x^2}\mathrm{d}x =-\int \sin \frac{1}{x}\mathrm{d}\left(\frac{1}{x}\right)=\cos \frac{1}{x}+C$$

本题利用 $\dfrac{1}{x^2}\mathrm{d}x =-\mathrm{d}\left(\dfrac{1}{x}\right)$ 进行凑微分.

由以上例子我们可看出，利用第一类换元积分法解题时，正确凑微分是很关键的，常见的凑微分有：

(1) $\mathrm{d}x =\dfrac{1}{a}\mathrm{d}(ax+b)$;　　(2) $x^{n-1}\mathrm{d}x =\dfrac{1}{n}\mathrm{d}(x^n)$ $(n\neq 0)$;

(3) $\dfrac{1}{x}\mathrm{d}x =\mathrm{d}(\ln |x|)$;　　(4) $\mathrm{e}^x \mathrm{d}x =\mathrm{d}(\mathrm{e}^x)$;

(5) $\cos x\mathrm{d}x =\mathrm{d}(\sin x)$;　　(6) $\sin x\mathrm{d}x =-\mathrm{d}(\cos x)$;

(7) $\sec^2 x\mathrm{d}x =\mathrm{d}(\tan x)$;　　(8) $\dfrac{1}{1+x^2}\mathrm{d}x =\mathrm{d}\arctan x.$

类型三　其他类型

例 15　求 $\int \sec x\mathrm{d}x.$

解
$$\int \sec x\mathrm{d}x =\int \frac{1}{\cos x}\mathrm{d}x =\int \frac{\cos x}{\cos^2 x}\mathrm{d}x =\int \frac{\mathrm{d}(\sin x)}{\cos^2 x}=\int \frac{1}{1-\sin^2 x}\mathrm{d}(\sin x)$$

令 $u =\sin x$，则
$$\int \sec x\mathrm{d}x =\int \frac{1}{1-u^2}\mathrm{d}u =\frac{1}{2}\int \left(\frac{1}{1-u}+\frac{1}{1+u}\right)\mathrm{d}u$$
$$=\frac{1}{2}\ln |1+u|-\frac{1}{2}\ln |1-u|+C$$
$$=\frac{1}{2}\ln \left|\frac{1+\sin x}{1-\sin x}\right|+C =\frac{1}{2}\ln \left|\frac{(1+\sin x)^2}{\cos^2 x}\right|+C$$
$$=\ln \left|\frac{1+\sin x}{\cos x}\right|+C =\ln |\sec x+\tan x|+C$$

当积分函数为三角函数时，往往要利用三角恒等式变形后再求解，同时，比较熟悉代换过程后，可将变量代换这一过程省略掉.

例 16　求 $\int \dfrac{2x+3}{x^2+3x+5}\mathrm{d}x.$

解
$$\int \frac{2x+3}{x^2+3x+5}\mathrm{d}x =\int \frac{1}{x^2+3x+5}\mathrm{d}(x^2+3x+5)$$

$$= \ln \mid x^2 + 3x + 5 \mid + C$$

本题中被积函数分子、分母中 x 的最高次相差一次，且分子恰是分母的导数.

例 17 求 $\displaystyle\int \frac{1}{\sqrt{x+1} + \sqrt{x-1}} \mathrm{d}x$.

解
$$\int \frac{1}{\sqrt{x+1} + \sqrt{x-1}} \mathrm{d}x = \int \frac{\sqrt{x+1} - \sqrt{x-1}}{2} \mathrm{d}x$$
$$= \frac{1}{2}\left(\int \sqrt{x+1}\,\mathrm{d}x - \int \sqrt{x-1}\,\mathrm{d}x\right)$$
$$= \frac{1}{2}\left[\frac{2}{3}(x+1)^{\frac{3}{2}} - \frac{2}{3}(x-1)^{\frac{3}{2}}\right] + C$$
$$= \frac{1}{3}\left[(x+1)^{\frac{3}{2}} - (x-1)^{\frac{3}{2}}\right] + C$$

本题中先将被积函数进行分母有理化后再变形求解.

例 18 求 $\displaystyle\int \frac{\mathrm{d}x}{x(1 + 2\ln x)}$.

解 $\displaystyle\int \frac{\mathrm{d}x}{x(1 + 2\ln x)} = \int \frac{\mathrm{d}(\ln x)}{1 + 2\ln x} = \frac{1}{2}\int \frac{\mathrm{d}(1 + 2\ln x)}{1 + 2\ln x} = \frac{1}{2}\ln \mid 1 + 2\ln x \mid + C$

本题中先利用 $\frac{1}{x}\mathrm{d}x = \mathrm{d}(\ln x)$，然后利用 $\mathrm{d}(\ln x) = \frac{1}{2}\mathrm{d}(1 + 2\ln x)$ 凑微分，熟练掌握凑微分的话也可一步 $\frac{1}{x}\mathrm{d}x = \frac{1}{2}\mathrm{d}(1 + 2\ln x)$ 凑出.

4.2.2 第二类换元法

定理 4.4 设 $x = \varphi(t)$ 是单调可导函数，$\varphi'(t) \neq 0$，且
$$\int f[\varphi(t)]\varphi'(t)\mathrm{d}t = F(t) + C$$
则
$$\int f(x)\mathrm{d}x = \int f[\varphi(t)]\mathrm{d}\varphi(t) = F(t) + C = F[\varphi^{-1}(x)] + C$$

证明 $\{F[\varphi^{-1}(x)] + C\}' = \{F[\varphi^{-1}(x)]\}' = F'(t) \cdot t'_x = f[\varphi(t)] \cdot \varphi'(t) \cdot \frac{1}{x'_t}$
$$= f[\varphi(t)] \cdot \varphi'(t) \cdot \frac{1}{\varphi'(t)} = f[\varphi(t)] = f(x)$$

第二类换元积分法解题关键是引入适当变换 $x = \varphi(t)$，使关于 t 的新积分易求.

类型一 根式代换

例 19   求 $\displaystyle\int \frac{1}{1+\sqrt{2+x}}\mathrm{d}x$.

解   原不定积分不易求，因为分母中有根式部分，因此令 $t=\sqrt{2+x}$，即 $x=t^2-2$ $(t\geqslant 0)$，于是

$$\int \frac{1}{1+\sqrt{2+x}}\mathrm{d}x = \int \frac{1}{1+t}\mathrm{d}(t^2-2) = \int \frac{1}{1+t}\cdot 2t\mathrm{d}t = 2\int \frac{t+1-1}{t+1}\mathrm{d}t$$

$$= 2\int \left(1-\frac{1}{t+1}\right)\mathrm{d}t = 2(t-\ln|t+1|)+C$$

将变量回代得

$$\int \frac{1}{1+\sqrt{2+x}}\mathrm{d}x = 2\left[\sqrt{2+x}-\ln(1+\sqrt{2+x})\right]+C$$

例 20   求 $\displaystyle\int \frac{1}{\sqrt{x}+\sqrt[3]{x}}\mathrm{d}x$.

解   为了同时消去被积函数中的两个根式，可令 $t=\sqrt[6]{x}$，即 $x=t^6\,(t>0)$. 于是

$$\int \frac{1}{\sqrt{x}+\sqrt[3]{x}}\mathrm{d}x = \int \frac{\mathrm{d}t^6}{t^3+t^2} = 6\int \frac{t^5}{t^3+t^2}\mathrm{d}t = 6\int \frac{t^3}{t+1}\mathrm{d}t = 6\int \frac{t^3+1-1}{t+1}\mathrm{d}t$$

$$= 6\int \left(\frac{t^3+1}{t+1}-\frac{1}{t+1}\right)\mathrm{d}t = 6\int \left(t^2-t+1-\frac{1}{t+1}\right)\mathrm{d}t$$

$$= 6\left(\frac{1}{3}t^3-\frac{1}{2}t^2+t-\ln|1+t|\right)+C$$

$$= 2\sqrt{x}-3\sqrt[3]{x}+6\sqrt[6]{x}-6\ln(1+\sqrt[6]{x})+C$$

类型二   三角代换

当被积函数含有 $\sqrt{a^2-x^2}$，$\sqrt{a^2+x^2}$，$\sqrt{x^2-a^2}$ 时，可分别令 $x=a\sin t$，$x=a\tan t$，$x=a\sec t$ 去掉根号后再积分.

例 21   求 $\displaystyle\int \sqrt{a^2-x^2}\mathrm{d}x$ $(a>0)$.

解   令 $x=a\sin t$，$t\in\left(-\dfrac{\pi}{2},\dfrac{\pi}{2}\right)$，于是

$$\int \sqrt{a^2-x^2}\mathrm{d}x = \int \sqrt{a^2-a^2\sin^2 t}\,\mathrm{d}(a\sin t) = a\int \sqrt{1-\sin^2 t}\cdot a\cos t\mathrm{d}t$$

$$= a^2\int \cos^2 t\mathrm{d}t = \frac{a^2}{2}\int (1+\cos 2t)\mathrm{d}t = \frac{a^2}{2}\left(t+\frac{1}{2}\sin 2t\right)+C$$

$$= \frac{a^2}{2}\left(\arcsin \frac{x}{a}+\sin t\cdot\cos t\right)+C$$

$$= \frac{a^2}{2} \left[\arcsin \frac{x}{a} + \frac{x}{a} \sqrt{1 - \left(\frac{x}{a}\right)^2} \right] + C$$

$$= \frac{a^2}{2} \arcsin \frac{x}{a} + \frac{x}{2} \sqrt{a^2 - x^2} + C$$

例 22 求 $\int \frac{1}{\sqrt{a^2 + x^2}} dx \quad (a > 0)$.

解 令 $x = a\tan t$, $t \in \left(-\frac{\pi}{2}, \frac{\pi}{2}\right)$，于是

$$\int \frac{1}{\sqrt{a^2 + x^2}} dx = \int \frac{1}{\sqrt{a^2 + a^2 \tan^2 t}} d(a\tan t) = \frac{1}{a} \int \frac{1}{\sqrt{1 + \tan^2 t}} \cdot a \sec^2 t dt$$

$$= \int \frac{1}{\sec t} \sec^2 t dt = \int \sec t dt = \ln | \tan t + \sec t | + C_1$$

$$= \ln \left| \frac{x}{a} + \frac{\sqrt{x^2 + a^2}}{a} \right| + C_1 = \ln | x + \sqrt{x^2 + a^2} | + C$$

变量回代时可借助辅助三角形，如图 4 - 1 所示.

$$\tan t = \frac{x}{a}, \ \sec t = \frac{1}{\cos t} = \frac{\sqrt{x^2 + a^2}}{a}$$

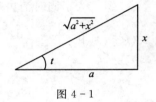

图 4 - 1

例 23 求 $\int \frac{1}{\sqrt{x^2 - a^2}} dx \quad (a > 0)$.

解 （1）当 $x > 0$ 时，令 $x = a\sec t \left(0 < t < \frac{\pi}{2}\right)$，则

$$\int \frac{1}{\sqrt{x^2 - a^2}} dx = \int \frac{1}{\sqrt{a^2 \sec^2 t - a^2}} d(a\sec t) = \frac{1}{a} \int \frac{1}{\sqrt{\sec^2 t - 1}} \cdot a \sec t \tan t dt$$

$$= \int \frac{1}{\tan t} \cdot \sec t \tan t dt = \int \sec t dt$$

$$= \ln | \sec t + \tan t | + C_1 = \ln \left| \frac{x}{a} + \frac{\sqrt{x^2 - a^2}}{a} \right| + C_1$$

$$= \ln | x + \sqrt{x^2 - a^2} | + C_2$$

即当 $x > 0$ 时，有

$$\int \frac{1}{\sqrt{x^2 - a^2}} dx = \ln | x + \sqrt{x^2 - a^2} | + C_2$$

（2）当 $x < 0$ 时，令 $x = -u$，则 $u > 0$.

$$\int \frac{1}{\sqrt{x^2 - a^2}} dx = \int \frac{d(-u)}{\sqrt{(-u)^2 - a^2}} = -\int \frac{du}{\sqrt{u^2 - a^2}}$$

利用（1）中结果知

$$\int \frac{1}{\sqrt{x^2-a^2}}\mathrm{d}x = -\ln|u+\sqrt{u^2-a^2}|+C_2 = -\ln|-x+\sqrt{(-x)^2-a^2}|+C_2$$

$$= -\ln\left|\frac{a^2}{\sqrt{x^2-a^2}+x}\right|+C_2 = \ln\left|\frac{\sqrt{x^2-a^2}+x}{a^2}\right|+C_2$$

$$= \ln|\sqrt{x^2-a^2}+x|+C_3$$

综合得

$$\int \frac{1}{\sqrt{x^2-a^2}}\mathrm{d}x = \ln|\sqrt{x^2-a^2}+x|+C$$

类型三　其他类型

例 24　求 $\displaystyle\int \frac{1}{x^4(x^2+1)}\mathrm{d}x$.

解　令 $x=\dfrac{1}{t}$，则

$$\int \frac{1}{x^4(x^2+1)}\mathrm{d}x = \int \frac{1}{\frac{1}{t^4}\left(\frac{1}{t^2}+1\right)}\mathrm{d}\left(\frac{1}{t}\right) = \int \frac{t^4}{\frac{1+t^2}{t^2}}\left(-\frac{1}{t^2}\right)\mathrm{d}t = -\int \frac{t^4}{t^2+1}\mathrm{d}t$$

$$= -\int \frac{t^4-1+1}{t^2+1}\mathrm{d}t = -\int\left(t^2-1+\frac{1}{t^2+1}\right)\mathrm{d}t$$

$$= -\left(\frac{1}{3}t^3-t+\arctan t\right)+C = -\frac{1}{3x^3}+\frac{1}{x}-\arctan\frac{1}{x}+C$$

本题中所作变换 $x=\dfrac{1}{t}$ 称为倒代换，也是一种很常用的代换，被积函数中分母的最高次数高于分子的最高次时可考虑倒代换.

例 25　求 $\displaystyle\int x^2(2-x)^{10}\mathrm{d}x$.

解　$(2-x)^{10}$ 利用二项式定理展开较复杂，可令 $t=2-x$，则 $x=2-t$. 于是

$$\int x^2(2-x)^{10}\mathrm{d}x = \int (2-t)^2 \cdot t^{10}\mathrm{d}(2-t) = -\int (2-t)^2 t^{10}\mathrm{d}t$$

$$= -\int (4-4t+t^2)\cdot t^{10}\mathrm{d}t = -\int (4t^{10}-4t^{11}+t^{12})\mathrm{d}t$$

$$= -\frac{4}{11}t^{11}+\frac{4}{12}t^{12}-\frac{1}{13}t^{13}+C$$

$$= -\frac{4}{11}(2-x)^{11}+\frac{1}{3}(2-x)^{12}-\frac{1}{13}(2-x)^{13}+C$$

习 题 4.2

1. 在下列各式等号右端的空白处填入适当系数.

(1) $\mathrm{d}x = $ _____ $\mathrm{d}(1-x)$;   (2) $x\mathrm{d}x = $ _____ $\mathrm{d}(5x^2-1)$;

(3) $x^3\mathrm{d}x = $ _____ $\mathrm{d}(3x^4+2)$;   (4) $3^x\mathrm{d}x = $ _____ $\mathrm{d}(3^x)$;

(5) $\sin\dfrac{x}{2}\mathrm{d}x = $ _____ $\mathrm{d}\left(\cos\dfrac{x}{2}\right)$;   (6) $\sin2x\mathrm{d}x = $ _____ $\mathrm{d}(\sin^2 x)$;

(7) $\dfrac{1}{1+9x^2}\mathrm{d}x = $ _____ $\mathrm{d}(\arctan3x)$;   (8) $\sec^2 3x\mathrm{d}x = $ _____ $\mathrm{d}(\tan3x)$.

2. 用第一类换元积分法求下列不定积分.

(1) $\displaystyle\int \sin3x\mathrm{d}x$;   (2) $\displaystyle\int 2x\mathrm{e}^{x^2}\mathrm{d}x$;

(3) $\displaystyle\int \dfrac{\ln^3 x}{2x}\mathrm{d}x$;   (4) $\displaystyle\int \dfrac{x}{\sqrt{x^2-a^2}}\mathrm{d}x$;

(5) $\displaystyle\int \dfrac{\cos(\sqrt{x}-1)}{2\sqrt{x}}\mathrm{d}x$;   (6) $\displaystyle\int \dfrac{1}{x^2-4}\mathrm{d}x$.

3. 求下列不定积分.

(1) $\displaystyle\int \dfrac{\sqrt{x}}{1+x}\mathrm{d}x$;   (2) $\displaystyle\int \dfrac{1}{\sqrt{3x-7}}\mathrm{d}x$;

(3) $\displaystyle\int \dfrac{\mathrm{e}^x}{1+\mathrm{e}^x}\mathrm{d}x$;   (4) $\displaystyle\int \dfrac{(\arctan x)^3}{1+x^2}\mathrm{d}x$;

(5) $\displaystyle\int \dfrac{x^2}{\sqrt{a^2-x^2}}\mathrm{d}x \quad (a>0)$;   (6) $\displaystyle\int \dfrac{1}{\sqrt{(x^2+1)^3}}\mathrm{d}x$;

(7) $\displaystyle\int \dfrac{10^{2\arccos x}}{\sqrt{1-x^2}}\mathrm{d}x$;   (8) $\displaystyle\int x(x-1)^{100}\mathrm{d}x$;

(9) $\displaystyle\int \dfrac{\sin x}{\cos^2 x}\mathrm{d}x$;   (10) $\displaystyle\int \dfrac{\mathrm{d}x}{x\sqrt{x^2-1}}\mathrm{d}x$;

(11) $\displaystyle\int \tan^3 x\mathrm{d}x$;   (12) $\displaystyle\int \dfrac{\sqrt{1+x}}{1+\sqrt{1+x}}\mathrm{d}x$.

4.3 分部积分法

上一节在复合函数求导法则的基础上得到了换元积分法，这一节我们将在函数乘积求导公式的基础上研究函数乘积的积分方法，称为分部积分法.

设 $u=u(x)$，$v=v(x)$ 都是连续可导函数，有
$$(uv)' = u'v + uv'$$

两边同时积分得

$$\int (uv)' \mathrm{d}x = \int (u'v + uv') \mathrm{d}x \Leftrightarrow$$

$$\int (uv)' \mathrm{d}x = \int u'v \mathrm{d}x + \int uv' \mathrm{d}x \Leftrightarrow$$

$$uv = \int v \mathrm{d}u + \int u \mathrm{d}v \Leftrightarrow$$

$$\int u \mathrm{d}v = uv - \int v \mathrm{d}u$$

即得分部积分公式.

分部积分法可分以下几个步骤：

(1) 把所求不定积分的被积函数 $f(x)$ 分为两部分 uv'，并把 $v'\mathrm{d}x$ 凑成 $\mathrm{d}v$，从而被积表达式 $f(x)\mathrm{d}x$ 化为 $u\mathrm{d}v$；

(2) 代入分部积分公式 $\int u\mathrm{d}v = uv - \int v\mathrm{d}u$，转化为求 $\int v\mathrm{d}u$，此积分恰是原积分 $\int u\mathrm{d}v$ 中 u、v 互换位置所得.

如何把 $f(x)$ 恰当地化成 uv' 才能使 $\int v\mathrm{d}u$ 更容易求出？也就是说 u、v 选取很关键. 一般，使用分部积分的经验可归结为"指三幂对反". 若被积函数是五类函数中的两个相乘时，排序在后的一个选为 u，排序在前的一个与 $\mathrm{d}x$ 凑成 $\mathrm{d}v$.

类型一　被积函数为两类函数相乘

例 26　求 $\int x\cos x\mathrm{d}x$.

解　此题中，我们将三角函数 $\cos x$ 与 $\mathrm{d}x$ 凑成 $\mathrm{d}(\sin x)$，$v = \sin x$，$u = x$，于是

$$\int x\cos x\mathrm{d}x = \int x\mathrm{d}(\sin x) = x\sin x - \int \sin x\mathrm{d}x = x\sin x + \cos x + C$$

例 27　求 $\int x\mathrm{arccot}x\mathrm{d}x$.

解　令 $u = \mathrm{arccot}x$，$x\mathrm{d}x = \frac{1}{2}\mathrm{d}x^2$，则

$$\int x\mathrm{arccot}x\mathrm{d}x = \frac{1}{2}\int \mathrm{arccot}x\mathrm{d}x^2 = \frac{1}{2}x^2\mathrm{arccot}x - \frac{1}{2}\int x^2\mathrm{d}(\mathrm{arccot}x)$$

$$= \frac{1}{2}x^2\mathrm{arccot}x - \frac{1}{2}\int x^2\left(-\frac{1}{1+x^2}\right)\mathrm{d}x$$

$$= \frac{1}{2}x^2\mathrm{arccot}x + \frac{1}{2}\int \frac{x^2+1-1}{1+x^2}\mathrm{d}x$$

$$= \frac{1}{2}x^2\mathrm{arccot}x + \frac{1}{2}\int \left(1 - \frac{1}{1+x^2}\right)\mathrm{d}x$$

$$= \frac{1}{2}x^2 \text{arccot}x + \frac{1}{2}(x - \arctan x) + C$$

$$= \frac{1}{2}x^2 \text{arccot}x + \frac{1}{2}x - \frac{1}{2}\arctan x + C$$

例 28   求 $\int x^2 \mathrm{e}^x \mathrm{d}x$.

解 $\int x^2 \mathrm{e}^x \mathrm{d}x = \int x^2 \mathrm{d}(\mathrm{e}^x) = x^2 \mathrm{e}^x - \int \mathrm{e}^x \mathrm{d}x^2 = x^2 \mathrm{e}^x - 2\int x\mathrm{e}^x \mathrm{d}x$

$\int x\mathrm{e}^x \mathrm{d}x$ 与原不定积分仍是同一类型不定积分，只是幂函数 x 次数降低一次，我们继续使用分部积分法求 $\int x\mathrm{e}^x \mathrm{d}x$.

$$\int x^2 \mathrm{e}^x \mathrm{d}x = x^2 \mathrm{e}^x - 2\int x\mathrm{e}^x \mathrm{d}x = x^2 \mathrm{e}^x - 2\left(x\mathrm{e}^x - \int \mathrm{e}^x \mathrm{d}x\right)$$

$$= x^2 \mathrm{e}^x - 2x\mathrm{e}^x + 2\mathrm{e}^x + C$$

例 29   求 $\int \mathrm{e}^x \cos x \mathrm{d}x$.

解 $\int \mathrm{e}^x \cos x \mathrm{d}x = \int \cos x \mathrm{d}(\mathrm{e}^x) = \mathrm{e}^x \cos x - \int \mathrm{e}^x \mathrm{d}(\cos x)$

$$= \mathrm{e}^x \cos x + \int \mathrm{e}^x \sin x \mathrm{d}x \text{（与原不定积分同类型，再使用分部积分法）}$$

$$= \mathrm{e}^x \cos x + \int \sin x \mathrm{d}(\mathrm{e}^x) = \mathrm{e}^x \cos x + \left[\mathrm{e}^x \sin x - \int \mathrm{e}^x \mathrm{d}(\sin x)\right]$$

$$= \mathrm{e}^x \cos x + \mathrm{e}^x \sin x - \int \mathrm{e}^x \cos x \mathrm{d}x$$

注意：使用两次分部积分后，等式两边均出现了所求不定积分，且不能抵消，把它们合并，即

$$\int \mathrm{e}^x \cos x \mathrm{d}x = \mathrm{e}^x \cos x + \mathrm{e}^x \sin x - \int \mathrm{e}^x \cos x \mathrm{d}x$$

$$2\int \mathrm{e}^x \cos x \mathrm{d}x = \mathrm{e}^x(\sin x + \cos x)$$

故 $\int \mathrm{e}^x \cos x \mathrm{d}x = \frac{\mathrm{e}^x}{2}(\sin x + \cos x) + C$

类型二   被积函数是单一函数

例 30   求 $\int \ln x \mathrm{d}x$.

解   令 $u = \ln x$，$v = x$，则

$$\int \ln x \mathrm{d}x = x\ln x - \int x \mathrm{d}(\ln x) = x\ln x - \int x \cdot \frac{1}{x}\mathrm{d}x$$

$$= x\ln x - \int dx = x\ln x - x + C$$

例 31 求 $\int (\ln x)^2 \,dx.$

解 $\int (\ln x)^2 \,dx = x(\ln x)^2 - \int x\,d(\ln x)^2 = x(\ln x)^2 - 2\int x\ln x \cdot \dfrac{1}{x}\,dx$

$$= x(\ln x)^2 - 2\int \ln x\,dx = x(\ln x)^2 - 2\left(x\ln x - \int x\,d(\ln x)\right)$$

$$= x(\ln x)^2 - 2x\ln x + 2\int x \cdot \dfrac{1}{x}\,dx$$

$$= x(\ln x)^2 - 2x\ln x + 2x + C$$

例 32 求 $\int e^{\sqrt{2x+1}}\,dx.$

解 令 $t = \sqrt{2x+1}$，则 $x = \dfrac{t^2-1}{2}$，于是

$$\int e^{\sqrt{2x+1}}\,dx = \int e^t\,d\left(\dfrac{t^2-1}{2}\right) = \int e^t \cdot t\,dt = \int t\,d(e^t) = te^t - \int e^t\,dt$$

$$= te^t - e^t + C = \sqrt{2x+1}\,e^{\sqrt{2x+1}} - e^{\sqrt{2x+1}} + C$$

本题先用换元法作根式代换，消去不定积分中的根式，然后用了分部积分法，将两种方法结合使用.

习 题 4.3

1. 求下列不定积分.

(1) $\int x\ln 2x\,dx$；

(2) $\int \arcsin x\,dx$；

(3) $\int (x-2)\sin 3x\,dx$；

(4) $\int e^{-x}\cos x\,dx$；

(5) $\int x\sin\dfrac{3x}{2}\cos\dfrac{3x}{2}\,dx$；

(6) $\int e^{-\sqrt{x}}\,dx$；

(7) $\int \dfrac{\ln x}{\sqrt{1+x}}\,dx$；

(8) $\int (\ln x)^2\,dx$；

(9) $\int x e^{-x}\,dx$；

(10) $\int e^x \sin^2 x\,dx.$

2. 设 $f(x)$ 的一个原函数为 $\dfrac{\sin x}{x}$，求 $\int x f'(x)\,dx.$

综合练习四

1. 选择题

(1) 如果函数 $f(x)$ 在区间 I 内连续，则在 I 内 $f(x)$ 的原函数（　　）.

A. 有唯一一个　　　　B. 有有限多个　　　　C. 有无穷多个　　　　D. 不一定存在

(2) 若 $F(x)$ 是 $f(x)$ 的一个原函数，C 为常数，则下列函数中仍是 $f(x)$ 的原函数的是（　　）.

A. $F(x+C)$　　　　B. $F(Cx)$　　　　C. $CF(x)$　　　　D. $F(x)+C$

(3) 若 $f'(x) = \varphi(x)$，则（　　）.

A. $f(x)$ 为 $\varphi(x)$ 的一个原函数　　　　B. $\varphi(x)$ 为 $f(x)$ 的一个原函数

C. $f(x)$ 为 $\varphi(x)$ 的不定积分　　　　D. $\int \varphi(x) \mathrm{d}x = f(x)$

(4) 在下列各对函数中，是同一个函数的原函数的是（　　）.

A. $\arctan x$ 和 $\mathrm{arccot}x$　　　　B. $\ln(x+2)$ 和 $\ln x + \ln 2$

C. $\dfrac{2^x}{\ln 2}$ 和 $2^x + \ln 2$　　　　D. $(\mathrm{e}^x - \mathrm{e}^{-x})^2$ 和 $\mathrm{e}^{2x} + \mathrm{e}^{-2x}$

(5) 若 $\int \mathrm{d}f(x) = \int \mathrm{d}g(x)$，则下列各式中不成立的是（　　）.

A. $f(x) = g(x)$　　　　B. $f'(x) = g'(x)$

C. $\mathrm{d}f(x) = \mathrm{d}g(x)$　　　　D. $\mathrm{d}\int f'(x)\mathrm{d}x = \mathrm{d}\int g'(x)\mathrm{d}x$

2. 填空题

(1) 设 $f(x) = x\mathrm{e}^{-x^2}$，则 $\int f'(x)\mathrm{d}x = $ _____.

(2) 若 $\int f(x)\mathrm{d}x = \mathrm{e}^{-x}\cos x + C$，则 $f(x) = $ _____.

(3) 设 $\sin 2x$ 是 $f(x)$ 的一个原函数，则 $f'\left(\dfrac{\pi}{6}\right) = $ _____.

(4) 设 $f(x)$ 的一个原函数是 $x\mathrm{e}^{-x}$，则 $\int xf'(x)\mathrm{d}x = $ _____.

(5) 设 $f'(x) = f(x)$，则 $\int f(ax+b)\mathrm{d}x = $ _____.

3. 计算下列积分.

(1) $\displaystyle\int \frac{1}{\sqrt{4-x^2}}\mathrm{d}x$;　　　　(2) $\displaystyle\int \frac{1}{\sqrt{x}(1-x)}\mathrm{d}x$;

(3) $\int \tan 2x \, dx$；

(4) $\int \dfrac{1}{2+x^2} \, dx$；

(5) $\int \dfrac{1}{1+\cos x} \, dx$；

(6) $\int \dfrac{\ln x}{x^2} \, dx$；

(7) $\int \dfrac{x^4}{1-x^2} \, dx$；

(8) $\int \dfrac{1}{\cos^4 x \sin^2 x} \, dx$；

(9) $\int \dfrac{\sqrt{3+2\tan x}}{\cos^2 x} \, dx$；

(10) $\int \dfrac{x+\arccos x}{\sqrt{1-x^2}} \, dx$；

(11) $\int \dfrac{2}{e^x + e^{-x}} \, dx$；

(12) $\int \dfrac{x^2}{9+4x^2} \, dx$；

(13) $\int \dfrac{x+2}{x^2-4x+6} \, dx$；

(14) $\int \dfrac{x^3}{(a^2-x^2)^{\frac{3}{2}}} \, dx$；

(15) $\int \dfrac{\sqrt{x^2-4}}{x} \, dx$；

(16) $\int \dfrac{1}{x^2 \sqrt{x^2+2}} \, dx$；

(17) $\int \dfrac{\sqrt{x}}{\sqrt[4]{x^3}+1} \, dx$；

(18) $\int x^2 \sqrt{x-2} \, dx$；

(19) $\int \sin \sqrt{x} \, dx$；

(20) $\int \dfrac{x \arctan x}{\sqrt{1+x^2}} \, dx$；

(21) $\int x \tan^2 x \, dx$；

(22) $\int \dfrac{1-\cos x}{1+\cos x} \, dx$；

(23) $\int x \arccos x \, dx$；

(24) $\int \dfrac{e^{2x}}{\sqrt{3e^x-2}} \, dx$．

4. 如果 $\dfrac{x}{\ln x}$ 是 $f(x)$ 的一个原函数，求 $\int x f'(x) \, dx$．

5. 设某商品的需求量 Q 是价格 P 的函数，该商品的最大需求量为 1000（即 $P=0$ 时，$Q=1000$）．已知需求量的变化率（即边际需求）为

$$Q'(P) = -1000\ln 3 \cdot \left(\dfrac{1}{3}\right)^P$$

求需求量关于价格的函数．

第 5 章　　定积分及其应用

本章将讨论微积分的另一个基本问题——定积分问题. 我们先从几何学、经济学问题出发引出定积分的定义，然后讨论它的性质、计算方法及应用. 在本章还可看出定积分与上一章不定积分的关系.

5.1　定积分的概念

5.1.1　定积分的定义

引例 1　曲边梯形的面积

设函数 $y = f(x)$ 在区间 $[a, b]$ 上非负、连续，由直线 $x = a$，$x = b$，$y = 0$ 及曲线 $y = f(x)$ 所围成的图形称为曲边梯形，如图 5-1 所示，如何求此图形的面积呢？

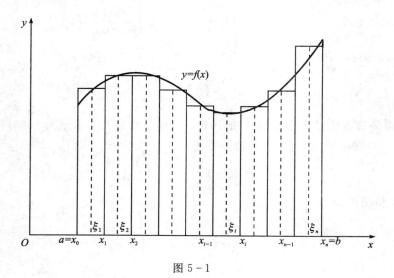

图 5-1

解决思路：已知矩形的面积 = 底 × 高. 若曲边梯形的面积也按此公式计算，高不好确定. 曲边梯形在底边上各点处的高 $f(x)$ 在 $[a, b]$ 上变动, 若任选取底上一点的函数值作为整个底上高, 这样得到的面积可能会与曲边梯形的真实面积相差较大. 因而考虑将曲边梯形划分成许多小曲边梯形, 如图 5-1 所示, 每个小曲边梯形都用相应的矩形去近似, 因为 $f(x)$ 在 $[a, b]$ 上连续, 在很小一段区间上 $f(x)$ 的值变化很小, 近似不变, 因此, 小曲边梯形可用小矩形近似代替. 把这些矩形的面积加起来, 就得到曲边梯形面积 A 的近似值. 小曲边梯形的底越小, 近似值越好. 若每个小区间的长度都趋于零, 这时, 所得近似值会无限接近曲边梯形的面积 A, 即小矩形面积和的极限就是曲边梯形的面积 A. 下面分以下几个步骤来阐述:

第一步: 分割. 在区间 $[a, b]$ 内任意插入 $n-1$ 个分点, 记为 $a = x_0 < x_1 < x_2 < \cdots < x_{n-1} < x_n < b$, 得到 n 个子区间 $[x_0, x_1]$, $[x_1, x_2]$, $\cdots$, $[x_{i-1}, x_i]$, $\cdots$, $[x_{n-1}, x_n]$, 第 i 个子区间长度记为 Δx_i, $i = 1, 2, 3, \cdots, n$, 经过每个分点, 作平行于 y 轴的直线, 把曲边梯形分成 n 个小曲边梯形.

第二步: 近似. 在第 i 个子区间上任取一点 $\xi_i \in [x_{i-1}, x_i] (i = 1, 2, 3, \cdots, n)$, 作乘积 $f(\xi_i) \Delta x_i$, 第 i 个小曲边梯形面积为 $A_i \approx f(\xi_i) \Delta x_i (i = 1, 2, \cdots, n)$.

第三步: 求和. 曲边梯形面积为

$$A = A_1 + A_2 + \cdots + A_n = \sum_{i=1}^{n} A_i \approx \sum_{i=1}^{n} f(\xi_i) \Delta x_i$$

第四步: 取极限. 记 $\lambda = \max\{\Delta x_1, \Delta x_2, \cdots, \Delta x_n\}$, 所有子区间长度都趋于 0, 即 $\lambda \to 0$ 时, $\lim\limits_{\lambda \to 0} \sum\limits_{i=1}^{n} f(\xi_i) \Delta x_i =$ 曲边梯形的面积 A.

引例 2　收益问题

设某商品的价格 $P = P(x)$ 是销量 x 的连续函数. 计算: 当销量从 a 变动到 b 时的收益 R 为多少 (设 x 为连续变量).

由于价格随销售量的变动而变动, 我们仿照上面的例子来计算, 具体步骤:

第一步: 分割. 在 $[a, b]$ 内任意插入 $n-1$ 个分点, $a = x_0 < x_1 < x_2 < \cdots < x_{n-1} < x_n < b$, 得到 n 个子区间 $[x_0, x_1]$, $[x_1, x_2]$, $\cdots$, $[x_{i-1}, x_i]$, $\cdots$, $[x_{n-1}, x_n]$, 第 i 个子区间长度记为 Δx_i, Δx_i 表示每个销售段 $[x_{i-1}, x_i]$ 上的销量, 其中 $i = 1, 2, 3, \cdots, n$.

第二步: 近似. 在每个销售段 $[x_{i-1}, x_i]$ 上任取一点 $\xi_i \in [x_{i-1}, x_i]$, 以 $P(\xi_i)$ 来作为 $[x_{i-1}, x_i]$ 上的近似价格, 该段收益近似为

$$\Delta R_i \approx P(\xi_i) \Delta x_i \quad (i = 1, 2, \cdots, n)$$

第三步: 求和. 这 n 段部分收益的近似值相加就是所求收益 R 的近似值, 即

$$R \approx \sum_{i=1}^{n} P(\xi_i) \Delta x_i$$

第四步:取极限. 记 $\lambda = \max\{\Delta x_1, \Delta x_2, \cdots, \Delta x_n\}$,当 $\lambda \to 0$ 时,取上述和式的极限,即得收益 R 为

$$R = \lim_{\lambda \to 0} \sum_{i=1}^{n} P(\xi_i) \Delta x_i$$

以上两个问题中,条件是已知一个函数及其自变量的变化区间,问题通过四步解决,且最终结果归结为一个和式的极限值. 我们抛开这些问题的实际意义,抓住它们的共同之处抽象出定积分的定义.

定义 5.1 设函数 $f(x)$ 在区间 $[a, b]$ 上有定义且有界,在 $[a, b]$ 内任意地插入 $n-1$ 个分点:$a = x_0 < x_1 < x_2 < \cdots < x_{n-1} < x_n < b$,将 $[a, b]$ 分成 n 个子区间 $[x_{i-1}, x_i](i = 1, 2, \cdots, n)$. 记 $\Delta x_i = x_i - x_{i-1}(i = 1, 2, \cdots, n)$ 为第 i 个子区间的长度,在每一个子区间上任取一点 $\xi_i \in [x_{i-1}, x_i]$,作和式 $\sum\limits_{i=1}^{n} f(\xi_i) \Delta x_i$,记 $\lambda = \max\{\Delta x_1, \Delta x_2, \cdots, \Delta x_n\}$,若极限 $\lim\limits_{\lambda \to 0} \sum\limits_{i=1}^{n} f(\xi_i) \Delta x_i$ 存在,且极限与对区间 $[a, b]$ 的分法及点 ξ_i 在 $[x_{i-1}, x_i]$ 上的取法无关,则称此极限值为函数 $f(x)$ 在 $[a, b]$ 上的定积分,记作 $\int_a^b f(x) \mathrm{d}x$,即

$$\int_a^b f(x) \mathrm{d}x = \lim_{\lambda \to 0} \sum_{i=1}^{n} f(\xi_i) \Delta x_i$$

其中,x 称为积分变量,$f(x)\mathrm{d}x$ 称为被积分表达式,$[a, b]$ 称为积分区间,a 称为积分下限,b 称为积分上限,$\int$ 称为积分号,$\sum\limits_{i=1}^{n} f(\xi_i) \Delta x_i$ 称为 $f(x)$ 在 $[a, b]$ 上的积分和.

若极限 $\lim\limits_{\lambda \to 0} \sum\limits_{i=1}^{n} f(\xi_i) \Delta x_i$ 存在,则称函数 $f(x)$ 在 $[a, b]$ 上可积.

定理 5.1 设 $f(x)$ 在区间 $[a, b]$ 上连续,则 $f(x)$ 在 $[a, b]$ 上可积.

定理 5.2 设 $f(x)$ 在区间 $[a, b]$ 上有界,且只有有限个间断点,则 $f(x)$ 在 $[a, b]$ 上可积.

5.1.2 定积分的几何意义

(1) 当 $f(x) \geqslant 0$,$x \in [a, b]$ 时,由引例 1 可知:定积分 $\int_a^b f(x) \mathrm{d}x$ 在几何上表示由直线 $x = a$,$x = b$,$y = 0$ 及曲线 $y = f(x)$ 所围成的曲边梯形的面积.

(2) 当 $f(x) < 0$,$x \in [a, b]$ 时,$\int_a^b f(x) \mathrm{d}x$ 在几何上表示由直线 $x = a$,$x = b$,$y = 0$ 及曲线 $y = f(x)$ 围成的图形面积的相反数.

（3）当 $f(x)$ 在 $[a,b]$ 上有正有负时，$\int_a^b f(x)\mathrm{d}x$ 表示由直线 $x=a$，$x=b$，$y=0$ 及曲线 $y=f(x)$ 围成的图形在 x 轴上方的部分面积减去 x 轴下方的面积.

例 1　求 $\int_0^1 x\mathrm{d}x$.

解　因 $f(x)=x$ 在 $[0,1]$ 上连续，故 $f(x)=x$ 在 $[0,1]$ 上可积，且积分值与对区间 $[0,1]$ 的分法及子区间上 ξ_i 的取法无关. 因此为了便于计算，不妨将 $[0,1]$ 分成 n 等份，每个子区间长度为 $\Delta x_i=\dfrac{1}{n}$，n 个子区间为 $\left[0,\dfrac{1}{n}\right]$，$\left[\dfrac{1}{n},\dfrac{2}{n}\right]$，$\cdots$，$\left[\dfrac{n-1}{n},\dfrac{n}{n}\right]$，每个子区间上取 $\xi_i=\dfrac{i}{n}(i=1,2,\cdots,n)$，于是

$$\sum_{i=1}^n f(\xi_i)\Delta x_i=\sum_{i=1}^n \xi_i\frac{1}{n}=\frac{1}{n}\sum_{i=1}^n\frac{i}{n}=\frac{1}{n}\left(\frac{1}{n}+\frac{2}{n}+\cdots+\frac{n}{n}\right)$$
$$=\frac{1}{n}\frac{1+2+3+\cdots+n}{n}=\frac{n(n+1)}{2n^2}$$

由定积分定义可知

$$\int_0^1 x\mathrm{d}x=\lim_{\lambda\to 0}\sum_{i=1}^n f(\xi_i)\Delta x_i=\lim_{\lambda\to 0}\frac{n(n+1)}{2n^2}$$

而 $\lambda\to 0$，即 $n\to\infty$，故

$$\int_0^1 x\mathrm{d}x=\lim_{n\to\infty}\frac{n(n+1)}{2n^2}=\frac{1}{2}$$

同时，还可看出 $\int_0^1 x\mathrm{d}x$ 在几何上表示由直线 $x=0$，$x=1$，$y=0$ 及函数 $y=f(x)=x$ 对应图形围成的图形面积. 该图形为直角三角形，面积为 $1/2$.

由上例可看出，用定义计算定积分值较复杂，利用几何意义来求定积分值也不是一般的计算方法，为了给定积分提供一个有效而简便的计算方法，我们先研究定积分的性质.

5.1.3　定积分的性质

为以后计算及应用方便起见，先对定积分作出以下两点补充规定：

（1）当 $a=b$ 时，$\int_a^b f(x)\mathrm{d}x=0$；

（2）当 $a>b$ 时，$\int_a^b f(x)\mathrm{d}x=-\int_b^a f(x)\mathrm{d}x$.

由上式可知，交换定积分的上、下限时，绝对值不变而符号相反.

下面讨论定积分的性质. 下列各性质中积分上、下限的大小，如不特别指明，均不加限制，并假定各性质中所列出的函数的定积分都是存在的.

性质 1 $\int_a^b [f(x) \pm g(x)] \mathrm{d}x = \int_a^b f(x)\mathrm{d}x \pm \int_a^b g(x)\mathrm{d}x.$

证明 $\int_a^b [f(x) \pm g(x)] \mathrm{d}x = \lim_{\lambda \to 0} \sum_{i=1}^n [f(\xi_i) \pm g(\xi_i)] \Delta x_i$

$$= \lim_{\lambda \to 0} \Big[\sum_{i=1}^n f(\xi_i) \Delta x_i \pm \sum_{i=1}^n g(\xi_i) \Delta x_i \Big]$$

$$= \lim_{\lambda \to 0} \sum_{i=1}^n f(\xi_i) \Delta x_i \pm \lim_{\lambda \to 0} \sum_{i=1}^n g(\xi_i) \Delta x_i$$

$$= \int_a^b f(x)\mathrm{d}x \pm \int_a^b g(x)\mathrm{d}x$$

可将性质 1 推广到有限个函数和,类似地,可以证明:

性质 2 $\int_a^b k f(x) \mathrm{d}x = k \int_a^b f(x)\mathrm{d}x$ (k 是常数).

性质 3 $\int_a^b f(x)\mathrm{d}x = \int_a^c f(x)\mathrm{d}x + \int_c^b f(x)\mathrm{d}x.$

其中,c 可以在 $[a,b]$ 内,也可以在 $[a,b]$ 之外.

这个性质表明:定积分对于积分区间具有可加性.这个性质这里只作几何解释,若 $c \in [a,b]$,如图 5-2 所示,显然有

$$\int_a^b f(x)\mathrm{d}x = \int_a^c f(x)\mathrm{d}x + \int_c^b f(x)\mathrm{d}x$$

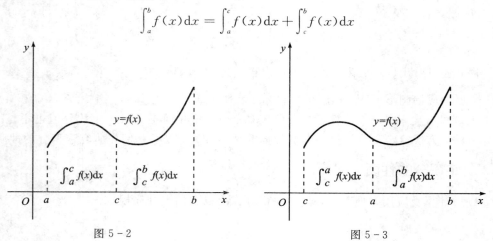

图 5-2   图 5-3

若 c 在 $[a,b]$ 之外,且 c 点在 a 的左边,如图 5-3 所示,则有

$$\int_c^b f(x)\mathrm{d}x = \int_c^a f(x)\mathrm{d}x + \int_a^b f(x)\mathrm{d}x$$

因为

$$\int_c^a f(x)\mathrm{d}x = -\int_a^c f(x)\mathrm{d}x$$

所以

$$\int_c^b f(x)\mathrm{d}x = -\int_a^c f(x)\mathrm{d}x + \int_a^b f(x)\mathrm{d}x$$

即

$$\int_a^b f(x)\mathrm{d}x = \int_a^c f(x)\mathrm{d}x + \int_c^b f(x)\mathrm{d}x$$

若 c 在 $[a,b]$ 之外，且 c 点在 b 的右边，如图 $5-4$ 所示，同理可得结论.

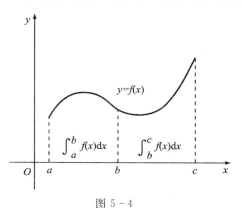

图 $5-4$

性质 4　如果在区间 $[a,b]$ 上，$f(x)=1$，则

$$\int_a^b 1\mathrm{d}x = \int_a^b \mathrm{d}x = b - a$$

这个性质中定积分在几何意义上表示底边为 $(b-a)$，高为 1 的矩形的面积.

性质 5　如果在区间 $[a,b]$ 上，$f(x) \geqslant 0$，则 $\int_a^b f(x)\mathrm{d}x \geqslant 0 \quad (a<b)$.

证明　因为在 $[a,b]$ 上，$f(x) \geqslant 0$，所以 $\xi_i \in [x_{i-1}, x_i]$，$f(\xi_i) \geqslant 0 \quad (i=1,2,\cdots,n)$，又由于 $\Delta x_i \geqslant 0 (i=1,2,\cdots,n)$，因此

$$\sum_{i=1}^n f(\xi_i)\Delta x_i \geqslant 0$$

记 $\lambda = \max\{\Delta x_1, \Delta x_2, \cdots, \Delta x_n\} \to 0$，便得到

$$\int_a^b f(x)\mathrm{d}x = \lim_{\lambda \to 0} \sum_{i=1}^n f(\xi_i)\Delta x_i \geqslant 0$$

由性质 5 可得到两个推论.

推论 1　如果在区间 $[a,b]$ 上，$f(x) \leqslant g(x)$，则

$$\int_a^b f(x)\mathrm{d}x \leqslant \int_a^b g(x)\mathrm{d}x \quad (a<b)$$

推论 2　$\left|\int_a^b f(x)\mathrm{d}x\right| \leqslant \int_a^b |f(x)|\mathrm{d}x \quad (a<b)$.

证明　因为

$$-|f(x)| \leqslant f(x) \leqslant |f(x)|$$

所以由推论 1 及性质 2 可得

$$-\int_a^b |f(x)|\mathrm{d}x \leqslant \int_a^b f(x)\mathrm{d}x \leqslant \int_a^b |f(x)|\mathrm{d}x$$

即

$$\left|\int_a^b f(x)\mathrm{d}x\right| \leqslant \int_a^b |f(x)|\,\mathrm{d}x$$

注意：$|f(x)|$ 在 $[a,b]$ 上的可积性可由 $f(x)$ 在 $[a,b]$ 上的可积性推出，这里不作证明.

性质 6（估值定理）　设 $f(x)$ 是 $[a,b]$ 上的可积函数，并有 $m \leqslant f(x) \leqslant M$，其中 M，m 为常数，则

$$m(b-a) \leqslant \int_a^b f(x)\mathrm{d}x \leqslant M(b-a)$$

如图 5-5 所示，性质 6 的几何意义是：曲边梯形 $aEDb$ 的面积介于矩形 $aCDb$ 与矩形 $aABb$ 的面积之间.

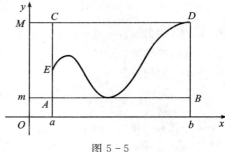

图 5-5

证明　因为 $\int_a^b \mathrm{d}x = b-a$，又因 $m \leqslant f(x) \leqslant M$，由性质 5，得

$$\int_a^b m\mathrm{d}x \leqslant \int_a^b f(x)\mathrm{d}x \leqslant \int_a^b M\mathrm{d}x$$

而

$$\int_a^b m\mathrm{d}x = m\int_a^b \mathrm{d}x = m(b-a), \int_a^b M\mathrm{d}x = M(b-a)$$

所以有

$$m(b-a) \leqslant \int_a^b f(x)\mathrm{d}x \leqslant M(b-a)$$

这个性质说明，由被积函数在积分区间的最大值及最小值，可以估计积分值的大致范围.

性质 7（定积分中值定理）　如果函数 $f(x)$ 在闭区间 $[a,b]$ 上连续，则在积分区间 $[a,b]$ 上至少存在一个点 ξ，使下式成立：

$$\int_a^b f(x)\mathrm{d}x = f(\xi)(b-a) \quad (a \leqslant \xi \leqslant b)$$

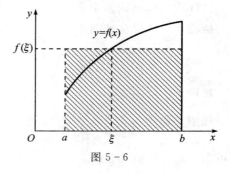

图 5-6

这个公式称为积分中值公式. 从几何上看，性质 7 是成立的，如图 5-6 所示，在区间 $[a,b]$ 上至少存在一点 ξ，使得以区间 $[a,b]$ 为底边，以曲线 $y = f(x)$ 为曲边的曲边梯形的面积等于同一底边而高为 $f(\xi)$ 的一个矩形的面积.

证明　因为 $f(x)$ 在 $[a,b]$ 上连续，所以存在最大值 M 和最小值 m，即 $m \leqslant f(x) \leqslant M$.

根据性质 6，得

$$m(b-a) \leqslant \int_a^b f(x)\mathrm{d}x \leqslant M(b-a)$$

用 $(b-a)$ 除不等式得，

$$m \leqslant \frac{\int_a^b f(x)\mathrm{d}x}{b-a} \leqslant M$$

令

$$\mu = \frac{\int_a^b f(x)\mathrm{d}x}{b-a}$$

则 $m \leqslant \mu \leqslant M$，根据闭区间上连续函数的性质，在 $[a,b]$ 上至少存在一点 ξ，使 $f(\xi) = \mu$.
即

$$\frac{\int_a^b f(x)\mathrm{d}x}{b-a} = \mu$$

即

$$\int_a^b f(x)\mathrm{d}x = f(\xi)(b-a)$$

例 2　估计定积分 $\int_0^2 \mathrm{e}^{x^2-x}\mathrm{d}x$ 值的范围.

解　令 $f(x) = \mathrm{e}^{x^2-x}$，$f(x)$ 在 $[0,2]$ 上连续，故 $f(x)$ 在 $[0,2]$ 上必存在最值.
$$f'(x) = \mathrm{e}^{x^2-x}(2x-1)$$

令 $f'(x) = 0$ 得 $x = \dfrac{1}{2}$. 而

$$f\left(\frac{1}{2}\right) = \mathrm{e}^{-\frac{1}{4}},\ f(0) = 1,\ f(2) = \mathrm{e}^2$$

故 $f(x)$ 在 $[0,2]$ 上最大值为 e^2，最小值为 $\mathrm{e}^{-\frac{1}{4}}$，由估值定理有

$$2\mathrm{e}^{-\frac{1}{4}} \leqslant \int_0^2 \mathrm{e}^{x^2-x}\mathrm{d}x \leqslant 2\mathrm{e}^2$$

习题 5.1

1. 用定积分表示由曲线 $y = \cos x + 1$，$x = \dfrac{\pi}{2}$ 及两坐标轴所围成的曲边梯形面积.

2. 用定积分的几何意义计算以下定积分.

(1) $\int_{-\pi}^{\pi} \sin x\mathrm{d}x$；
(2) $\int_0^2 x\mathrm{d}x$.

3. 判断下列定积分的大小.

(1) $\int_1^2 x\mathrm{d}x$ 和 $\int_1^2 x^2\mathrm{d}x$；

(2) $\int_0^1 x^2\mathrm{d}x$ 和 $\int_0^1 x^3\mathrm{d}x$；

(3) $\int_1^e \ln x\mathrm{d}x$ 和 $\int_1^e \ln t\mathrm{d}t$.

4. 估算下列各定积分值的范围.

(1) $\int_1^2 x^{\frac{4}{3}}\mathrm{d}x$；

(2) $\int_{-2}^0 x\mathrm{e}^x\mathrm{d}x$.

5.2　微积分基本公式

本节将给出定积分的计算公式，推出公式前我们先讨论这样一类特殊函数.

5.2.1　变上限的定积分

设函数 $f(t)$ 在 $[a,b]$ 上可积，$x \in [a,b]$，则函数 $f(t)$ 在 $[a,x]$ 上可积，则变上限定积分 $\int_a^x f(t)\mathrm{d}t$ 是上限变量 x 的函数，因为 x 在 $[a,b]$ 上任意取定一个值 x_0 后，就有一个确定的值 $\int_a^{x_0} f(t)\mathrm{d}t$ 与 x_0 对应，变上限定积分 $\int_a^x f(t)\mathrm{d}t$ 所确定的函数记作 $\Phi(x)$，即 $\Phi(x) = \int_a^x f(t)\mathrm{d}t, x \in [a,b]$.

此函数有非常重要的性质，在推导定积分的基本公式中起到了重要作用.

5.2.2　原函数存在定理

定理 5.3　如果函数 $f(x)$ 在 $[a,b]$ 上连续，$x \in [a,b]$，则函数

$$\Phi(x) = \int_a^x f(t)\mathrm{d}t$$

在 $[a,b]$ 上可导，且

$$\Phi'(x) = \left(\int_a^x f(t)\mathrm{d}t\right)'_x = f(x) \quad (a \leqslant x \leqslant b)$$

即变上限的定积分对其上限变量 x 求导等于被积函数在上限 x 处的值.

证明　因为

$$\Phi(x) = \int_a^x f(t)\mathrm{d}t$$

则

$$\Phi(x + \Delta x) = \int_a^{x+\Delta x} f(t)\mathrm{d}t, \ x + \Delta x \in [a, b]$$

函数 $\Phi(x)$ 在 x 处的增量为

$$\Delta\Phi(x) = \Phi(x + \Delta x) - \Phi(x) = \int_a^{x+\Delta x} f(t)\mathrm{d}t - \int_a^x f(t)\mathrm{d}t$$

$$= \int_a^{x+\Delta x} f(t)\mathrm{d}t + \int_x^a f(t)\mathrm{d}t$$

$$= \int_x^{x+\Delta x} f(t)\mathrm{d}t \quad (\text{根据性质 3})$$

因 $f(t)$ 在 $[a, b]$ 上连续，而 x 与 $x + \Delta x \in [a, b]$，根据定积分中值定理有

$$\int_x^{x+\Delta x} f(t)\mathrm{d}t = f(\xi)\Delta x$$

其中，ξ 在 x 与 $x + \Delta x$ 之间，于是有

$$\Delta\Phi(x) = f(\xi)\Delta x, \qquad \frac{\Delta\Phi(x)}{\Delta x} = f(\xi)$$

由于 $f(x)$ 在 $[a, b]$ 上连续，则当 $\Delta x \to 0$ 时 $\xi \to x$，因而，

$$\lim_{\Delta x \to 0} \frac{\Delta\Phi(x)}{\Delta x} = \lim_{\xi \to x} f(\xi) = f(x)$$

即函数 $\Phi(x)$ 可导，且

$$\Phi'(x) = f(x)$$

即

$$\Phi'(x) = \frac{\mathrm{d}}{\mathrm{d}x}\int_a^x f(t)\mathrm{d}t = \left(\int_a^x f(t)\mathrm{d}t\right)'_x = f(x)$$

上述定理告诉我们，连续函数的原函数是存在的，并且 $\Phi(x) = \int_a^x f(t)\mathrm{d}t$ 就是 $f(x)$ 在 $[a, b]$ 上一个原函数，所以也可以把定理 5.3 叫作原函数存在定理．它揭示了定积分与原函数之间的关系，因而也可以用原函数来计算定积分．

例 3　求 $\left(\int_1^x \sin t^2 \,\mathrm{d}t\right)'_x$.

解　本题是变上限的定积分，对上限变量 x 求导，由定理 5.3 可得

$$\left(\int_1^x \sin t^2 \,\mathrm{d}t\right)'_x = \sin t^2 \big|_{t=x} = \sin x^2$$

例 4　求 $\dfrac{\mathrm{d}}{\mathrm{d}x}\left(\int_1^{x^2} \sin t^2 \,\mathrm{d}t\right)$.

解　题中的变上限不是 x，而是 x^2，变上限定积分可看成是由 $\int_1^u \sin t^2 \,\mathrm{d}t$ 和 $u = x^2$ 复合而成的，故对 x 求导时，按复合函数求导法则可得

$$\frac{\mathrm{d}}{\mathrm{d}x}\left(\int_1^{x^2}\sin t^2\,\mathrm{d}t\right)=\frac{\mathrm{d}}{\mathrm{d}u}\left(\int_1^u\sin t^2\,\mathrm{d}t\right)u_x'=\sin u^2(x^2)'=2x\sin x^4$$

例 5　求 $\dfrac{\mathrm{d}}{\mathrm{d}x}\left(\displaystyle\int_{x^2}^{x^3}\mathrm{e}^{t^2}\,\mathrm{d}t\right)$.

解　设 a 是任意实数，由定积分对积分区间可加性质可知

$$\int_{x^2}^{x^3}\mathrm{e}^{t^2}\,\mathrm{d}t=\int_{x^2}^a\mathrm{e}^{t^2}\,\mathrm{d}t+\int_a^{x^3}\mathrm{e}^{t^2}\,\mathrm{d}t=-\int_a^{x^2}\mathrm{e}^{t^2}\,\mathrm{d}t+\int_a^{x^3}\mathrm{e}^{t^2}\,\mathrm{d}t$$

$$\frac{\mathrm{d}}{\mathrm{d}x}\left(\int_{x^2}^{x^3}\mathrm{e}^{t^2}\,\mathrm{d}t\right)=\left(\int_a^{x^3}\mathrm{e}^{t^2}\,\mathrm{d}t\right)_x'+\left(-\int_a^{x^2}\mathrm{e}^{t^2}\,\mathrm{d}t\right)_x'=3x^2\mathrm{e}^{x^6}-2x\mathrm{e}^{x^4}$$

此题中积分上、下限都是随 x 的变化而变化的，我们先利用定积分的性质将其转化为只有一个积分限变化的定积分，再来求导.

5.2.3　微积分基本公式

定理 5.4　如果函数 $F(x)$ 是连续函数 $f(x)$ 在区间 $[a,b]$ 上的任一原函数，则

$$\int_a^b f(x)\,\mathrm{d}x=F(b)-F(a)=F(x)\Big|_a^b$$

证明　已知函数 $F(x)$ 是连续函数 $f(x)$ 的一个原函数，又根据定理 5.3 知道，变上限的定积分

$$\Phi(x)=\int_a^x f(t)\,\mathrm{d}t$$

也是 $f(x)$ 在 $[a,b]$ 上的一个原函数，于是这两个原函数之差 $F(x)-\Phi(x)$ 在 $[a,b]$ 上必定是某一常数 C，即

$$F(x)-\Phi(x)=C\quad(a\leqslant x\leqslant b)\tag{5-1}$$

在上式中，令 $x=a$ 得

$$F(a)-\int_a^a f(t)\,\mathrm{d}t=C$$

由于 $\displaystyle\int_a^a f(t)\,\mathrm{d}t=0$，故有

$$F(a)=C$$

即

$$F(x)-\Phi(x)=F(a)$$

在式 $(5-1)$ 中，令 $x=b$，则有

$$F(b)-\Phi(b)=F(a)$$

即

$$F(b)-\int_a^b f(t)\,\mathrm{d}t=F(a)$$

也就是

$$F(b) - F(a) = \int_a^b f(t)\,\mathrm{d}t$$

又由于

$$\int_a^b f(t)\,\mathrm{d}t = \int_a^b f(x)\,\mathrm{d}x$$

所以

$$\int_a^b f(x)\,\mathrm{d}x = F(b) - F(a) \tag{5-2}$$

为了方便起见，以后把 $F(b) - F(a)$ 记成 $F(x)\Big|_a^b$ 或 $\big[F(x)\big]_a^b$，于是式 $(5-2)$ 又可以写成

$$\int_a^b f(x)\,\mathrm{d}x = F(x)\Big|_a^b = \big[F(x)\big]_a^b$$

注意：对于式 $(5-2)$ 的结论，当 $a > b$ 时情形同样成立.

式 $(5-2)$ 叫作牛顿-莱布尼茨公式，这个公式进一步揭示了定积分与被积函数的原函数和不定积分之间的联系，它表明：一个连续函数在区间 $[a,b]$ 上的定积分等于它的任一个原函数在区间 $[a,b]$ 上的增量，这就给定积分提供了一个有效而简便的计算方法，大大简化了定积分的计算. 通常也把式 $(5-2)$ 叫作微积分基本公式.

例 6　计算 $\displaystyle\int_{-1}^{\sqrt{3}} \frac{\mathrm{d}x}{1+x^2}$.

解　因为 $\arctan x$ 是 $\dfrac{1}{1+x^2}$ 的一个原函数，所以

$$\int_{-1}^{\sqrt{3}} \frac{\mathrm{d}x}{1+x^2} = \arctan x\,\Big|_{-1}^{\sqrt{3}} = \arctan\sqrt{3} - \arctan(-1)$$

$$= \frac{\pi}{3} - \left(-\frac{\pi}{4}\right) = \frac{7}{12}\pi$$

例 7　求 $\displaystyle\int_0^{\frac{\pi}{2}} \cos x\,\mathrm{d}x$.

解　$\sin x$ 是 $\cos x$ 在 $\left[0, \dfrac{\pi}{2}\right]$ 上的一个原函数，故

$$\int_0^{\frac{\pi}{2}} \cos x\,\mathrm{d}x = \sin x\,\Big|_0^{\frac{\pi}{2}} = 1$$

例 8　计算 $\displaystyle\int_{-1}^{2} |x|\,\mathrm{d}x$.

解　当 $-1 \leqslant x \leqslant 0$ 时，$|x| = -x$；当 $0 \leqslant x \leqslant 2$ 时，$|x| = x$.

$$\int_{-1}^{2}\mid x\mid \mathrm{d}x = \int_{-1}^{0}\mid x\mid \mathrm{d}x + \int_{0}^{2}\mid x\mid \mathrm{d}x$$

$$= -\int_{-1}^{0}x\mathrm{d}x + \int_{0}^{2}x\mathrm{d}x$$

$$= -\frac{1}{2}x^2\Big|_{-1}^{0} + \frac{1}{2}x^2\Big|_{0}^{2} = \frac{5}{2}$$

被积函数中含有绝对值时，我们应先结合积分区间将绝对值去掉再求值.

例 9 计算正弦曲线 $y = \sin x$ 在 $[0，\pi]$ 上与 x 轴所围成的平面图形的面积.

解 这个图形是曲边梯形的一个特例，它的面积为

$$A = \int_{0}^{\pi}\sin x\mathrm{d}x = (-\cos x)\Big|_{0}^{\pi} = (-\cos\pi) - (-\cos0) = 2$$

习 题 5.2

1. 求下列各式对 x 的导数.

(1) $\int_{0}^{x}\dfrac{t\sin t}{1 + \cos^2 t}\mathrm{d}t$;

(2) $\int_{x}^{0}\mathrm{e}^{-t^2}\mathrm{d}t$;

(3) $\int_{0}^{x^2}\sqrt{1 + t^2}\mathrm{d}t$;

(4) $\int_{x^2}^{x^3}\dfrac{1}{\sqrt{1 + t^4}}\mathrm{d}t$.

2. 计算下列定积分.

(1) $\int_{0}^{1}\mathrm{e}^{-x}\mathrm{d}x$;

(2) $\int_{1}^{\sqrt{3}}\dfrac{1}{1 + x^2}\mathrm{d}x$;

(3) $\int_{4}^{9}\sqrt{x}(1 + \sqrt{x})\mathrm{d}x$;

(4) $\int_{0}^{2\pi}\sin\varphi\mathrm{d}\varphi$;

(5) $\int_{-1}^{3}\mid x - 1\mid \mathrm{d}x$;

(6) $\int_{0}^{2\pi}\sqrt{1 - \cos^2 x}\mathrm{d}x$.

3. 求下列极限.

(1) $\lim\limits_{x\to 0}\dfrac{1}{x}\int_{0}^{x}\sin 2t\mathrm{d}t$;

(2) $\lim\limits_{x\to 0}\dfrac{\int_{\cos x}^{1}\mathrm{e}^{t^2}\mathrm{d}t}{x^2}$.

5.3　定积分的计算方法

由上节微积分基本公式知道，求定积分 $\int_{a}^{b}f(x)\mathrm{d}x$ 的方法是求 $f(x)$ 的原函数 $F(x)$ 的增量，而求原函数的方法有换元法与分部积分法，故定积分也相应地有换元法和分部积分法.

5.3.1　定积分的换元法

定理 5.5　设函数 $f(x)$ 在 $[a,b]$ 上连续，函数 $x=\varphi(t)$ 满足：① $\varphi(\alpha)=a$，$\varphi(\beta)=b$；② $\varphi(t)$ 在 $[\alpha,\beta]$ 或 $[\beta,\alpha]$ 上单调且有连续的导数，则

$$\int_a^b f(x)\mathrm{d}x = \int_\alpha^\beta f[\varphi(t)]\varphi'(t)\mathrm{d}t$$

以上公式叫定积分的换元公式.

证明　因为 $f(x)$，$x=\varphi(t)$ 及 $\varphi'(t)$ 均为连续函数，所以 $f(x)$ 及 $f[\varphi(t)]\varphi'(t)$ 都有原函数. 设 $F(x)$ 是 $f(x)$ 的一个原函数. 即 $F'(x)=f(x)$，可知 $F[\varphi(t)]$ 是 $f[\varphi(t)]\varphi'(t)$ 的一个原函数，这是因为

$$\begin{aligned}\{F[\varphi(t)]\}'_x &= F'_x(x)\varphi'(t)=f(x)\varphi'(t)\\ &= f[\varphi(t)]\varphi'(t) \quad (\text{其中 } x=\varphi(t))\end{aligned}$$

根据基本公式，有

$$\int_a^b f(x)\mathrm{d}x = F(b)-F(a)$$

及

$$\begin{aligned}\int_\alpha^\beta f[\varphi(t)]\varphi'(t)\mathrm{d}t &= F[\varphi(\beta)]-F[\varphi(\alpha)]\\ &= F(b)-F(a) \quad (\varphi(\beta)=b,\ \varphi(\alpha)=a)\end{aligned}$$

这就证明了

$$\int_a^b f(x)\mathrm{d}x = \int_\alpha^\beta f[\varphi(t)]\varphi'(t)\mathrm{d}t$$

例 10　求 $\displaystyle\int_0^4 \frac{1}{1+\sqrt{x}}\mathrm{d}x$.

解　令 $\sqrt{x}=t$ 即 $x=t^2$，$\mathrm{d}x=\mathrm{d}t^2=2t\mathrm{d}t$.
当 $x=0$ 时，$t=0$；当 $x=4$ 时，$t=2$.
由定积分的换元公式可得

$$\int_0^4 \frac{1}{1+\sqrt{x}}\mathrm{d}x = \int_0^2 \frac{1}{1+t}2t\mathrm{d}t = 2\int_0^2 \frac{t+1-1}{1+t}\mathrm{d}t = 2\int_0^2 \left(1-\frac{1}{1+t}\right)\mathrm{d}t$$

$$= 2(t-\ln|1+t|)\Big|_0^2 = 4-2\ln 3$$

注意：在定积分的换元法中作变换后，相应积分上、下限也要相应变化，即为新积分变量 t 的取值，因而求出原函数后不用变量回代.

例 11　求 $\displaystyle\int_0^a \sqrt{a^2-x^2}\mathrm{d}x \quad (a>0)$.

解 设 $x = a\sin t$，则 $dx = a\cos t\, dt$. 当 $x = 0$ 时，$t = 0$；当 $x = a$ 时，$t = \dfrac{\pi}{2}$（可以看出，$x = a\sin t$，$t \in \left[0, \dfrac{\pi}{2}\right]$ 是单调增加的），于是有

$$\int_0^a \sqrt{a^2 - x^2}\, dx = \int_0^{\frac{\pi}{2}} a^2 \cos^2 t\, dt = \frac{a^2}{2} \int_0^{\frac{\pi}{2}} (1 + \cos 2t)\, dt$$

$$= \frac{a^2}{2} \left(t + \frac{1}{2}\sin 2t\right)\Big|_0^{\frac{\pi}{2}} = \frac{\pi}{4} a^2$$

例 12 求 $\displaystyle\int_0^1 (3x - 4)^3\, dx$.

解 令 $3x - 4 = t$，即 $x = \dfrac{t + 4}{3}$，$dx = \dfrac{1}{3} dt$.

当 $x = 0$ 时，$t = -4$；当 $x = 1$ 时，$t = -1$.

$$\int_0^1 (3x - 4)^3\, dx = \int_{-4}^{-1} t^3 \frac{1}{3} dt = \frac{1}{12} t^4 \Big|_{-4}^{-1} = -\frac{255}{12}$$

另外，此题还可以这样解：

$$\int_0^1 (3x - 4)^3\, dx = \int_0^1 (3x - 4)^3 \frac{1}{3} d(3x - 4) = \frac{1}{3} \int_0^1 (3x - 4)^3 d(3x - 4)$$

$$= \frac{1}{3} \times \frac{1}{4} (3x - 4)^4 \Big|_0^1 = -\frac{255}{12}$$

在熟练掌握定积分换元法的情况下，若可直接凑微分找出原函数，则变换过程可省略不写，因而，也就不用求新的积分上、下限了.

例 13 计算 $\displaystyle\int_0^\pi \sqrt{\sin^3 x - \sin^5 x}\, dx$.

解 由于

$$\sqrt{\sin^3 x - \sin^5 x} = \sqrt{\sin^3 x (1 - \sin^2 x)} = \sin^{\frac{3}{2}} x \,|\cos x|$$

在 $\left[0, \dfrac{\pi}{2}\right]$ 上，$|\cos x| = \cos x$；在 $\left[\dfrac{\pi}{2}, \pi\right]$ 上，$|\cos x| = -\cos x$. 所以

$$\int_0^\pi \sqrt{\sin^3 x - \sin^5 x}\, dx = \int_0^{\frac{\pi}{2}} \sin^{\frac{3}{2}} x \cos x\, dx + \int_{\frac{\pi}{2}}^\pi \sin^{\frac{3}{2}} x (-\cos x)\, dx$$

$$= \int_0^{\frac{\pi}{2}} \sin^{\frac{3}{2}} x\, d(\sin x) - \int_{\frac{\pi}{2}}^\pi \sin^{\frac{3}{2}} x\, d(\sin x)$$

$$= \left(\frac{2}{5} \sin^{\frac{5}{2}} x\right)\Big|_0^{\frac{\pi}{2}} - \left(\frac{2}{5} \sin^{\frac{5}{2}} x\right)\Big|_{\frac{\pi}{2}}^\pi$$

$$= \left(\frac{2}{5}\right) - \left(-\frac{2}{5}\right) = \frac{4}{5}$$

注意：如果忽略 $\cos x$ 在 $\left[\dfrac{\pi}{2}, \pi\right]$ 上非正，而按 $\sqrt{\sin^3 x - \sin^5 x} = \sin^{\frac{3}{2}} x \cos x$ 计算，将导致错误.

例 14　证明：

（1）若 $f(x)$ 在 $[-a, a]$ 上连续且为偶函数，则

$$\int_{-a}^{a} f(x)\mathrm{d}x = 2\int_{0}^{a} f(x)\mathrm{d}x$$

（2）若 $f(x)$ 在 $[-a, a]$ 上连续且为奇函数，则

$$\int_{-a}^{a} f(x)\mathrm{d}x = 0$$

证明　因为

$$\int_{-a}^{a} f(x)\mathrm{d}x = \int_{-a}^{0} f(x)\mathrm{d}x + \int_{0}^{a} f(x)\mathrm{d}x$$

对积分 $\displaystyle\int_{-a}^{0} f(x)\mathrm{d}x$ 作代换 $x = -t$，则

$$\int_{-a}^{0} f(x)\mathrm{d}x = \int_{a}^{0} f(-t)\mathrm{d}(-t) = \int_{0}^{a} f(-t)\mathrm{d}t = \int_{0}^{a} f(-x)\mathrm{d}x$$

于是

$$\int_{-a}^{a} f(x)\mathrm{d}x = \int_{0}^{a} f(-x)\mathrm{d}x + \int_{0}^{a} f(x)\mathrm{d}x = \int_{0}^{a} \left[f(x) + f(-x)\right]\mathrm{d}x$$

（1）若 $f(x)$ 为偶函数，则

$$f(x) + f(-x) = 2f(x)$$

$$\int_{-a}^{a} f(x)\mathrm{d}x = 2\int_{0}^{a} f(x)\mathrm{d}x$$

（2）若 $f(x)$ 为奇函数，则

$$f(x) + f(-x) = 0$$

从而

$$\int_{-a}^{a} f(x)\mathrm{d}x = 0$$

利用上面的结论，常可简化计算奇、偶函数在对称于原点的区间上的定积分.

例如：

$$\int_{-2}^{2} \frac{x}{2 + x^2}\mathrm{d}x = 0$$

5.3.2　定积分的分部积分法

设函数 $u = u(x)$ 与 $v = v(x)$ 在 $[a, b]$ 有连续导数，则

$$(uv)' = u'v + uv'$$

等式两端取 x 由 a 到 b 的定积分可得

$$\int_a^b (uv)' \mathrm{d}x = \int_a^b u'v \mathrm{d}x + \int_a^b uv' \mathrm{d}x$$

即

$$(uv) \Big|_a^b = \int_a^b v \mathrm{d}u + \int_a^b u \mathrm{d}v$$

故有

$$\int_a^b u \mathrm{d}v = (uv) \Big|_a^b - \int_a^b v \mathrm{d}u$$

上式为定积分的分部积分公式.

例 15   求 $\int_1^{\mathrm{e}} x \ln x \mathrm{d}x$.

解
$$\int_1^{\mathrm{e}} x \ln x \mathrm{d}x = \frac{1}{2} \int_1^{\mathrm{e}} \ln x \mathrm{d}x^2 = \frac{1}{2} \left[(x^2 \ln x) \Big|_1^{\mathrm{e}} - \int_1^{\mathrm{e}} x^2 \mathrm{d}(\ln x) \right]$$
$$= \frac{1}{2} \mathrm{e}^2 - \frac{1}{2} \int_1^{\mathrm{e}} x^2 \frac{1}{x} \mathrm{d}x = \frac{1}{2} \mathrm{e}^2 - \frac{1}{2} \int_1^{\mathrm{e}} x \mathrm{d}x$$
$$= \frac{1}{2} \mathrm{e}^2 - \frac{1}{2} \left(\frac{1}{2} x^2 \right) \Big|_1^{\mathrm{e}} = \frac{1}{4} (\mathrm{e}^2 + 1)$$

例 16   计算 $\int_0^{\frac{1}{2}} \arcsin x \mathrm{d}x$.

解
$$\int_0^{\frac{1}{2}} \arcsin x \mathrm{d}x = x \arcsin x \Big|_0^{\frac{1}{2}} - \int_0^{\frac{1}{2}} \frac{x}{\sqrt{1-x^2}} \mathrm{d}x$$
$$= \frac{\pi}{12} + \sqrt{1-x^2} \Big|_0^{\frac{1}{2}} = \frac{\pi}{12} + \frac{\sqrt{3}}{2} - 1$$

例 17   求 $\int_0^{\left(\frac{\pi}{2}\right)^2} \cos \sqrt{x} \mathrm{d}x$.

解   先换元，然后利用分部积分法，令 $x = t^2$，则 $\mathrm{d}x = 2t\mathrm{d}t$，取 $t \in \left[0, \frac{\pi}{2} \right]$，即 $t = \sqrt{x}$，当 $x = 0$ 时，$t = 0$；当 $x = \left(\frac{\pi}{2} \right)^2$ 时，$t = \frac{\pi}{2}$.

$$\int_0^{\left(\frac{\pi}{2}\right)^2} \cos \sqrt{x} \mathrm{d}x = 2 \int_0^{\frac{\pi}{2}} t \cos t \mathrm{d}t = 2 \int_0^{\frac{\pi}{2}} t \mathrm{d}(\sin t)$$
$$= 2(t \sin t) \Big|_0^{\frac{\pi}{2}} - 2 \int_0^{\frac{\pi}{2}} \sin t \mathrm{d}t$$
$$= \pi + 2 \cos t \Big|_0^{\frac{\pi}{2}} = \pi - 2$$

例 18　计算 $\displaystyle\int_0^{\frac{\pi}{2}} \sin^5 x \mathrm{d}x$.

解　$\displaystyle\int_0^{\frac{\pi}{2}} \sin^5 x \mathrm{d}x = -\int_0^{\frac{\pi}{2}} \sin^4 x \mathrm{d}(\cos x) = -(\sin^4 x \cos x)\Big|_0^{\frac{\pi}{2}} + \int_0^{\frac{\pi}{2}} \cos x \mathrm{d}(\sin^4 x)$

$$= 4\int_0^{\frac{\pi}{2}} \sin^3 x \cos^2 x \mathrm{d}x = 4\int_0^{\frac{\pi}{2}} \sin^3 x (1 - \sin^2 x) \mathrm{d}x$$

$$= 4\int_0^{\frac{\pi}{2}} (\sin^3 x - \sin^5 x) \mathrm{d}x = 4\int_0^{\frac{\pi}{2}} \sin^3 x \mathrm{d}x - 4\int_0^{\frac{\pi}{2}} \sin^5 x \mathrm{d}x$$

故

$$5\int_0^{\frac{\pi}{2}} \sin^5 x \mathrm{d}x = 4\int_0^{\frac{\pi}{2}} \sin^3 x \mathrm{d}x,\quad \int_0^{\frac{\pi}{2}} \sin^5 x \mathrm{d}x = \frac{4}{5}\int_0^{\frac{\pi}{2}} \sin^3 x \mathrm{d}x$$

类似地，有

$$\int_0^{\frac{\pi}{2}} \sin^3 x \mathrm{d}x = \frac{2}{3}\int_0^{\frac{\pi}{2}} \sin x \mathrm{d}x$$

故

$$\int_0^{\frac{\pi}{2}} \sin^5 x \mathrm{d}x = \frac{4}{5}\int_0^{\frac{\pi}{2}} \sin^3 x \mathrm{d}x = \frac{4}{5} \times \frac{2}{3}\int_0^{\frac{\pi}{2}} \sin x \mathrm{d}x = \frac{4}{5} \times \frac{2}{3} \times 1 = \frac{8}{15}$$

习 题 5.3

1. 计算下列定积分.

(1) $\displaystyle\int_0^1 \sqrt{1+x}\,\mathrm{d}x$;

(2) $\displaystyle\int_0^1 \frac{1}{\sqrt{4-x^2}}\mathrm{d}x$;

(3) $\displaystyle\int_1^{\mathrm{e}} \frac{1+\ln x}{x}\mathrm{d}x$;

(4) $\displaystyle\int_{-1}^1 \frac{2x-1}{x-2}\mathrm{d}x$;

(5) $\displaystyle\int_0^1 \frac{x}{x^2+1}\mathrm{d}x$;

(6) $\displaystyle\int_{\frac{1}{\pi}}^{\frac{2}{\pi}} \frac{\sin\frac{1}{y}}{y^2}\mathrm{d}y$;

(7) $\displaystyle\int_0^{\frac{\pi}{2}} \sin\varphi\cos^3\varphi\,\mathrm{d}\varphi$;

(8) $\displaystyle\int_0^4 \frac{1}{1+\sqrt{x}}\mathrm{d}x$;

(9) $\displaystyle\int_{-\sqrt{2}}^{\sqrt{2}} \sqrt{8-2y^2}\,\mathrm{d}y$;

(10) $\displaystyle\int_{\frac{1}{\sqrt{2}}}^1 \frac{\sqrt{1-x^2}}{x^2}\mathrm{d}x$;

(11) $\displaystyle\int_1^{\sqrt{3}} \frac{1}{x^2\sqrt{1+x^2}}\mathrm{d}x$;

(12) $\displaystyle\int_0^3 \frac{x}{\sqrt{1+x}}\mathrm{d}x$;

(13) $\displaystyle\int_0^{\ln x} \sqrt{\mathrm{e}^x-1}\,\mathrm{d}x$;

(14) $\displaystyle\int_0^{\pi} x^2\cos x\mathrm{d}x$;

$(15) \int_0^{\frac{\pi}{2}} e^x \sin x \, dx$；

$(16) \int_{\frac{\pi}{4}}^{\frac{\pi}{3}} \frac{x}{\sin^2 x} \, dx$；

$(17) \int_1^4 \frac{\ln x}{\sqrt{x}} \, dx$；

$(18) \int_{\frac{1}{e}}^{e} |\ln x| \, dx$；

$(19) \int_0^{\pi} \sqrt{1+\cos x} \, dx$；

$(20) \int_0^{\frac{\pi}{2}} \sin^7 x \, dx$.

2．利用函数的奇偶性计算定积分．

$(1) \int_{-1}^1 x\cos x \, dx$；

$(2) \int_{-\frac{1}{2}}^{\frac{1}{2}} \ln \frac{1-x}{1+x} \, dx$；

$(3) \int_{-\frac{\pi}{4}}^{\frac{\pi}{4}} (x^3+3) |\sin 2x| \, dx$.

3．证明：$\int_x^1 \frac{1}{1+x^2} dx = \int_1^{\frac{1}{x}} \frac{1}{1+x^2} dx \quad (x>0)$.

5.4　广　义　积　分

前面讨论的定积分中，积分区间是有限区间，且被积函数在积分区间内是有界的．但是在一些实际问题中会遇到被积函数无界或积分区间无限的积分，这类积分已不属于定积分，我们称之为广义积分（或反常积分）．

5.4.1　无穷区间上的广义积分

定义 5.2　设函数 $f(x)$ 在 $[a,+\infty)$ 上连续，$t>a$，如果 $\lim\limits_{t \to +\infty} \int_a^t f(x)dx$ 存在，则称此极限值为函数 $f(x)$ 在无穷区间 $[a,+\infty)$ 上的广义积分，记作 $\int_a^{+\infty} f(x)dx$，即

$$\int_a^{+\infty} f(x)dx = \lim_{t \to +\infty} \int_a^t f(x)dx$$

若上述极限存在，称广义积分 $\int_a^{+\infty} f(x)dx$ 收敛，如果上述极限不存在，称广义积分 $\int_a^{+\infty} f(x)dx$ 发散．

类似定义 $f(x)$ 在 $(-\infty,b]$ 与 $(-\infty,+\infty)$ 上的广义积分：

$$\int_{-\infty}^b f(x)dx = \lim_{t \to -\infty} \int_t^b f(x)dx$$

$$\int_{-\infty}^{+\infty} f(x)dx = \int_{-\infty}^0 f(x)dx + \int_0^{+\infty} f(x)dx = \lim_{t \to -\infty} \int_t^0 f(x)dx + \lim_{t \to +\infty} \int_0^t f(x)dx$$

注意：广义积分 $\int_0^{+\infty} f(x)\mathrm{d}x$ 和 $\int_{-\infty}^0 f(x)\mathrm{d}x$ 同时收敛，则称广义积分 $\int_{-\infty}^{+\infty} f(x)\mathrm{d}x$ 收敛，若 $\int_{-\infty}^0 f(x)\mathrm{d}x$ 和 $\int_0^{+\infty} f(x)\mathrm{d}x$ 中一个发散或两个均发散，则称广义积分 $\int_{-\infty}^{+\infty} f(x)\mathrm{d}x$ 发散.

以上广义积分统称为无穷区间上的广义积分.

下面讨论此类广义积分的计算方法：

设 $F(x)$ 是 $f(x)$ 的一个原函数，则

$$\int_a^{+\infty} f(x)\mathrm{d}x = \lim_{t \to +\infty} \int_a^t f(x)\mathrm{d}x = \lim_{t \to +\infty} F(x)\Big|_a^t$$
$$= \lim_{t \to +\infty} [F(t) - F(a)] = \lim_{t \to +\infty} F(t) - F(a)$$

记 $\lim\limits_{x \to +\infty} F(x) = F(+\infty)$，即 $\lim\limits_{t \to +\infty} F(t) = F(+\infty)$，则

$$\int_a^{+\infty} f(x)\mathrm{d}x = F(+\infty) - F(a) = F(x)\Big|_a^{+\infty}$$

类似地，有

$$\int_{-\infty}^b f(x)\mathrm{d}x = F(x)\Big|_{-\infty}^b = F(x) - F(-\infty)$$

其中 $\lim\limits_{x \to -\infty} F(x) = F(-\infty)$.

$$\int_{-\infty}^{+\infty} f(x)\mathrm{d}x = F(x)\Big|_{-\infty}^{+\infty} = F(+\infty) - F(-\infty)$$

例 19　计算 $\int_0^{+\infty} \dfrac{1}{1+x^2}\mathrm{d}x$.

解
$$\int_0^{+\infty} \frac{1}{1+x^2}\mathrm{d}x = \arctan x\Big|_0^{+\infty} = \lim_{x \to +\infty}\arctan x - \arctan 0 = \frac{\pi}{2}$$

例 20　计算 $\int_{-\infty}^{-1} \dfrac{1}{x^2}\mathrm{d}x$.

解
$$\int_{-\infty}^{-1} \frac{1}{x^2}\mathrm{d}x = -\frac{1}{x}\Big|_{-\infty}^{-1} = -(-1) - \lim_{x \to -\infty}\left(-\frac{1}{x}\right) = 1$$

例 21　计算 $\int_{-\infty}^{+\infty} \dfrac{\mathrm{d}x}{x^2+4x+5}$.

解
$$\int_{-\infty}^{+\infty} \frac{\mathrm{d}x}{x^2+4x+5} = \int_{-\infty}^{+\infty} \frac{\mathrm{d}x}{(x+2)^2+1} = \int_{-\infty}^{+\infty} \frac{\mathrm{d}x}{(x+2)^2+1}\mathrm{d}(x+2)$$
$$= \arctan(x+2)\Big|_{-\infty}^{+\infty}$$
$$= \lim_{x \to +\infty}\arctan(x+2) - \lim_{x \to -\infty}\arctan(x+2)$$
$$= \frac{\pi}{2} - \left(-\frac{\pi}{2}\right) = \pi$$

5.4.2 无界函数的广义积分

如果函数 $f(x)$ 在点 a 处的任一邻域内都无界，那么点 a 称为函数 $f(x)$ 的瑕点(也称为无界间断点)，无界函数的广义积分又称瑕积分.

定义 5.3 设函数 $f(x)$ 在 $(a,b]$ 上连续，点 a 为 $f(x)$ 的瑕点，取 $t > a$，如果极限 $\lim\limits_{t \to a^+} \int_t^b f(x)\mathrm{d}x$ 存在，则称此极限为函数 $f(x)$ 在 $(a,b]$ 上的瑕积分，仍然记作 $\int_a^b f(x)\mathrm{d}x$，即

$$\int_a^b f(x)\mathrm{d}x = \lim_{t \to a^+} \int_t^b f(x)\mathrm{d}x$$

如果上述极限存在，称瑕积分 $\int_a^b f(x)\mathrm{d}x$ 收敛，如果上述极限不存在，就称瑕积分 $\int_a^b f(x)\mathrm{d}x$ 发散.

类似地，设函数 $f(x)$ 在 $[a,b)$ 上连续，点 b 为 $f(x)$ 的瑕点，取 $t < b$，如果极限 $\lim\limits_{t \to b^-} \int_a^t f(x)\mathrm{d}x$ 存在，则称此极限为函数 $f(x)$ 在 $[a,b)$ 上的瑕积分，仍记作 $\int_a^b f(x)\mathrm{d}x$，即

$$\int_a^b f(x)\mathrm{d}x = \lim_{t \to b^-} \int_a^t f(x)\mathrm{d}x$$

如果上述极限存在，称瑕积分 $\int_a^b f(x)\mathrm{d}x$ 收敛，如果上述极限不存在，就称瑕积分 $\int_a^b f(x)\mathrm{d}x$ 发散.

设函数 $f(x)$ 在 $[a,b]$ 上除点 $c(a < c < b)$ 外连续，点 c 为 $f(x)$ 的瑕点，如果两个瑕积分 $\int_a^c f(x)\mathrm{d}x$ 与 $\int_c^b f(x)\mathrm{d}x$ 都收敛，则定义：

$$\int_a^b f(x)\mathrm{d}x = \int_a^c f(x)\mathrm{d}x + \int_c^b f(x)\mathrm{d}x = \lim_{t \to c^-} \int_a^t f(x)\mathrm{d}x + \lim_{t \to c^+} \int_t^b f(x)\mathrm{d}x$$

则称瑕积分 $\int_a^b f(x)\mathrm{d}x$ 收敛. 否则，就称瑕积分 $\int_a^b f(x)\mathrm{d}x$ 发散.

以上广义积分统称为无界函数的广义积分.

计算瑕积分，也可借助于牛顿-莱布尼茨公式的计算方法.

设 $x = a$ 为 $f(x)$ 的瑕点，在 $(a,b]$ 上 $F'(x) = f(x)$，如果极限 $\lim\limits_{x \to a^+} F(x)$ 存在，记 $\lim\limits_{x \to a^+} F(x) = F(a^+)$，则瑕积分

$$\int_a^b f(x)\mathrm{d}x = F(b) - \lim_{x \to a^+} F(x) = F(b) - F(a^+)$$

我们仍用记号 $F(x) \Big|_{a^+}^b$ 来表示 $F(b) - F(a^+)$，从而形式上仍用

$$\int_a^b f(x)\mathrm{d}x = F(x)\,\Big|_{a^+}^{b}$$

如果 $\lim\limits_{x\to a^+} F(x)$ 不存在，则瑕积分 $\int_a^b f(x)\mathrm{d}x$ 发散.

对于 $f(x)$ 在 $[a,b)$ 上连续，b 为瑕点的瑕积分，也有类似的计算公式：

$$\int_a^b f(x)\mathrm{d}x = F(b^-) - F(a) = F(x)\,\Big|_a^{b^-}$$

其中 $F(b^-) = \lim\limits_{x\to b^-} F(x)$.

例 22　求 $\int_0^1 \dfrac{1}{\sqrt{1-x}}\mathrm{d}x$.

解　因为 $\lim\limits_{x\to 1^-} \dfrac{1}{\sqrt{1-x}} = \infty$，所以 $x=1$ 是被积函数瑕点，于是有

$$\int_0^1 \frac{1}{\sqrt{1-x}}\mathrm{d}x = -2\,\sqrt{1-x}\,\Big|_0^{1^-} = \lim_{x\to 1^-}(-2\,\sqrt{1-x}) - (-2) = 2$$

例 23　求 $\int_1^2 \dfrac{x}{\sqrt{x-1}}\mathrm{d}x$.

解　$x=1$ 是被积函数瑕点，则

$$\int_1^2 \frac{x}{\sqrt{x-1}}\mathrm{d}x = \int_1^2 \frac{x-1+1}{\sqrt{x-1}}\mathrm{d}x = \int_1^2 \left(\sqrt{x-1} + \frac{1}{\sqrt{x-1}}\right)\mathrm{d}x$$

$$= \left[\frac{2}{3}\,\sqrt{(x-1)^3} + 2\,\sqrt{x-1}\right]\Big|_{1^+}^2$$

$$= \frac{2}{3} + 2 - \lim_{x\to 1^+}\left[\frac{2}{3}\,\sqrt{(x-1)^3} + 2\,\sqrt{x-1}\right] = \frac{8}{3}$$

例 24　讨论瑕积分 $\int_{-1}^1 \dfrac{\mathrm{d}x}{x^2}$ 的敛散性.

解　被积函数 $f(x) = \dfrac{1}{x^2}$ 在积分区间 $[-1,1]$ 上除 $x=0$ 外连续，且 $\lim\limits_{x\to 0} \dfrac{1}{x^2} = \infty$，故 $x=0$ 为瑕点，由于

$$\int_{-1}^0 \frac{1}{x^2}\mathrm{d}x = -\frac{1}{x}\,\Big|_{-1}^{0^-} = \lim_{x\to 0^-}\left(-\frac{1}{x}\right) - 1 = +\infty$$

故瑕积分 $\int_{-1}^0 \dfrac{1}{x^2}\mathrm{d}x$ 发散，所以瑕积分 $\int_{-1}^1 \dfrac{\mathrm{d}x}{x^2}$ 发散.

习 题 5.4

判定下列各广义积分的收敛性，若收敛，求出值.

(1) $\int_{1}^{+\infty} \frac{1}{\sqrt{x^2}} \mathrm{d}x$;

(2) $\int_{-\infty}^{0} \cos x \mathrm{d}x$;

(3) $\int_{-\infty}^{+\infty} \frac{1}{4+x^2} \mathrm{d}x$;

(4) $\int_{\frac{1}{e}}^{+\infty} \frac{\ln x}{x} \mathrm{d}x$;

(5) $\int_{-\infty}^{+\infty} x\mathrm{e}^{-\frac{1}{2}x^2} \mathrm{d}x$;

(6) $\int_{-\infty}^{-1} \frac{x}{x^2(1+x^2)} \mathrm{d}x$;

(7) $\int_{1}^{5} \frac{1}{\sqrt{x-1}} \mathrm{d}x$;

(8) $\int_{0}^{1} \frac{x}{\sqrt{1-x^2}} \mathrm{d}x$;

(9) $\int_{0}^{2} \frac{1}{(1-x)^2} \mathrm{d}x$;

(10) $\int_{1}^{2} \frac{x}{\sqrt{x-1}} \mathrm{d}x$.

5.5 定积分的应用

本节将应用定积分理论来分析和解决一些几何、物理中的问题.

5.5.1 微元法

实际问题中有不少问题需要用定积分解决，如何将所求量用定积分式子来表达，这就要用到"微元法". 为了说明这种方法，我们先回顾一下前面讨论过的曲边梯形的面积问题.

设 $f(x)$ 在区间 $[a,b]$ 上连续，且 $f(x) \geqslant 0$，由曲线 $y=f(x)$，$x=a$，$x=b$ 及 x 轴围成曲边梯形面积 $A = \int_{a}^{b} f(x)\mathrm{d}x$，具体步骤：

第一步：分割. 把区间 $[a,b]$ 任意分成 n 个子区间，从而把面积 A 也分成了 n 份，第 i 个子区间 $[x_{i-1}, x_i]$ 相应的部分量记作 ΔA_i.

第二步：近似. 求出部分量 ΔA_i 的近似值 $f(\xi_i)\Delta x_i$，$x_{i-1} \leqslant \xi_i \leqslant x_i$.

第三步：求和. 求出部分量的和 $\sum_{k=1}^{n} f(\xi_k)\Delta x_k$，并把它作为 A 的近似值.

第四步：取极限. 令子区间的最大长度 $\lambda = \max\{\Delta x_1, \Delta x_2, \cdots, \Delta x_k, \cdots, \Delta x_n\}$，$\lambda \to 0$，求和式 $\sum_{k=1}^{n} f(\xi_k)\Delta x_k$ 的极限即得 A，即

$$A = \lim_{\lambda \to 0} \sum_{k=1}^{n} f(\xi_k)\Delta x_k = \int_{a}^{b} f(x)\mathrm{d}x$$

通过以上步骤我们看到，第二步中 $\Delta A_i \approx f(\xi_i)\Delta x_i$，作近似后，形式与定积分被积表达式已比较接近，下面将步骤简化为

（1）在区间 $[a,b]$ 上任取一个子区间，记为 $[x,x+\mathrm{d}x]$，此区间上所求量 A 的部分量记为 ΔA，取 $\xi_i=x$，则 $\Delta A\approx f(x)\mathrm{d}x$，记 $f(x)\mathrm{d}x=\mathrm{d}A$，是待求量 A 的微元.

（2）在区间 $[a,b]$ 上将所求量 A 的微元求和，取极限得 $A=\displaystyle\int_a^b \mathrm{d}A=\int_a^b f(x)\mathrm{d}x$，以上方法称为微元法.

5.5.2　定积分在几何上的应用

1. 平面图形的面积

利用定积分不但可以计算曲边梯形的面积，还可以计算一些比较复杂的平面图形的面积.

1）直角坐标系情形

例 25　求由抛物线 $y=x^2$ 与 $y=2-x^2$ 所围成的平面图形的面积.

解　如图 5-7 所示，联立方程组

$$\begin{cases} y=x^2 \\ y=2-x^2 \end{cases}$$

解得两抛物线的交点为 $(-1,1)$ 和 $(1,1)$，以 x 为积分变量，积分区间为 $[-1,1]$，相应 $[-1,1]$ 上的任一小区间 $[x,x+\mathrm{d}x]$ 的面积近似于高为 $(2-x^2)-x^2$，底为 $\mathrm{d}x$ 的窄矩形的面积，即面积微元 $\mathrm{d}A=[(2-x^2)-x^2]\mathrm{d}x$.

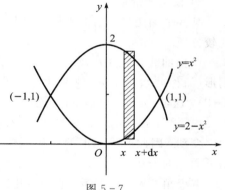

图 5-7

所求平面图形的面积为

$$\begin{aligned} A &= \int_{-1}^{1}\mathrm{d}A=\int_{-1}^{1}\left[(2-x^2)-x^2\right]\mathrm{d}x \\ &= \int_{-1}^{1}(2-2x^2)\mathrm{d}x \\ &= 2\int_{0}^{1}(2-2x^2)\mathrm{d}x \\ &= 2\left(2x-\frac{2}{3}x^3\right)\Big|_0^1=\frac{8}{3} \end{aligned}$$

例 26　求抛物线 $y^2=2x$ 与直线 $x+y=4$ 所围成的平面图形的面积.

解　作出图形，如图 5-8 所示，并求抛物线与直线的交点，即解方程组

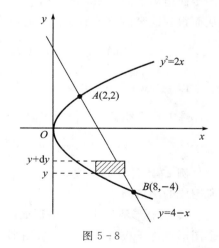

图 5-8

$$\begin{cases} y^2 = 2x \\ x + y = 4 \end{cases}$$

得交点 $(2,2)$，$(8,-4)$. 选择 y 作积分变量，$y \in [-4,2]$，在 $[-4,2]$ 上任取一个小区间 $[y,y+\mathrm{d}y]$，其上的面积微元是

$$\mathrm{d}A = \left[(4-y) - \frac{y^2}{2} \right] \mathrm{d}y$$

于是

$$A = \int_{-4}^{2} \left[(4-y) - \frac{y^2}{2} \right] \mathrm{d}y = \left(4y - \frac{1}{2}y^2 - \frac{1}{6}y^3 \right) \Big|_{-4}^{2} = 18$$

注意：如果选择 x 为积分变量，那么它的面积微元表达式就比上式复杂，因此，积分变量的选择非常重要，如果选择不当，将使积分变得十分复杂，甚至不能求得结果.

2）极坐标情形

某些平面图形，用极坐标来计算它们的面积比较方便.

设由曲线 $\rho = \varphi(\theta)$ 及射线 $\theta = \alpha$，$\theta = \beta$ 围成一图形（简称曲边扇形），现在计算它的面积（见图 5-9），这里，$\varphi(\theta)$ 在 $[\alpha,\beta]$ 上连续，且 $\varphi(\theta) \geqslant 0$.

由于当 θ 在 $[\alpha,\beta]$ 上变动时，极径 $\rho = \varphi(\theta)$ 也随之变动，因此所求图形的面积不能直接利用圆扇形面积的公式来计算.

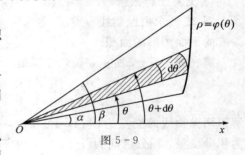

图 5-9

取极角 θ 为积分变量，它的变化区间为 $[\alpha,\beta]$，$[\alpha,\beta]$ 上相应于任意小区间 $[\theta,\theta+\mathrm{d}\theta]$ 的窄曲边扇形的面积，可以用半径为 $\rho = \varphi(\theta)$、中心角为 $\mathrm{d}\theta$ 的圆扇形的面积来近似代替，从而得到这窄曲边扇形面积的近似值，即曲边扇形的面积微元为

$$\mathrm{d}A = \frac{1}{2} [\varphi(\theta)]^2 \mathrm{d}\theta$$

以 $\frac{1}{2}[\varphi(\theta)]^2 \mathrm{d}\theta$ 为被积表达式，在闭区间 $[\alpha,\beta]$ 上作定积分，便得所求曲边扇形的面积为

$$A = \int_{\alpha}^{\beta} \frac{1}{2} [\varphi(\theta)]^2 \mathrm{d}\theta$$

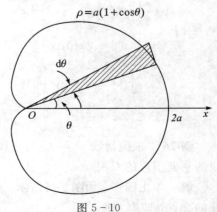

例 27 计算心形线 $\rho = a(1+\cos\theta)$ $(a>0)$ 所围成的图形面积.

解 心形线所围成的图形如图 5-10 所示. 这个图形对称于极轴，因此所求图形的面积 A 是极

图 5-10

轴以上部分图形面积的 2 倍.

对于极轴以上部分的图形，θ 的变化区间为$[0, \pi]$，相应于$[0, \pi]$上任一小区间$[\theta, \theta+\mathrm{d}\theta]$的窄曲边扇形的面积近似于半径为 $a(1+\cos\theta)$、中心角为 $\mathrm{d}\theta$ 的圆扇形的面积，从而得到面积微元为

$$\mathrm{d}A = \frac{1}{2}a^2(1+\cos\theta)^2\mathrm{d}\theta$$

于是所求面积为

$$\begin{aligned}A &= 2\int_0^\pi \frac{1}{2}a^2(1+\cos\theta)^2\mathrm{d}\theta = a^2\int_0^\pi(1+2\cos\theta+\cos^2\theta)\mathrm{d}\theta \\ &= a^2\int_0^\pi\left(\frac{3}{2}+2\cos\theta+\frac{1}{2}\cos2\theta\right)\mathrm{d}\theta = a^2\left(\frac{3}{2}\theta+2\sin\theta+\frac{1}{4}\sin2\theta\right)\Big|_0^\pi \\ &= \frac{3}{2}\pi a^2\end{aligned}$$

2. 旋转体的体积

旋转体就是由一个平面图形绕该平面内一条直线旋转一周而成的立体. 这条直线叫作旋转轴. 圆柱、圆锥、圆台、球体可以分别看成是由矩形围绕它的一条边、直角三角形围绕它的直角边、直角梯形围绕它的直角腰、半圆围绕它的直径旋转一周而成的立体，所以它们都是旋转体.

现在考虑用定积分来计算旋转体的体积. 考虑由连续曲线 $y=f(x)$，$x=a$，$x=b$ 及 x 轴围成的曲边梯形绕 x 轴旋转一周而成的旋转体的体积.

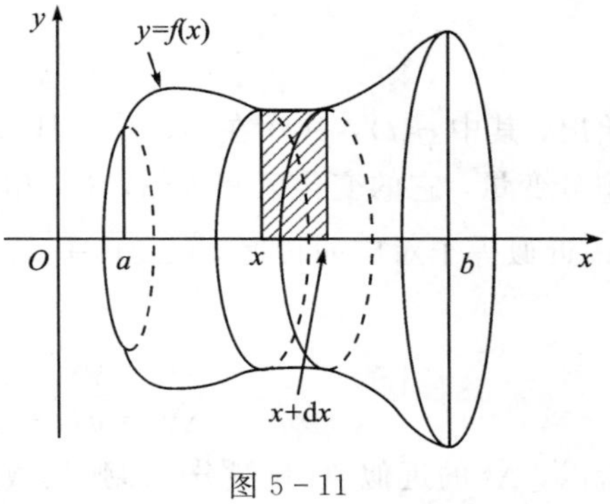

图 5－11

取横坐标 x 为积分变量，它的变化区间为$[a, b]$，$[a, b]$上任一小区间$[x, x+\mathrm{d}x]$的窄曲边梯形绕 x 轴旋转而成的薄片的体积近似于以 $f(x)$ 为半径、$\mathrm{d}x$ 为高的扁圆柱体的体积（见图 5－11），即体积微分为

$$\mathrm{d}V = \pi[f(x)]^2\mathrm{d}x$$

以 $\pi[f(x)]^2\mathrm{d}x$ 为被积表达式，在闭区间$[a, b]$上作定积分，便得所求旋转体的体积为

$$V = \int_a^b \pi[f(x)]^2\mathrm{d}x$$

例 28　计算由椭圆$\dfrac{x^2}{a^2}+\dfrac{y^2}{b^2}=1$所围成的图形绕 x 轴旋转一周而成的旋转体（叫作旋转椭球体）的体积.

解 这个旋转椭球体也可以看做由半个椭圆及 x 轴围成的图形绕 x 轴旋转一周而成的立体.

取 x 为积分变量,它的变化区间为 $[-a, a]$,旋转椭球体中 $[-a, a]$ 上任一小区间 $[x, x+\mathrm{d}x]$ 的薄片的体积,近似于底半径为 $\dfrac{b}{a}\sqrt{a^2-x^2}$、高为 $\mathrm{d}x$ 的扁圆柱体的体积(见图 5-12),即体积微元为

$$\mathrm{d}V = \frac{\pi b^2}{a^2}(a^2 - x^2)\mathrm{d}x$$

于是所求旋转椭球体的体积为

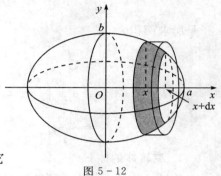

图 5-12

$$V = \int_{-a}^{a} \frac{\pi b^2}{a^2}(a^2 - x^2)\mathrm{d}x$$

$$= \pi \frac{b^2}{a^2}\left[a^2 x - \frac{x^3}{3}\right]_{-a}^{a} = \frac{4}{3}\pi ab^2$$

当 $a = b$ 时,旋转椭球体就成为半径为 a 的球体,它的体积为 $\dfrac{4}{3}\pi a^3$.

3. 平面曲线的弧长

设曲线弧由参数方程

$$\begin{cases} x = \varphi(t) \\ y = \psi(t) \end{cases} (\alpha \leqslant t \leqslant \beta)$$

给出,其中 $\varphi(t)$,$\psi(t)$ 在 $[\alpha, \beta]$ 上具有连续导数. 现在来计算这曲线弧的长度. 取参数 t 为积分变量,它的变化区间为 $[\alpha, \beta]$,相应于 $[\alpha, \beta]$ 上任一小区间 $[t, t+\mathrm{d}t]$ 的小弧段的长度 Δs 近似等于对应的长度 $\sqrt{(\Delta x)^2 + (\Delta y)^2}$.

因为

$$\Delta x = \varphi(t + \Delta t) - \varphi(t) \approx \mathrm{d}x = \varphi'(t)\mathrm{d}t$$

$$\Delta y = \psi(t + \Delta t) - \psi(t) \approx \mathrm{d}y = \psi'(t)\mathrm{d}t$$

所以,Δs 的近似值(弧微分)即弧长微元为

$$\mathrm{d}s = \sqrt{(\mathrm{d}x)^2 + (\mathrm{d}y)^2} = \sqrt{\varphi'^2(t)(\mathrm{d}t)^2 + \psi'^2(t)(\mathrm{d}t)^2} = \sqrt{\varphi'^2(t) + \psi'^2(t)}\,\mathrm{d}t$$

于是所求弧长为

$$s = \int_{\alpha}^{\beta} \sqrt{\varphi'^2(t) + \psi'^2(t)}\,\mathrm{d}t$$

当曲线弧由直角坐标方程 $y = f(x)$ $(a \leqslant x \leqslant b)$ 给出时,其中 $f(x)$ 在 $[a, b]$ 上具有一阶连续导数,这时曲线弧有参数方程:

$$\begin{cases} x = x \\ y = f(x) \end{cases} \quad (a \leqslant x \leqslant b)$$

从而所求的弧长为

$$s = \int_a^b \sqrt{1 + y'^2}\,\mathrm{d}x$$

当曲线弧由极坐标方程 $\rho = \rho(\theta)$ ($\alpha \leqslant \theta \leqslant \beta$) 给出,其中 $\rho(\theta)$ 在 $[\alpha, \beta]$ 上具有连续导数,则由直角坐标与极坐标的关系可得

$$\begin{cases} x = \rho(\theta)\cos\theta \\ y = \rho(\theta)\sin\theta \end{cases} \quad (\alpha \leqslant \theta \leqslant \beta)$$

这就是以极角 θ 为参数的曲线弧的参数方程,于是弧长微元为

$$\mathrm{d}s = \sqrt{x'^2(\theta) + y'^2(\theta)}\,\mathrm{d}\theta = \sqrt{\rho^2(\theta) + \rho'^2(\theta)}\,\mathrm{d}\theta$$

从而所求弧长为

$$s = \int_\alpha^\beta \sqrt{\rho^2(\theta) + \rho'^2(\theta)}\,\mathrm{d}\theta$$

例 29 计算曲线 $y = \dfrac{2}{3}x^{\frac{3}{2}}$ 上相应于 x 从 a 到 b 的一段弧(见图 5-13)的长度.

解 $y' = x^{\frac{1}{2}}$,从而弧长微元为

$$\mathrm{d}s = \sqrt{1 + (x^{\frac{1}{2}})^2}\,\mathrm{d}x = \sqrt{1+x}\,\mathrm{d}x$$

因此,所求弧长为

$$s = \int_a^b \sqrt{1+x}\,\mathrm{d}x = \left[\frac{2}{3}(1+x)^{\frac{3}{2}} \right]_a^b$$
$$= \frac{2}{3}(1+b)^{\frac{3}{2}} - \frac{2}{3}(1+a)^{\frac{3}{2}}$$

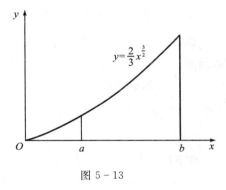

图 5-13

例 30 求阿基米德螺线 $\rho = a\theta\,(a > 0)$ 相应于 θ 从 0 到 2π 一段(见图 5-14)的弧长.

解 弧长微元为

$$\mathrm{d}s = \sqrt{a^2\theta^2 + a^2}\,\mathrm{d}\theta = a\sqrt{1+\theta^2}\,\mathrm{d}\theta$$

于是所求弧长为

$$s = a\int_0^{2\pi} \sqrt{1+\theta^2}\,\mathrm{d}\theta$$
$$= \frac{a}{2}\left[2\pi\sqrt{1+4\pi^2} + \ln(2\pi + \sqrt{1+4\pi^2}) \right]$$

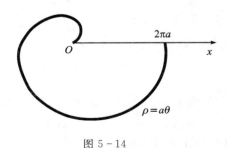

图 5-14

5.5.3　定积分在经济管理中的应用

1. 已知边际函数求总函数

已知总成本函数 $C = C(Q)$，总收益函数 $R = R(Q)$，由第 2 章微分学知识得到边际成本函数、边际收益函数分别为

$$\text{MC} = \frac{\mathrm{d}C}{\mathrm{d}Q}, \quad \text{MR} = \frac{\mathrm{d}R}{\mathrm{d}Q}$$

于是，总成本函数可表示为

$$C(Q) = \int_0^Q (\text{MC})\mathrm{d}Q + C_0 \quad (\text{其中 } C_0 \text{ 为固定成本})$$

总收益函数可表示为

$$R(Q) = \int_0^Q (\text{MR})\mathrm{d}Q$$

同时可得到总利润函数为

$$L(Q) = \int_0^Q (\text{MR} - \text{MC})\mathrm{d}Q - C_0$$

例 31　已知某产品的边际成本函数 $\text{MC} = 3Q^2 - 18Q + 36$，且固定成本为 6，求总成本函数.

解　总成本函数为

$$C(Q) = \int_0^Q (3Q^2 - 18Q + 36)\mathrm{d}Q + 6$$
$$= Q^3 - 9Q^2 + 36Q + 6$$

例 32　设生产某产品的固定成本为 50，边际成本和边际收益分别为 $\text{MC} = Q^2 - 14Q + 111$，$\text{MR} = 100 - 2Q$. 问：产量为多少时总利润最大？并求出最大利润.

解
$$L(Q) = \int_0^Q (\text{MR} - \text{MC})\mathrm{d}Q - C_0$$
$$= \int_0^Q (-Q^2 + 12Q - 11)\mathrm{d}Q - 50$$
$$= -\frac{1}{3}Q^3 + 6Q^2 - 11Q - 50$$

令 $L'(Q) = 0$，即 $Q^2 - 12Q + 11 = 0$，得 $Q_1 = 1$，$Q_2 = 11$.

因为 $L''(Q) = 12 - 2Q$，而 $L''(1) = 10 > 0$，$Q = 1$ 为极小值点；$L''(11) = -10 < 0$，$Q = 11$ 为极大值点. 由实际问题知，所求最大利润一定存在，所以 $Q = 11$ 为所求最大值点，即当产量为 11 时总利润最大，且最大利润为 $L(11) = 111\frac{1}{3}$.

2. 收益流的现值和将来值

一个大型公司的收益情况，一般来说是随时流进的，因此这些收益可以被看成一种随时间连续变化的收益流. 既然收益流进公司的速率是随时间连续变化的，所以收益流就表示成连续函数 $P(t)$（元／年）.

下面先介绍收益流的现值和将来值的定义. 我们将收益流的将来值定义为将收益流存入银行并加上利息之后的存款值；而收益流的现在值是这样一笔款项：你若把款项存入可以获息的银行，你就可以在将来获得预期达到的存款值.

在讨论连续收益流时，假设利息是以连续复利的方式盈取.

如果有一笔用连续函数 $P(t)$（元／年）表示的收益流，设年利率为 r，下面计算其现在值和将来值.

考虑从现在开始（$t=0$）到 T 年后这一时间段. 利用微元法，在 $[0,T]$ 内，任取一小区间 $[t,t+\mathrm{d}t]$，在 $[t,t+\mathrm{d}t]$ 内将 $P(t)$ 近似看成常数，则所获得的金额近似等于 $P(t)\mathrm{d}t$ 元.

从现在（$t=0$）算起，$P(t)\mathrm{d}t$ 这一金额是在 t 年后的将来获得的，因此在 $[t,t+\mathrm{d}t]$ 内，

$$\text{收益流的现值} \approx [P(t)\mathrm{d}t]\mathrm{e}^{-rt} = P(t)\mathrm{e}^{-rt}\mathrm{d}t$$

从而

$$\text{总现在值} = \int_0^T P(t)\mathrm{e}^{-rt}\mathrm{d}t$$

计算将来值时，收益 $P(t)\mathrm{d}t$ 在以后的 $(T-t)$ 年期间获息，所以在 $[t,t+\mathrm{d}t]$ 内，

$$\text{收益流的将来值} \approx [P(t)\mathrm{d}t]\mathrm{e}^{r(T-t)} = P(t)\mathrm{e}^{r(T-t)}\mathrm{d}t$$

从而

$$\text{总将来值} = \int_0^T P(t)\mathrm{e}^{r(T-t)}\mathrm{d}t$$

例 33　假设以年连续复利率 $r=0.1$ 来计息，求每年都以 100 元流进的收益流在 20 年期间内的现值和将来值，将来值和现值得有怎样的关系？如何解释？

解　$\text{现值} = \int_0^{20} 100\mathrm{e}^{-0.1t}\mathrm{d}t = 100\left(-\dfrac{\mathrm{e}^{-0.1t}}{0.1}\right)\Big|_0^{20} = 1000(1-\mathrm{e}^{-2}) \approx 864.66$

$\text{将来值} = \int_0^{20} 100\mathrm{e}^{0.1(20-t)}\mathrm{d}t = 100\mathrm{e}^2 \int_0^{20} \mathrm{e}^{-0.1t}\mathrm{d}t = 1000\mathrm{e}^2(1-\mathrm{e}^{-2}) \approx 6389.06$

显然

$$\text{将来值} = \text{现值} \cdot \mathrm{e}^2$$

一般来说，以年连续复利率来计息，收益流从现在起到 T 年后其将来值，等于该收益流的现在值作为一笔款项存入银行 T 年后的存款值.

例 34　一栋楼房现售价 5000 万元，分期付款购买，10 年付清，每年付款数相同. 若以年连续复利率 $r=0.04$ 来计息，每年应付多少万元？

解 设每年付款 A 万元, 由已知, 全部付款的总现在值为 5000 万元, 于是有

$$5000 = \int_0^{10} A e^{-0.04t} \mathrm{d}t = \frac{A}{0.04}(1 - e^{-0.4})$$

即

$$200 = A(1 - 0.6703) \Rightarrow A = 606.61 (万元)$$

每年应付款 606.61 万元.

习 题 5.5

1. 求由下列各曲线围成的图形的面积.

(1) $y = \frac{1}{2}x^2$ 与 $x^2 + y^2 = 8$ (两部分均计算);

(2) $y = \frac{1}{x}$ 与直线 $y = x$ 及 $x = 2$;

(3) $y = e^x$, $y = e^{-x}$ 与直线 $x = 1$;

(4) $y = \ln x$, y 轴与直线 $y = \ln a$, $y = \ln b$ ($b > a$).

2. 求由 $y = \sqrt{x}$, $y = 0$, $x = 1$ 围成的平面绕 x 轴旋转形成的旋转体的体积.

3. 由 $y = x^2$, $y = 1$ 围成的平面绕 y 轴旋转, 求形成的旋转体的体积.

4. 计算曲线 $y = \frac{2}{3}x^{\frac{3}{2}}$ 上相应于 x 从 a 到 b 的一段弧的长度.

5. 某商品的边际成本 $C'(x) = 2 - x$, 且固定成本为 100 元, 边际收益 $R'(x) = 20 - 4x$. 求 (1) 总成本函数;

(2) 收益函数;

(3) 产量为多少时, 利润最大?

6. 一辆小轿车的使用寿命为 10 年. 如购进此轿车需 35 000 元, 而租用此轿车每月租金为 600 元. 设资金的年利率为 14%, 按连续复利计算, 问购进轿车与租用轿车哪一种方式合算?

7. 连续收益流量每年 500 元, 设年利率为 8%, 按连续复利计算为期 10 年, 总值为多少? 现在值为多少?

8. 购买一幢别墅, 现价为 250 万元, 若分期付款, 要求 10 年付清. 年利率为 6%, 按连续复利计算, 问每年应付款多少?

9. 有一个大型投资项目, 投资成本为 $C = 10\,000$ 万元, 投资年利率为 5%, 每年可均匀收益 2000 万元, 求该投资为无限期时的纯收益的现在值.

〰〰〰〰 **综合练习五** 〰〰〰〰

1. 选择题

(1) 设 $I_1 = \displaystyle\int_3^4 \ln^2 x \, \mathrm{d}x$，$I_2 = \displaystyle\int_3^4 \ln^4 x \, \mathrm{d}x$，则（　　）.

A. $I_1 > I_2$　　　　B. $I_1 < I_2$　　　　C. $I_1^2 = I_2$　　　　D. $I_2 = 2I_1$

(2) $\displaystyle\lim_{x \to 0^-} \frac{\displaystyle\int_0^{x^2} \sin\sqrt{t}\,\mathrm{d}t}{x^3} = $（　　）.

A. $\dfrac{2}{3}$　　　　B. $-\dfrac{2}{3}$　　　　C. $\dfrac{1}{3}$　　　　D. $-\dfrac{1}{3}$

(3) $\displaystyle\int_1^4 \frac{\mathrm{e}^{\sqrt{x}}}{\sqrt{x}}\,\mathrm{d}x = $（　　）.

A. $2(\mathrm{e}^4 - \mathrm{e})$　　B. $2(\mathrm{e}^2 - \mathrm{e})$　　C. $\mathrm{e}^4 - \mathrm{e}$　　D. $\mathrm{e}^2 - \mathrm{e}$

(4) 设 e^{x^2} 是 $f(x)$ 的一个原函数，则 $\displaystyle\int_0^1 x f'(x)\,\mathrm{d}x = $（　　）.

A. 1　　　　　　B. e　　　　　　C. $\mathrm{e} + 1$　　　　　　D. $\dfrac{1}{2}$

(5) $\displaystyle\int_0^1 \frac{2 - x}{\sqrt{x}}\,\mathrm{d}x = $（　　）.

A. $\dfrac{4}{3}$　　　　B. $\dfrac{8}{3}$　　　　C. $\dfrac{10}{3}$　　　　D. 不存在

2. 填空题

(1) 设 $f(x) = x^2 - \displaystyle\int_0^1 f(x)\,\mathrm{d}x$，则 $\displaystyle\int_0^1 f(x)\,\mathrm{d}x = $ _____.

(2) $\displaystyle\int_{-\frac{\pi}{2}}^{\frac{\pi}{2}} (x^3 + 2)\sin^2 x\,\mathrm{d}x = $ _____.

(3) $\displaystyle\int_0^x f(t)\,\mathrm{d}t = x^2 + \cos x$，则 $f(x) = $ _____.

(4) $\displaystyle\int_{-\infty}^{+\infty} \frac{1}{9 + 3x^2}\,\mathrm{d}x = $ _____.

(5) $\displaystyle\int_0^{2\pi} \sqrt{1 + \cos x}\,\mathrm{d}x = $ _____.

3. 计算题

(1) $\displaystyle\int_{\frac{\pi}{4}}^{\frac{\pi}{2}} \frac{1}{1 - \cos x}\,\mathrm{d}x$；　　　　　(2) $\displaystyle\int_{-2}^{-1} \frac{1}{(11 + 5x)^2}\,\mathrm{d}x$；

(3) $\int_1^{e^2} \dfrac{3+2\ln x}{x}\,\mathrm{d}x$;　　　　(4) $\int_0^1 \dfrac{x^2}{1+x^6}\,\mathrm{d}x$;

(5) $\int_{-\frac{\pi}{2}}^{\frac{\pi}{2}} \sqrt{\cos x - \cos^3 x}\,\mathrm{d}x$;　　　(6) $\int_0^1 x^2 \sqrt{1-x^2}\,\mathrm{d}x$;

(7) $\int_1^{\sqrt{3}} \dfrac{1}{x^2 \sqrt{1+x^2}}\,\mathrm{d}x$;　　(8) $\int_0^{\ln 2} \sqrt{e^{2x}-1}\,\mathrm{d}x$;

(9) $\int_0^1 \dfrac{4\sqrt{x}}{\sqrt{x}+1}\,\mathrm{d}x$;　　　　(10) $\int_1^{e} \left(\dfrac{\ln x}{x}\right)^2\,\mathrm{d}x$;

(11) $\int_0^{\sqrt{\ln 3}} x^3 e^{-x^2}\,\mathrm{d}x$;　　　(12) $\int_{\frac{1}{e}}^{e} |\ln x|\,\mathrm{d}x$;

(13) $\int_{\frac{\pi}{4}}^{\frac{3}{4}\pi} \dfrac{1}{\cos^2 x}\,\mathrm{d}x$.

4. 设 $f(x)=\begin{cases} 1+e^2, & x>0 \\ e^{-x}, & x\leqslant 0 \end{cases}$，求 $\int_1^3 f(x-2)\,\mathrm{d}x$.

5. 求抛物线 $y=-x^2+4x-3$ 在点 $(0,3)$ 和 $(3,0)$ 处切线与抛物线围成的图形的面积.

6. 每天生产某产品的固定成本为 20 万元，边际成本函数 $MC=0.4Q+2$（万元），商品的销售价格 $P=18$（万元／吨），问每天生产多少吨产品可获得最大利润？最大利润是多少？

7. 连续收益流量每年 10 000 元，设年利率为 5％，按连续复利计算为期 8 年，现在值为多少？

8. 某机器使用寿命为 10 年，如购进机器需要 40 000 元，如租用此机器每月租金 500 元，设年利率为 14％，按连续复利计算，问购进与租用哪一种方式合算？

第 6 章 微 分 方 程

本章主要介绍微分方程的一些基本概念和几种常用的微分方程的解法.

6.1 微分方程的基本概念

函数是客观事物的内部联系在数量方面的反映,利用函数关系又可以对客观事物的规律性进行研究. 因此如何寻找出所需要的函数关系,在实践中具有重要意义. 在许多问题中,往往不能直接找出所需要的函数关系,但是根据问题所提供的情况,有时可以列出含有要找的函数及其导数的关系式. 这样的关系就是所谓的微分方程. 微分方程建立以后,对它进行研究,找出未知函数来,这就是解微分方程.

下面通过具体例题来说明微分方程的基本概念.

例 1 一曲线通过点 $(1, 2)$,且在该曲线上任一点 $M(x, y)$ 处的切线的斜率为 $2x$,求这曲线的方程.

解 设所求曲线的方程为 $y = y(x)$. 根据导数的几何意义,可知未知函数 $y = y(x)$ 应满足关系式(称为微分方程):

$$\frac{\mathrm{d}y}{\mathrm{d}x} = 2x \tag{6-1}$$

此外,未知函数 $y = y(x)$ 还应满足下列条件:

$$x = 1 \text{ 时, } y = 2, \text{简记为 } y\big|_{x=1} = 2 \text{(称为初始条件)} \tag{6-2}$$

把式(6-1)两端积分,得

$$y = \int 2x\mathrm{d}x, \text{ 即 } y = x^2 + C \tag{6-3}$$

称为微分方程的通解. 其中,C 是任意常数.

把条件"$x = 1$ 时,$y = 2$"代入式(6-3),得

$$2 = 1^2 + C$$

由此得出 $C = 1$. 把 $C = 1$ 代入式(6-3),即得所求曲线方程(称为微分方程满足条件 $y\big|_{x=1} = 2$ 的解):

$$y = x^2 + 1$$

由此给出微分方程的一些基本概念：

（1）微分方程．表示未知函数、未知函数的导数与自变量之间的关系的方程称为微分方程．

（2）常微分方程．未知函数是一元函数的微分方程称为常微分方程．

（3）偏微分方程．未知函数是多元函数的微分方程称为偏微分方程．

（4）微分方程的阶．微分方程中所出现的未知函数的最高阶导数的阶数称为微分方程的阶．例如：方程

$$x^3 y''' + x^2 y'' - 4xy' = 3x^2$$

是三阶微分方程；方程

$$y^{(4)} - 4y''' + 10y'' - 12y' + 5y = \sin 2x$$

是四阶微分方程；方程

$$y^{(n)} + 1 = 0$$

是 n 阶微分方程．

一般地，n 阶微分方程的形式为

$$F(x, y, y', \cdots, y^{(n)}) = 0$$
$$y^{(n)} = f(x, y, y', \cdots, y^{(n-1)})$$

（5）微分方程的解．满足微分方程的函数（把函数代入微分方程能使该方程成为恒等式），称为该微分方程的解．确切地说，设函数 $y = \varphi(x)$ 在区间 I 上有 n 阶连续导数，如果在区间 I 上，有

$$F[x, \varphi(x), \varphi'(x), \cdots, \varphi^{(n)}(x)] = 0$$

那么函数 $y = \varphi(x)$ 就称为微分方程 $F(x, y, y', \cdots, y^{(n)}) = 0$ 在区间 I 上的解．

（6）通解．如果微分方程的解中含有任意常数，且相互独立的任意常数的个数与微分方程的阶数相同，这样的解称为微分方程的通解．

（7）初始条件．用于确定通解中任意常数的条件，称为初始条件．如

$$x = x_0 \text{ 时}, y = y_0, y' = y_0'$$

一般写成：

$$y\big|_{x=x_0} = y_0, \ y'\big|_{x=x_0} = y_0'$$

（8）特解．确定了通解中的任意常数以后，就得到微分方程的特解，即不含任意常数的解．

（9）初值问题．求微分方程满足初始条件的特解的问题称为初值问题．

如求微分方程 $y' = f(x, y)$ 满足初始条件 $y\big|_{x=x_0} = y_0$ 的特解的问题，记为

$$\begin{cases} y' = f(x, y) \\ y\big|_{x=x_0} = y_0 \end{cases}$$

（10）积分曲线. 微分方程的解的图形是一条曲线, 称为微分方程的积分曲线.

例 2 验证: 函数

$$x = C_1 \cos kt + C_2 \sin kt$$

是微分方程

$$\frac{\mathrm{d}^2 x}{\mathrm{d} t^2} + k^2 x = 0 \quad (\text{其中 } k \text{ 为不等于 0 的常数})$$

的解.

解 求所给函数的导数:

$$\frac{\mathrm{d} x}{\mathrm{d} t} = - kC_1 \sin kt + kC_2 \cos kt$$

$$\frac{\mathrm{d}^2 x}{\mathrm{d} t^2} = - k^2 C_1 \cos kt - k^2 C_2 \sin kt = - k^2 (C_1 \cos kt + C_2 \sin kt)$$

将 $\dfrac{\mathrm{d}^2 x}{\mathrm{d} t^2}$ 及 x 的表达式代入所给微分方程, 得

$$- k^2 (C_1 \cos kt + C_2 \sin kt) + k^2 (C_1 \cos kt + C_2 \sin kt) \equiv 0$$

这表明函数 $x = C_1 \cos kt + C_2 \sin kt$ 满足方程 $\dfrac{\mathrm{d}^2 x}{\mathrm{d} t^2} + k^2 x = 0$, 因此所给函数是所给微分方程的解.

例 3 已知函数 $x = C_1 \cos kt + C_2 \sin kt (k \neq 0)$ 是微分方程 $\dfrac{\mathrm{d}^2 x}{\mathrm{d} t^2} + k^2 x = 0$ 的通解, 求满足初始条件

$$x \big|_{t=0} = A, \; x' \big|_{t=0} = 0$$

的特解.

解 将条件 $x \big|_{t=0} = A$ 代入 $x = C_1 \cos kt + C_2 \sin kt$, 得 $C_1 = A$.

再将条件 $x' \big|_{t=0} = 0$ 代入 $x'(t) = - kC_1 \sin kt + kC_2 \cos kt$, 得 $C_2 = 0$.

把 C_1、C_2 的值代入 $x = C_1 \cos kt + C_2 \sin kt$ 中, 得

$$x = A \cos kt$$

习 题 6.1

1. 设 $\dfrac{\mathrm{d} y}{\mathrm{d} x} = 2xy$, 求满足初始条件: $x = 0$, $y = 1$ 的特解.

2. 求 $y^2 \mathrm{d} x + (x + 1) \mathrm{d} y = 0$ 的通解.

3. 指出下列各微分方程的阶数.

(1) $x(y')^3 = 1 + y'$;   (2) $(y')^3 - x^3 (1 - y') = 0$;   (3) $y = (y')^2 \mathrm{e}^{y'}$.

6.2 可分离变量的微分方程

6.2.1 观察与分析

（1）求微分方程 $y' = 2x$ 的通解. 方程两边积分，得
$$y = x^2 + C$$
一般地，方程 $y' = f(x)$ 的通解为
$$y = \int f(x)\mathrm{d}x + C \quad （此处积分后不再加任意常数）$$

（2）求微分方程 $y' = 2xy^2$ 的通解. 因为 y 是未知的，所以积分 $\int 2xy^2\mathrm{d}x$ 无法进行，方程两边直接积分不能求出通解.

为求通解可将方程变为 $\dfrac{1}{y^2}\mathrm{d}y = 2x\mathrm{d}x$，两边积分，得

$$-\frac{1}{y} = x^2 + C \quad 或 \quad y = -\frac{1}{x^2 + C}$$

可以验证函数 $y = -\dfrac{1}{x^2 + C}$ 是原方程的通解.

一般地，如果一阶微分方程 $y' = \varphi(x, y)$ 能写成
$$g(y)\mathrm{d}y = f(x)\mathrm{d}x$$
的形式，则两边积分可得一个不含未知函数的导数的方程：
$$G(y) = F(x) + C$$
由方程 $G(y) = F(x) + C$ 所确定的隐函数就是原方程的通解.

6.2.2 对称形式的一阶微分方程

一阶微分方程有时也写成如下的对称形式：
$$P(x, y)\mathrm{d}x + Q(x, y)\mathrm{d}y = 0$$
在这种方程中，变量 x 与 y 是对称的.

若把 x 看做自变量、y 看做未知函数，则当 $Q(x, y) \neq 0$ 时，有
$$\frac{\mathrm{d}y}{\mathrm{d}x} = -\frac{P(x, y)}{Q(x, y)}$$
若把 y 看做自变量、x 看做未知函数，则当 $P(x, y) \neq 0$ 时，有
$$\frac{\mathrm{d}x}{\mathrm{d}y} = -\frac{Q(x, y)}{P(x, y)}$$

6. 2. 3 可分离变量的微分方程

如果一个一阶微分方程能写成

$$g(y)\mathrm{d}y = f(x)\mathrm{d}x \quad (或写成 \ y' = \varphi(x)\psi(y))$$

的形式，就是说，能把微分方程写成一端只含 y 的函数和 $\mathrm{d}y$，另一端只含 x 的函数和 $\mathrm{d}x$，那么原方程就称为可分离变量的微分方程.

例如：

$y' = 2xy$ 是可分离变量的微分方程，因为 $y^{-1}\mathrm{d}y = 2x\mathrm{d}x$；

$3x^2 + 5x - y' = 0$ 是可分离变量的微分方程，因为 $\mathrm{d}y = (3x^2 + 5x)\mathrm{d}x$；

$(x^2 + y^2)\mathrm{d}x - xy\mathrm{d}y = 0$ 不是可分离变量的微分方程；

$y' = 1 + x + y^2 + xy^2$ 是可分离变量的微分方程，因为 $y' = (1+x)(1+y^2)$；

$y' = 10^{x+y}$ 是可分离变量的微分方程，因为 $10^{-y}\mathrm{d}y = 10^x\mathrm{d}x$；

$y' = \dfrac{x}{y} + \dfrac{y}{x}$ 不是可分离变量的微分方程.

6. 2. 4 可分离变量的微分方程的解法

求解可分离变量的微分方程的步骤如下：

第一步：分离变量，将方程写成 $g(y)\mathrm{d}y = f(x)\mathrm{d}x$ 的形式.

第二步：两端积分，即 $\int g(y)\mathrm{d}y = \int f(x)\mathrm{d}x$，设积分后得 $G(y) = F(x) + C$.

第三步：求出由 $G(y) = F(x) + C$ 所确定的隐函数 $y = \Phi(x)$ 或 $x = \Psi(y)$.

$G(y) = F(x) + C$，$y = \Phi(x)$ 或 $x = \Psi(y)$ 都是方程的通解，其中 $G(y) = F(x) + C$ 称为隐式（通）解.

例 4 求微分方程 $\dfrac{\mathrm{d}y}{\mathrm{d}x} = 2xy$ 的通解.

解 此方程为可分离变量微分方程，分离变量后得

$$\frac{1}{y}\mathrm{d}y = 2x\mathrm{d}x$$

两边积分，即

$$\int \frac{1}{y}\mathrm{d}y = \int 2x\mathrm{d}x$$

得

$$\ln |y| = x^2 + C_1$$

从而

$$y = \pm\, \mathrm{e}^{x^2 + C_1} = \pm\, \mathrm{e}^{C_1}\, \mathrm{e}^{x^2}$$

因为 $\pm\, \mathrm{e}^{C_1}$ 仍是不为 0 的任意常数，把它记作 C，并且 $y = 0$ 也是方程的解，便得所给方程的通解为

$$y = C\mathrm{e}^{x^2}$$

例 5 某林区实行封山养林，现有木材 10 万立方米，如果在每一时刻 t 木材的变化率与当时木材数成正比. 假设 10 年时这林区的木材为 20 万立方米. 若规定，该林区的木材量达到 40 万立方米时才可砍伐，问至少多少年后才能砍伐.

解 设时间 t 以年为单位，任一时刻 t 木材的数量为 y 万立方米，由题意可知：

$$\frac{\mathrm{d}y}{\mathrm{d}t} = ky \quad (k \text{ 为比例常数})$$

且

$$y\big|_{t=0} = 10, \; y\big|_{t=10} = 20$$

微分方程通解为

$$y = C\mathrm{e}^{kt}$$

将 $y\big|_{t=0} = 10, \; y\big|_{t=10} = 20$ 代入得 $C = 10, \; k = \dfrac{\ln 2}{10}$.

故

$$y = 10\mathrm{e}^{\frac{\ln 2}{10}t} = 10 \cdot 2^{\frac{t}{10}}$$

要使 $y = 40$，则 $t = 20$.

故至少 20 年后才能砍伐.

习 题 6.2

1. 求下列各微分方程的通解.

(1) $\dfrac{\mathrm{d}y}{\mathrm{d}x} = \dfrac{1 + y^2}{xy + x^3 y}$;

(2) $\dfrac{\mathrm{d}y}{\mathrm{d}x} + \dfrac{\mathrm{e}^{y^2 + 3x}}{y} = 0$;

(3) $\tan y \, \mathrm{d}x - \cot x \, \mathrm{d}y = 0$;

(4) $(1 + x)y\,\mathrm{d}x + (1 - y)x\,\mathrm{d}y = 0$.

2. 求一曲线方程，使它在坐标轴间的任一切线线段被切点所平分.

6.3 齐 次 方 程

如果一阶微分方程 $\dfrac{\mathrm{d}y}{\mathrm{d}x} = f(x, y)$ 中的函数 $f(x, y)$ 可写成 $\dfrac{y}{x}$ 的函数，即 $f(x, y) = \varphi\left(\dfrac{y}{x}\right)$，则称该方程为齐次方程.

例如：

$xy' - y - \sqrt{y^2 - x^2} = 0$ 是齐次方程，因为

$$\frac{\mathrm{d}y}{\mathrm{d}x} = \frac{y + \sqrt{y^2 - x^2}}{x} \Rightarrow \frac{\mathrm{d}y}{\mathrm{d}x} = \frac{y}{x} + \sqrt{\left(\frac{y}{x}\right)^2 - 1}$$

$\sqrt{1 - x^2}\, y' = \sqrt{1 - y^2}$ 不是齐次方程，因为 $\dfrac{\mathrm{d}y}{\mathrm{d}x} = \sqrt{\dfrac{1 - y^2}{1 - x^2}}$；

$(x^2 + y^2)\mathrm{d}x - xy\mathrm{d}y = 0$ 是齐次方程，因为 $\dfrac{\mathrm{d}y}{\mathrm{d}x} = \dfrac{x^2 + y^2}{xy} \Rightarrow \dfrac{\mathrm{d}y}{\mathrm{d}x} = \dfrac{x}{y} + \dfrac{y}{x}$；

$(2x + y - 4)\mathrm{d}x + (x + y - 1)\mathrm{d}y = 0$ 不是齐次方程，因为 $\dfrac{\mathrm{d}y}{\mathrm{d}x} = -\dfrac{2x + y - 4}{x + y - 1}$；

$\left(2x\sinh\dfrac{y}{x} + 3y\cosh\dfrac{y}{x}\right)\mathrm{d}x - 3x\cosh\dfrac{y}{x}\mathrm{d}y = 0$ 是齐次方程.

齐次方程的解法如下：

在齐次方程 $\dfrac{\mathrm{d}y}{\mathrm{d}x} = \varphi\left(\dfrac{y}{x}\right)$ 中，令 $u = \dfrac{y}{x}$，则 $y = ux$，从而

$$u + x\frac{\mathrm{d}u}{\mathrm{d}x} = \varphi(u)$$

分离变量，得

$$\frac{\mathrm{d}u}{\varphi(u) - u} = \frac{\mathrm{d}x}{x}$$

两边积分，得

$$\int \frac{\mathrm{d}u}{\varphi(u) - u} = \int \frac{\mathrm{d}x}{x}$$

求出积分后，再用 $\dfrac{y}{x}$ 代替 u，便得所给齐次方程的通解.

例 6 解方程 $y^2 + x^2\dfrac{\mathrm{d}y}{\mathrm{d}x} = xy\dfrac{\mathrm{d}y}{\mathrm{d}x}$.

解 原方程可写成

$$\frac{\mathrm{d}y}{\mathrm{d}x} = \frac{y^2}{xy - x^2} = \frac{\left(\dfrac{y}{x}\right)^2}{\dfrac{y}{x} - 1}$$

因此原方程是齐次方程. 令 $\dfrac{y}{x} = u$，则

$$y = ux, \quad \frac{\mathrm{d}y}{\mathrm{d}x} = u + x\frac{\mathrm{d}u}{\mathrm{d}x}$$

于是原方程变为

$$u + x\frac{\mathrm{d}u}{\mathrm{d}x} = \frac{u^2}{u-1}$$

即

$$x\frac{\mathrm{d}u}{\mathrm{d}x} = \frac{u}{u-1}$$

分离变量，得

$$\left(1 - \frac{1}{u}\right)\mathrm{d}u = \frac{\mathrm{d}x}{x}$$

两边积分，得

$$u - \ln|u| + C = \ln|x|$$

或写成

$$\ln|xu| = u + C$$

以 $\frac{y}{x}$ 代替上式中的 u，便得所给方程的通解为

$$\ln|y| = \frac{y}{x} + C$$

习 题 6.3

1. 求下列各微分方程的通解.

(1) $x\frac{\mathrm{d}y}{\mathrm{d}x} - y + \sqrt{x^2 - y^2} = 0$;　　　　　(2) $x(\ln x - \ln y)\mathrm{d}y - y\mathrm{d}x = 0$;

2. 证明：曲线上的切线的斜率与切点的横坐标成正比的曲线是抛物线.

6.4　一阶线性微分方程

6.4.1　一阶线性方程

方程

$$\frac{\mathrm{d}y}{\mathrm{d}x} + P(x)y = Q(x)$$

称为一阶线性微分方程. 如果 $Q(x) \equiv 0$，则方程称为一阶齐次线性方程，否则称为非齐次线性方程.

方程 $\frac{\mathrm{d}y}{\mathrm{d}x} + P(x)y = 0$ 称为对应于非齐次线性方程 $\frac{\mathrm{d}y}{\mathrm{d}x} + P(x)y = Q(x)$ 的齐次线性

方程.

例如：

$(x-2)\dfrac{\mathrm{d}y}{\mathrm{d}x}=y$ 是齐次线性方程，因为 $\dfrac{\mathrm{d}y}{\mathrm{d}x}-\dfrac{1}{x-2}y=0$ ；

$3x^2+5x-y'=0$ 是非齐次线性方程，因为 $y'=3x^2+5x$ ；

$y'+y\cos x=\mathrm{e}^{-\sin x}$ 是非齐次线性方程；

$\dfrac{\mathrm{d}y}{\mathrm{d}x}=10^{x+y}$ 不是线性方程；

$(y+1)^2\dfrac{\mathrm{d}y}{\mathrm{d}x}+x^3=0$ 不是线性方程，因为 $\dfrac{\mathrm{d}y}{\mathrm{d}x}+\dfrac{x^3}{(y+1)^2}=0$ 或 $\dfrac{\mathrm{d}x}{\mathrm{d}y}=-\dfrac{(y+1)^2}{x^3}$.

齐次线性方程的解法如下：

齐次线性方程 $\dfrac{\mathrm{d}y}{\mathrm{d}x}+P(x)y=0$ 是可分离变量方程，分离变量后得

$$\frac{\mathrm{d}y}{y}=-P(x)\mathrm{d}x$$

两边积分，得

$$\ln\mid y\mid=-\int P(x)\mathrm{d}x+C_1$$

或

$$y=C\mathrm{e}^{-\int P(x)\mathrm{d}x}\qquad(C=\pm\,\mathrm{e}^{C_1})$$

这就是齐次线性方程的通解（积分中不再加任意常数）.

例 7 求方程 $(x-2)\dfrac{\mathrm{d}y}{\mathrm{d}x}=y$ 的通解.

解 这是齐次线性方程，分离变量后，得

$$\frac{\mathrm{d}y}{y}=\frac{\mathrm{d}x}{x-2}$$

两边积分，得

$$\ln\mid y\mid=\ln\mid x-2\mid+\ln\mid C\mid$$

方程的通解为

$$y=C(x-2)$$

非齐次线性方程的解法如下：

将齐次线性方程通解中的常数换成 x 的未知函数 $u(x)$ ，可以证明：

$$y=u(x)\mathrm{e}^{-\int P(x)\mathrm{d}x}$$

是非齐次线性方程的通解，其中 $u(x)$ 为待定函数，将 $y=u(x)\mathrm{e}^{-\int P(x)\mathrm{d}x}$ 代入非齐次线性方程，求得

$$u'(x)\mathrm{e}^{-\int P(x)\mathrm{d}x} - u(x)\mathrm{e}^{-\int P(x)\mathrm{d}x}P(x) + P(x)u(x)\mathrm{e}^{-\int P(x)\mathrm{d}x} = Q(x)$$

化简得

$$u'(x) = Q(x)\mathrm{e}^{\int P(x)\mathrm{d}x}$$

两边积分，得

$$u(x) = \int Q(x)\mathrm{e}^{\int P(x)\mathrm{d}x}\mathrm{d}x + C$$

于是非齐次线性方程的通解为

$$y = \mathrm{e}^{-\int P(x)\mathrm{d}x}\left[\int Q(x)\mathrm{e}^{\int P(x)\mathrm{d}x}\mathrm{d}x + C\right]$$

或

$$y = C\mathrm{e}^{-\int P(x)\mathrm{d}x} + \mathrm{e}^{-\int P(x)\mathrm{d}x}\int Q(x)\mathrm{e}^{\int P(x)\mathrm{d}x}\mathrm{d}x$$

由此可知，非齐次线性方程的通解等于对应的齐次线性方程的通解与非齐次线性方程的一个特解之和.

例 8 求方程 $\dfrac{\mathrm{d}y}{\mathrm{d}x} - \dfrac{2y}{x+1} = (x+1)^{\frac{5}{2}}$ 的通解.

解法 1 这是一个非齐次线性方程. 先求对应的齐次线性方程 $\dfrac{\mathrm{d}y}{\mathrm{d}x} - \dfrac{2y}{x+1} = 0$ 的通解.

分离变量后得

$$\frac{\mathrm{d}y}{y} = \frac{2\mathrm{d}x}{x+1}$$

两边积分，得

$$\ln|y| = 2\ln|x+1| + \ln|C|$$

于是齐次线性方程的通解为

$$y = C(x+1)^2$$

用常数变易法把 C 换成 u，即令 $y = u(x+1)^2$，将其代入所给非齐次线性方程，得

$$u'\cdot(x+1)^2 + 2u\cdot(x+1) - \frac{2}{x+1}u\cdot(x+1)^2 = (x+1)^{\frac{5}{2}}$$

即

$$u' = (x+1)^{\frac{1}{2}}$$

两边积分，得

$$u = \frac{2}{3}(x+1)^{\frac{3}{2}} + C$$

再把上式代入 $y = u(x+1)^2$ 中，即得所求方程的通解为

$$y = (x+1)^2 \left[\frac{2}{3}(x+1)^{\frac{3}{2}} + C \right]$$

解法 2 这里

$$P(x) = -\frac{2}{x+1}, \ Q(x) = (x+1)^{\frac{5}{2}}$$

因为

$$\int P(x)\mathrm{d}x = \int \left(-\frac{2}{x+1} \right) \mathrm{d}x = -2\ln|x+1|$$

$$\mathrm{e}^{-\int P(x)\mathrm{d}x} = \mathrm{e}^{2\ln|x+1|} = (x+1)^2$$

$$\int Q(x)\mathrm{e}^{\int P(x)\mathrm{d}x}\mathrm{d}x = \int (x+1)^{\frac{5}{2}}(x+1)^{-2}\mathrm{d}x = \int (x+1)^{\frac{1}{2}}\mathrm{d}x = \frac{2}{3}(x+1)^{\frac{3}{2}}$$

所以通解为

$$y = \mathrm{e}^{-\int P(x)\mathrm{d}x} \left[\int Q(x)\mathrm{e}^{\int P(x)\mathrm{d}x}\mathrm{d}x + C \right] = (x+1)^2 \left[\frac{2}{3}(x+1)^{\frac{3}{2}} + C \right]$$

6.4.2 伯努利方程

方程

$$\frac{\mathrm{d}y}{\mathrm{d}x} + P(x)y = Q(x)y^n \quad (n \neq 0, 1)$$

称为伯努利方程.

例如：

$$\frac{\mathrm{d}y}{\mathrm{d}x} + \frac{1}{3}y = \frac{1}{3}(1-2x)y^4 \ \text{是伯努利方程；}$$

$$\frac{\mathrm{d}y}{\mathrm{d}x} = y + xy^5 \ \text{是伯努利方程，因为} \frac{\mathrm{d}y}{\mathrm{d}x} - y = xy^5;$$

$$y' = \frac{x}{y} + \frac{y}{x} \ \text{是伯努利方程，因为} \ y' - \frac{1}{x}y = xy^{-1};$$

$$\frac{\mathrm{d}y}{\mathrm{d}x} - 2xy = 4x \ \text{是线性方程，不是伯努利方程.}$$

伯努利方程的解法如下：

以 y^n 除方程 $\dfrac{\mathrm{d}y}{\mathrm{d}x} + P(x)y = Q(x)y^n \quad (n \neq 0, 1)$ 的两边，得

$$y^{-n}\frac{\mathrm{d}y}{\mathrm{d}x} + P(x)y^{1-n} = Q(x)$$

令 $z = y^{1-n}$，得线性方程：

$$\frac{\mathrm{d}z}{\mathrm{d}x} + (1-n)P(x)z = (1-n)Q(x)$$

求出该方程的通解后，以 y^{1-n} 代 z，便得到伯努利方程的解.

例 9　求方程 $\dfrac{\mathrm{d}y}{\mathrm{d}x} + \dfrac{y}{x} = a(\ln x)y^2$ 的通解.

解　以 y^2 除方程的两端，得

$$y^{-2}\frac{\mathrm{d}y}{\mathrm{d}x} + \frac{1}{x}y^{-1} = a\ln x$$

即

$$-\frac{\mathrm{d}(y^{-1})}{\mathrm{d}x} + \frac{1}{x}y^{-1} = a\ln x$$

令 $z = y^{-1}$，则上述方程变为

$$\frac{\mathrm{d}z}{\mathrm{d}x} - \frac{1}{x}z = -a\ln x$$

这是一个线性方程，它的通解为

$$z = x\left[C - \frac{a}{2}(\ln x)^2\right]$$

以 y^{-1} 代 z，得所求方程的通解为

$$yx\left[C - \frac{a}{2}(\ln x)^2\right] = 1$$

还有一些微分方程要经过变量代换，将方程化为前面可求解的类型，这是解微分方程最常用的方法.

例 10　解方程 $\dfrac{\mathrm{d}y}{\mathrm{d}x} = \dfrac{1}{x+y}$.

解　若把所给方程变形为

$$\frac{\mathrm{d}x}{\mathrm{d}y} = x + y$$

即为一阶线性方程，则按一阶线性方程的解法可求得通解. 此方程也可用变量代换来求解.

令 $x + y = u$，则原方程化为

$$\frac{\mathrm{d}u}{\mathrm{d}x} - 1 = \frac{1}{u}, \quad 即\frac{\mathrm{d}u}{\mathrm{d}x} = \frac{u+1}{u}$$

分离变量，得

$$\frac{u}{u+1}\mathrm{d}u = \mathrm{d}x$$

两边积分，得

$$u - \ln | u + 1 | = x - \ln | C |$$

以 $u = x + y$ 代入上式，得

$$y - \ln | x + y + 1 | = - \ln | C | \quad 或 \quad x = Ce^y - y - 1$$

习　题　6.4

1. 求下列各微分方程的通解.

(1) $\dfrac{\mathrm{d}y}{\mathrm{d}x} = y + \sin x$；

(2) $\dfrac{\mathrm{d}x}{\mathrm{d}t} + 3x = \mathrm{e}^{2t}$；

(3) $\dfrac{\mathrm{d}s}{\mathrm{d}t} = - s\cos t + \dfrac{1}{2}\sin 2t$；

(4) $\dfrac{\mathrm{d}y}{\mathrm{d}x} - \dfrac{x}{n}y = \mathrm{e}^x x^n$；

(5) $\dfrac{\mathrm{d}y}{\mathrm{d}x} + \dfrac{1 - 2x}{x^2}y - 1 = 0$；

(6) $\dfrac{\mathrm{d}y}{\mathrm{d}x} = \dfrac{x^4 + x^3}{xy^2}$；

(7) $\dfrac{\mathrm{d}y}{\mathrm{d}x} = \dfrac{\mathrm{e}^y + 3x}{x^2}$；

(8) $\dfrac{\mathrm{d}y}{\mathrm{d}x} = \dfrac{1}{xy + x^3 y^3}$.

2. 试建立分别具有下列性质的曲线所满足的微分方程并求解.

(1) 曲线上任一点的切线的纵截距等于切点横坐标的平方；

(2) 曲线上任一点的切线的纵截距是切点横坐标和纵坐标的等差中项.

6.5　可降阶的高阶微分方程

6.5.1　$y^{(n)} = f(x)$ 型的微分方程

解法　把方程 $y^{(n)} = f(x)$ 连续对 x 积分 n 次，便得方程 $y^{(n)} = f(x)$ 的含有 n 个任意常数的通解.

$$y^{(n-1)} = \int f(x)\,\mathrm{d}x + C_1$$

$$y^{(n-2)} = \int\left[\int f(x)\,\mathrm{d}x + C_1\right]\mathrm{d}x + C_2$$

$$\cdots\cdots$$

例 11　求微分方程 $y''' = \mathrm{e}^{2x} - \cos x$ 的通解.

解　对所给方程连续积分 3 次，得

$$y'' = \dfrac{1}{2}\mathrm{e}^{2x} - \sin x + C$$

$$y' = \frac{1}{4}e^{2x} + \cos x + Cx + C_2$$

$$y = \frac{1}{8}e^{2x} + \sin x + \frac{1}{2}Cx^2 + C_2 x + C_3 = \frac{1}{8}e^{2x} + \sin x + C_1 x^2 + C_2 x + C_3$$

其中 $C_1 = \frac{1}{2}C$. 这就是所给方程的通解.

6.5.2 $y'' = f(x, y')$ 型的微分方程

解法 设 $y' = p$，则方程 $y'' = f(x, y')$ 化为

$$p' = f(x, p)$$

设 $p' = f(x, p)$ 的通解为 $p = \varphi(x, C_1)$，则

$$\frac{\mathrm{d}y}{\mathrm{d}x} = \varphi(x, C_1)$$

原方程的通解为

$$y = \int \varphi(x, C_1)\mathrm{d}x + C_2$$

例 12 求微分方程 $(1+x^2)y'' = 2xy'$ 满足初始条件 $y|_{x=0} = 1$，$y'|_{x=0} = 3$ 的特解.

解 所给方程是 $y'' = f(x, y')$ 型的. 设 $y' = p$，代入方程并分离变量后，有

$$\frac{\mathrm{d}p}{p} = \frac{2x}{1+x^2}\mathrm{d}x$$

两边积分，得

$$\ln|p| = \ln(1+x^2) + C$$

即

$$p = y' = C_1(1+x^2) \quad (C_1 = \pm e^C)$$

由条件 $y'|_{x=0} = 3$，得 $C_1 = 3$，所以

$$y' = 3(1+x^2)$$

两边再积分，得

$$y = x^3 + 3x + C_2$$

又由条件 $y|_{x=0} = 1$，得 $C_2 = 1$，于是所求的特解为

$$y = x^3 + 3x + 1$$

6.5.3 $y'' = f(y, y')$ 型的微分方程

解法 设 $y' = p$，则

$$y'' = \frac{\mathrm{d}p}{\mathrm{d}x} = \frac{\mathrm{d}p}{\mathrm{d}y} \cdot \frac{\mathrm{d}y}{\mathrm{d}x} = p\frac{\mathrm{d}p}{\mathrm{d}y}$$

方程 $y'' = f(y, y')$ 化为

$$p \frac{\mathrm{d}p}{\mathrm{d}y} = f(y, p)$$

设其通解为 $y' = p = \varphi(y, C_1)$，则原方程的通解为

$$\int \frac{\mathrm{d}y}{\varphi(y, C_1)} = x + C_2$$

例 13 求微分方程 $yy'' - (y')^2 = 0$ 的通解.

解 设 $y' = p$，则

$$y'' = p \frac{\mathrm{d}p}{\mathrm{d}y}$$

代入方程，得

$$yp \frac{\mathrm{d}p}{\mathrm{d}y} - p^2 = 0$$

在 $y \neq 0$、$p \neq 0$ 时，约去 p 并分离变量，得

$$\frac{\mathrm{d}p}{p} = \frac{\mathrm{d}y}{y}$$

两边积分，得

$$\ln |p| = \ln |y| + \ln c$$

即

$$p = Cy \text{ 或 } y' = Cy (C = \pm c)$$

再分离变量并两边积分，便得原方程的通解为

$$\ln |y| = Cx + \ln c_1$$

或

$$y = C_1 \mathrm{e}^{Cx} (C_1 = \pm c_1)$$

习 题 6.5

1. 求下列各微分方程的通解.

(1) $y'' - 2x - \cos x = 0$；

(2) $x^3 y^{(4)} = 1$；

(3) $xy'' = y' \ln y'$；

(4) $y'' - \frac{y'}{x} = 0$；

(5) $y'' = (y')^3 + y'$；

(6) $yy'' - 2(y')^2 = 0$.

2. 试求 $xy'' = y' \ln y'$ 经过点 $(1, 0)$ 且在此点的切线与直线 $y = 3x - 3$ 垂直的积分曲线.

6.6 线性微分方程解的性质与结构

6.6.1 二阶线性微分方程

二阶线性微分方程的一般形式为

$$y'' + P(x)y' + Q(x)y = f(x)$$

当方程右端 $f(x) \equiv 0$ 时，方程称为齐次的，否则称为非齐次的.

6.6.2 线性微分方程的解的结构

先讨论二阶齐次线性方程：

$$y'' + P(x)y' + Q(x)y = 0, \text{即} \frac{\mathrm{d}^2 y}{\mathrm{d}x^2} + P(x)\frac{\mathrm{d}y}{\mathrm{d}x} + Q(x)y = 0$$

定理 6.1 如果函数 $y_1(x)$ 与 $y_2(x)$ 是方程 $y'' + P(x)y' + Q(x)y = 0$ 的两个解，那么

$$y = C_1 y_1(x) + C_2 y_2(x)$$

也是方程的解，其中 C_1、C_2 是任意常数.

齐次线性方程的这个性质表明它的解符合叠加原理.

证明
$$(C_1 y_1 + C_2 y_2)' = C_1 y_1' + C_2 y_2'$$
$$(C_1 y_1 + C_2 y_2)'' = C_1 y_1'' + C_2 y_2''$$

因为 y_1 与 y_2 是方程 $y'' + P(x)y' + Q(x)y = 0$ 的两个解，所以有

$$y_1'' + P(x)y_1' + Q(x)y_1 = 0 \text{ 及 } y_2'' + P(x)y_2' + Q(x)y_2 = 0$$

从而

$$(C_1 y_1 + C_2 y_2)'' + P(x)(C_1 y_1 + C_2 y_2)' + Q(x)(C_1 y_1 + C_2 y_2)$$
$$= C_1[y_1'' + P(x)y_1' + Q(x)y_1] + C_2[y_2'' + P(x)y_2' + Q(x)y_2]$$
$$= 0 + 0 = 0$$

这就证明了 $y = C_1 y_1(x) + C_2 y_2(x)$ 也是方程 $y'' + P(x)y' + Q(x)y = 0$ 的解.

在给出下一个定理之前，先介绍下面定义.

1. 函数的线性相关与线性无关

设 $y_1(x), y_2(x), \cdots, y_n(x)$ 为定义在区间 I 上的 n 个函数. 如果存在 n 个不全为零的常数 $k_1, k_2, \cdots, k_n$，使得当 $x \in I$ 时有恒等式：

$$k_1 y_1(x) + k_2 y_2(x) + \cdots + k_n y_n(x) \equiv 0$$

成立，那么称这 n 个函数在区间 I 上线性相关；否则称为线性无关.

2. 判别两个函数线性相关性的方法

对于两个函数，它们线性相关与否，只要看它们的比是否为常数，如果比为常数，那么它们就线性相关，否则就线性无关.

例如：函数 $\cos^2 x$，$\sin^2 x$ 在 **R** 上是线性无关；函数 x，x^2 在任何区间 (a, b) 内是线性无关的.

定理 6.2　如果函数 $y_1(x)$ 与 $y_2(x)$ 是方程 $y'' + P(x)y' + Q(x)y = 0$ 的两个线性无关的解，那么

$$y = C_1 y_1(x) + C_2 y_2(x) \quad (C_1 、 C_2 \text{ 是任意常数})$$

是方程的通解.

例 14　验证 $y_1 = \cos x$ 与 $y_2 = \sin x$ 是方程 $y'' + y = 0$ 的线性无关的解，并写出其通解.

解　因为

$$y_1'' + y_1 = -\cos x + \cos x = 0$$
$$y_2'' + y_2 = -\sin x + \sin x = 0$$

所以 $y_1 = \cos x$ 与 $y_2 = \sin x$ 都是方程的解.

因为对于任意两个常数 k_1、k_2，要使

$$k_1 \cos x + k_2 \sin x \equiv 0$$

只有 $k_1 = k_2 = 0$，所以 $\cos x$ 与 $\sin x$ 在 $(-\infty, +\infty)$ 内是线性无关的.

因此 $y_1 = \cos x$ 与 $y_2 = \sin x$ 是方程 $y'' + y = 0$ 的线性无关的解.

方程的通解为 $y = C_1 \cos x + C_2 \sin x$.

例 15　验证 $y_1 = x$ 与 $y_2 = e^x$ 是方程 $(x-1)y'' - xy' + y = 0$ 的线性无关的解，并写出其通解.

解　因为

$$(x-1)y_1'' - xy_1' + y_1 = 0 - x + x = 0$$
$$(x-1)y_2'' - xy_2' + y_2 = (x-1)e^x - xe^x + e^x = 0$$

所以 $y_1 = x$ 与 $y_2 = e^x$ 都是方程的解.

因为比值 e^x/x 不恒为常数，所以 $y_1 = x$ 与 $y_2 = e^x$ 在 $(-\infty, +\infty)$ 内是线性无关的.

因此 $y_1 = x$ 与 $y_2 = e^x$ 是方程 $(x-1)y'' - xy' + y = 0$ 的线性无关的解.

方程的通解为 $y = C_1 x + C_2 e^x$.

推论　如果 $y_1(x)$，$y_2(x)$，$\cdots$，$y_n(x)$ 是方程

$$y^{(n)} + a_1(x)y^{(n-1)} + \cdots + a_{n-1}(x)y' + a_n(x)y = 0$$

的 n 个线性无关的解，那么，此方程的通解为

$$y = C_1 y_1(x) + C_2 y_2(x) + \cdots + C_n y_n(x)$$

其中，C_1，C_2，$\cdots$，C_n 为任意常数.

6.6.3 二阶非齐次线性方程解的结构

我们把方程 $y'' + P(x)y' + Q(x)y = 0$ 称为与非齐次方程 $y'' + P(x)y' + Q(x)y = f(x)$ 对应的齐次方程.

定理 6.3 设 $y^*(x)$ 是二阶非齐次线性方程 $y'' + P(x)y' + Q(x)y = f(x)$ 的一个特解，$Y(x)$ 是对应的齐次方程的通解，那么

$$y = Y(x) + y^*(x)$$

是二阶非齐次线性微分方程的通解.

证明 把 $y = Y(x) + y^*(x)$ 代入原方程的左端，得

$$[Y(x) + y^*(x)]'' + P(x)[Y(x) + y^*(x)]' + Q(x)[Y(x) + y^*(x)]$$
$$= [Y'' + P(x)Y' + Q(x)Y] + [y^{*''} + P(x)y^{*'} + Q(x)y^*]$$
$$= 0 + f(x) = f(x)$$

因此，$y = Y(x) + y^*(x)$ 是原方程的解，且 $Y(x)$ 中含有两个独立任意常数项，故 $y = Y(x) + y^*(x)$ 是原方程通解.

例如，$Y = C_1 \cos x + C_2 \sin x$ 是齐次方程 $y'' + y = 0$ 的通解，$y^* = x^2 - 2$ 是 $y'' + y = x^2$ 的一个特解，因此

$$y = C_1 \cos x + C_2 \sin x + x^2 - 2$$

是方程 $y'' + y = x^2$ 的通解.

定理 6.4 设非齐次线性微分方程 $y'' + P(x)y' + Q(x)y = f(x)$ 的右端 $f(x)$ 是几个函数之和，如

$$y'' + P(x)y' + Q(x)y = f_1(x) + f_2(x)$$

而 $y_1^*(x)$ 与 $y_2^*(x)$ 分别是方程

$$y'' + P(x)y' + Q(x)y = f_1(x) \quad \text{与} \quad y'' + P(x)y' + Q(x)y = f_2(x)$$

的特解，那么 $y_1^*(x) + y_2^*(x)$ 就是原方程的特解.

证明 将 $y = y_1^* + y_2^*$ 代入原方程的左端，得

$$(y_1^* + y_2^*)'' + P(x)(y_1^* + y_2^*)' + Q(x)(y_1^* + y_2^*)$$
$$= [y_1^{*''} + P(x)y_1^{*'} + Q(x)y_1^*] + [y_2^{*''} + P(x)y_2^{*'} + Q(x)y_2^*]$$
$$= f_1(x) + f_2(x)$$

因此，$y_1^* + y_2^*$ 是原方程的一个特解.

习 题 6.6

1. 证明非齐次线性方程的叠加原理：设 $x_1(t)$，$x_2(t)$ 分别是非齐次线性方程：

$$\frac{\mathrm{d}^n x}{\mathrm{d}t^n} + a_1(t) \frac{\mathrm{d}^{n-1} x}{\mathrm{d}t^{n-1}} + \cdots + a_n(t)x = f_1(t)$$

$$\frac{\mathrm{d}^n x}{\mathrm{d}t^n} + a_1(t) \frac{\mathrm{d}^{n-1} x}{\mathrm{d}t^{n-1}} + \cdots + a_n(t)x = f_2(t)$$

的解，则 $x_1(t) + x_2(t)$ 是方程 $\dfrac{\mathrm{d}^n x}{\mathrm{d}t^n} + a_1(t) \dfrac{\mathrm{d}^{n-1} x}{\mathrm{d}t^{n-1}} + \cdots + a_n(t)x = f_1(t) + f_2(t)$ 的解.

2. 试验证 $\dfrac{\mathrm{d}^2 x}{\mathrm{d}t^2} - x = 0$ 的线性无关解组为 e^t，e^{-t}，并求方程 $\dfrac{\mathrm{d}^2 x}{\mathrm{d}t^2} - x = \cos t$ 的通解.

6.7　常系数齐次线性微分方程

方程

$$y'' + py' + qy = 0$$

称为二阶常系数齐次线性微分方程，其中 p、q 均为常数.

如果 y_1、y_2 是二阶常系数齐次线性微分方程的两个线性无关的解，那么 $y = C_1 y_1 + C_2 y_2$ 就是它的通解.

我们看看，能否适当选取 r，使 $y = \mathrm{e}^{rx}$ 满足二阶常系数齐次线性微分方程. 为此，将 $y = \mathrm{e}^{rx}$ 代入方程 $y'' + py' + qy = 0$，得

$$(r^2 + pr + q)\mathrm{e}^{rx} = 0$$

由此可见，只要 r 满足代数方程 $r^2 + pr + q = 0$，函数 $y = \mathrm{e}^{rx}$ 就是微分方程的解.

1. 特征方程

方程 $r^2 + pr + q = 0$ 称为微分方程 $y'' + py' + qy = 0$ 的特征方程. 特征方程的两个根 r_1、r_2 可用公式

$$r_{1,2} = \frac{-p \pm \sqrt{p^2 - 4q}}{2}$$

求出.

2. 特征方程的根与通解的关系

（1）特征方程有两个不相等的实根 r_1、r_2 时，函数 $y_1 = \mathrm{e}^{r_1 x}$、$y_2 = \mathrm{e}^{r_2 x}$ 是方程的两个线性无关的解.

因为函数 $y_1 = \mathrm{e}^{r_1 x}$、$y_2 = \mathrm{e}^{r_2 x}$ 是方程的解，又 $\dfrac{y_1}{y_2} = \dfrac{\mathrm{e}^{r_1 x}}{\mathrm{e}^{r_2 x}} = \mathrm{e}^{(r_1 - r_2)x}$ 不是常数，因此方程的通解为

$$y = C_1 \mathrm{e}^{r_1 x} + C_2 \mathrm{e}^{r_2 x}$$

（2）特征方程有两个相等的实根 $r_1 = r_2$ 时，函数 $y_1 = \mathrm{e}^{r_1 x}$、$y_2 = x\mathrm{e}^{r_1 x}$ 是二阶常系数齐次线性微分方程的两个线性无关的解.

因为 $y_1 = \mathrm{e}^{r_1 x}$ 是方程的解，又

$$
\begin{aligned}
(x\mathrm{e}^{r_1 x})'' + p(x\mathrm{e}^{r_1 x})' + q(x\mathrm{e}^{r_1 x}) &= (2r_1 + xr_1^2)\mathrm{e}^{r_1 x} + p(1 + xr_1)\mathrm{e}^{r_1 x} + qx\mathrm{e}^{r_1 x} \\
&= \mathrm{e}^{r_1 x}(2r_1 + p) + x\mathrm{e}^{r_1 x}(r_1^2 + pr_1 + q) \\
&= 0
\end{aligned}
$$

所以 $y_2 = x\mathrm{e}^{r_1 x}$ 也是方程的解，且 $\dfrac{y_2}{y_1} = \dfrac{x\mathrm{e}^{r_1 x}}{\mathrm{e}^{r_1 x}} = x$ 不是常数，因此方程的通解为

$$
y = C_1 \mathrm{e}^{r_1 x} + C_2 x\mathrm{e}^{r_1 x}
$$

（3）特征方程有一对共轭复根 $r_{1,2} = \alpha \pm \mathrm{i}\beta$ 时，$y_1 = \mathrm{e}^{(\alpha + \mathrm{i}\beta)x}$、$y_2 = \mathrm{e}^{(\alpha - \mathrm{i}\beta)x}$ 是微分方程的两个线性无关的复数形式的解，$y_1 = \mathrm{e}^{\alpha x}\cos\beta x$、$y_2 = \mathrm{e}^{\alpha x}\sin\beta x$ 是微分方程的两个线性无关的实数形式的解.

因为函数 $y_1 = \mathrm{e}^{(\alpha + \mathrm{i}\beta)x}$ 和 $y_2 = \mathrm{e}^{(\alpha - \mathrm{i}\beta)x}$ 都是方程的解，而由欧拉公式，得

$$
y_1 = \mathrm{e}^{(\alpha + \mathrm{i}\beta)x} = \mathrm{e}^{\alpha x}(\cos\beta x + \mathrm{i}\sin\beta x)
$$

$$
y_2 = \mathrm{e}^{(\alpha - \mathrm{i}\beta)x} = \mathrm{e}^{\alpha x}(\cos\beta x - \mathrm{i}\sin\beta x)
$$

$$
y_1 + y_2 = 2\mathrm{e}^{\alpha x}\cos\beta x, \quad \mathrm{e}^{\alpha x}\cos\beta x = \frac{1}{2}(y_1 + y_2)
$$

$$
y_1 - y_2 = 2\mathrm{i}\mathrm{e}^{\alpha x}\sin\beta x, \quad \mathrm{e}^{\alpha x}\sin\beta x = \frac{1}{2\mathrm{i}}(y_1 - y_2)
$$

故 $y_1 = \mathrm{e}^{\alpha x}\cos\beta x$、$y_2 = \mathrm{e}^{\alpha x}\sin\beta x$ 也是方程的解.

可以验证，$y_1 = \mathrm{e}^{\alpha x}\cos\beta x$、$y_2 = \mathrm{e}^{\alpha x}\sin\beta x$ 是方程的线性无关的解.

因此方程的通解为

$$
y = \mathrm{e}^{\alpha x}(C_1\cos\beta x + C_2\sin\beta x)
$$

综上所述，求二阶常系数齐次线性微分方程 $y'' + py' + qy = 0$ 的通解的步骤如下：

第一步：写出微分方程的特征方程，即

$$
r^2 + pr + q = 0
$$

第二步：求出特征方程的两个根 r_1、r_2.

第三步：根据特征方程的两个根的不同情况，写出微分方程的通解.

例 16 求微分方程 $y'' - 2y' - 3y = 0$ 的通解.

解 所给微分方程的特征方程为

$$
r^2 - 2r - 3 = 0, \quad \text{即}(r + 1)(r - 3) = 0
$$

其根 $r_1 = -1$，$r_2 = 3$ 是两个不相等的实根，因此所求通解为

$$
y = C_1 \mathrm{e}^{-x} + C_2 \mathrm{e}^{3x}
$$

例 17　求方程 $y'' + 2y' + y = 0$ 满足初始条件 $y|_{x=0} = 4$，$y'|_{x=0} = -2$ 的特解.

解　所给方程的特征方程为

$$r^2 + 2r + 1 = 0，即 (r+1)^2 = 0$$

其根 $r_1 = r_2 = -1$ 是两个相等的实根，因此所给微分方程的通解为

$$y = (C_1 + C_2 x)\mathrm{e}^{-x}$$

将条件 $y|_{x=0} = 4$ 代入通解，得 $C_1 = 4$，从而

$$y = (4 + C_2 x)\mathrm{e}^{-x}$$

将上式对 x 求导，得

$$y' = (C_2 - 4 - C_2 x)\mathrm{e}^{-x}$$

再把条件 $y'|_{x=0} = -2$ 代入上式，得 $C_2 = 2$. 于是所求特解为

$$y = (4 + 2x)\mathrm{e}^{-x}$$

例 18　求微分方程 $y'' - 2y' + 5y = 0$ 的通解.

解　所给方程的特征方程为

$$r^2 - 2r + 5 = 0$$

特征方程的根为 $r_1 = 1 + 2\mathrm{i}$，$r_2 = 1 - 2\mathrm{i}$，是一对共轭复根，因此所求通解为

$$y = \mathrm{e}^x(C_1 \cos 2x + C_2 \sin 2x)$$

习 题 6.7

1. 求下列各微分方程的通解.

(1) $y'' - 5y' + 6y = 0$；

(2) $2y'' + y' - y = 0$；

(3) $y'' - 2y' + y = 0$；

(4) $y'' + 2y' + 5y = 0$；

(5) $\dfrac{\mathrm{d}^2 s}{\mathrm{d}t^2} - 4\dfrac{\mathrm{d}s}{\mathrm{d}t} + 4s = 0$；

(6) $y'' + 2\sqrt{3}y' + 3y = 0$；

(7) $y^{(4)} - y = 0$；

(8) $y^{(4)} + 2y'' + y = 0$.

2. $y^{(2)} + 9y = 0$ 的一条积分曲线过点 $(\pi, 1)$，且与直线 $y + 1 = x - \pi$ 相切，求此曲线.

6.8　二阶常系数非齐次线性微分方程

方程

$$y'' + py' + qy = f(x)$$

称为二阶常系数非齐次线性微分方程，其中 p、q 是常数.

二阶常系数非齐次线性微分方程的通解是对应的齐次方程的通解 $y = Y(x)$ 与非齐次方程本身的一个特解 $y = y^*(x)$ 之和：

$$y = Y(x) + y^*(x)$$

下面介绍当 $f(x)$ 为一种特殊形式时，方程的特解的求法.

当 $f(x) = P_m(x)e^{\lambda x}$ 时，可以猜想，方程的特解也应具有这种形式. 因此，设特解形式为 $y^* = Q(x)e^{\lambda x}$，将其代入方程，得等式：

$$Q''(x) + (2\lambda + p)Q'(x) + (\lambda^2 + p\lambda + q)Q(x) = P_m(x)$$

（1）如果 λ 不是特征方程 $r^2 + pr + q = 0$ 的根，则 $\lambda^2 + p\lambda + q \neq 0$. 要使上式成立，$Q(x)$ 应设为 m 次多项式：

$$Q_m(x) = b_0 x^m + b_1 x^{m-1} + \cdots + b_{m-1}x + b_m$$

通过比较等式两边同次项系数，可确定 $b_0, b_1, \cdots, b_m$，并得所求特解为

$$y^* = Q_m(x)e^{\lambda x}$$

（2）如果 λ 是特征方程 $r^2 + pr + q = 0$ 的单根，则 $\lambda^2 + p\lambda + q = 0$，但 $2\lambda + p \neq 0$，要使等式

$$Q''(x) + (2\lambda + p)Q'(x) + (\lambda^2 + p\lambda + q)Q(x) = P_m(x)$$

成立，$Q(x)$ 应设为 $m+1$ 次多项式：

$$Q(x) = xQ_m(x)$$
$$Q_m(x) = b_0 x^m + b_1 x^{m-1} + \cdots + b_{m-1}x + b_m$$

通过比较等式两边同次项系数，可确定 $b_0, b_1, \cdots, b_m$，并得所求特解为

$$y^* = xQ_m(x)e^{\lambda x}$$

（3）如果 λ 是特征方程 $r^2 + pr + q = 0$ 的二重根，则 $\lambda^2 + p\lambda + q = 0$，且 $2\lambda + p = 0$，要使等式

$$Q''(x) + (2\lambda + p)Q'(x) + (\lambda^2 + p\lambda + q)Q(x) = P_m(x)$$

成立，$Q(x)$ 应设为 $m+2$ 次多项式：

$$Q(x) = x^2 Q_m(x)$$
$$Q_m(x) = b_0 x^m + b_1 x^{m-1} + \cdots + b_{m-1}x + b_m$$

通过比较等式两边同次项系数，可确定 $b_0, b_1, \cdots, b_m$，并得所求特解为

$$y^* = x^2 Q_m(x)e^{\lambda x}$$

综上所述，我们有如下结论：如果 $f(x) = P_m(x)e^{\lambda x}$，则二阶常系数非齐次线性微分方程 $y'' + py' + qy = f(x)$ 有形如

$$y^* = x^k Q_m(x)e^{\lambda x}$$

的特解，其中 $Q_m(x)$ 是与 $P_m(x)$ 同次的多项式，而 k 按 λ 不是特征方程的根、是特征方程

的单根或是特征方程的重根依次取为 0、1 或 2.

例 19　求微分方程 $y'' - 2y' - 3y = 3x + 1$ 的一个特解.

解　这是二阶常系数非齐次线性微分方程,且函数 $f(x)$ 是 $P_m(x)e^{\lambda x}$ 型(其中 $P_m(x) = 3x + 1$,$\lambda = 0$).

与所给方程对应的齐次方程为

$$y'' - 2y' - 3y = 0$$

它的特征方程为

$$r^2 - 2r - 3 = 0$$

因为这里 $\lambda = 0$ 不是特征方程的根,所以应设特解为

$$y^* = b_0 x + b_1$$

把它代入所给方程,得

$$-3b_0 x - 2b_0 - 3b_1 = 3x + 1$$

比较两端 x 同次幂的系数,得

$$\begin{cases} -3b_0 = 3 \\ -2b_0 - 3b_1 = 1 \end{cases}$$

由此求得 $b_0 = -1$,$b_1 = \dfrac{1}{3}$. 于是求得所给方程的一个特解为

$$y^* = -x + \frac{1}{3}$$

例 20　求微分方程 $y'' - 5y' + 6y = xe^{2x}$ 的通解.

解　所给方程是二阶常系数非齐次线性微分方程,且 $f(x)$ 是 $P_m(x)e^{\lambda x}$ 型(其中 $P_m(x) = x$,$\lambda = 2$).

与所给方程对应的齐次方程为

$$y'' - 5y' + 6y = 0$$

它的特征方程为

$$r^2 - 5r + 6 = 0$$

特征方程有两个实根 $r_1 = 2$,$r_2 = 3$. 于是所给方程对应的齐次方程的通解为

$$Y = C_1 e^{2x} + C_2 e^{3x}$$

因为 $\lambda = 2$ 是特征方程的单根,所以应设方程的特解为

$$y^* = x(b_0 x + b_1)e^{2x}$$

把它代入所给方程,得

$$-2b_0 x + 2b_0 - b_1 = x$$

比较两端 x 同次幂的系数，得

$$\begin{cases} -2b_0 = 1 \\ 2b_0 - b_1 = 0 \end{cases}$$

由此求得 $b_0 = -\dfrac{1}{2}$，$b_1 = -1$. 于是求得所给方程的一个特解为

$$y^* = x\left(-\frac{1}{2}x - 1\right)e^{2x}$$

从而所给方程的通解为

$$y = C_1 e^{2x} + C_2 e^{3x} - \frac{1}{2}(x^2 + 2x)e^{2x}$$

提示：

$$y^* = x(b_0 x + b_1)e^{2x} = (b_0 x^2 + b_1 x)e^{2x}$$

$$[(b_0 x^2 + b_1 x)e^{2x}]' = [(2b_0 x + b_1) + (b_0 x^2 + b_1 x) \cdot 2]e^{2x}$$

$$[(b_0 x^2 + b_1 x)e^{2x}]'' = [2b_0 + 2(2b_0 x + b_1) \cdot 2 + (b_0 x^2 + b_1 x) \cdot 2^2]e^{2x}$$

$$
\begin{aligned}
y^{*}{}'' - 5y^{*}{}' + 6y^* &= [(b_0 x^2 + b_1 x)e^{2x}]'' - 5[(b_0 x^2 + b_1 x)e^{2x}]' + 6[(b_0 x^2 + b_1 x)e^{2x}] \\
&= [2b_0 + 2(2b_0 x + b_1) \cdot 2 + (b_0 x^2 + b_1 x) \cdot 2^2]e^{2x} - 5[(2b_0 x + b_1) \\
&\quad + (b_0 x^2 + b_1 x) \cdot 2]e^{2x} + 6(b_0 x^2 + b_1 x)e^{2x} \\
&= [2b_0 + 4(2b_0 x + b_1) - 5(2b_0 x + b_1)]e^{2x} \\
&= (-2b_0 x + 2b_0 - b_1)e^{2x}
\end{aligned}
$$

习 题 6.8

1. 求下列各微分方程的通解.

(1) $2y'' + y' - y = 2e^x$；

(2) $y'' + a^2 y = e^x$；

(3) $2y'' + 5y' = 5x^2 - 2x - 1$；

(4) $y'' + 3y' + 2y = 3xe^{-x}$.

2. 设函数 $g(x)$ 连续，且满足 $g(x) = e^x + \displaystyle\int_0^x (t - x)g(x)\mathrm{d}t$，求 $g(x)$.

~~~~~~ **综合练习六** ~~~~~~

1. 填空题

(1) 微分方程 $\dfrac{\mathrm{d}y}{\mathrm{d}x} = 2xy$ 的通解为 _____ .

(2) 齐次微分方程 $\dfrac{\mathrm{d}y}{\mathrm{d}x} = f\left(\dfrac{y}{x}\right)$ 的求解方法是首先作变量代换_____，将其转化为方程_____.

(3) 一阶线性微分方程 $y' + p(x)y = q(x)$ 的通解公式为_____.

2. 选择题

(1) 微分方程 $(y')^2 + y''' + xy^4 = x$ 的阶数为(　　).

A. 1　　　　　　　　B. 2　　　　　　　　C. 3　　　　　　　　D. 4

(2) 下列方程中是齐次微分方程的是(　　).

A. $(y^2 - x)\mathrm{d}y = y\mathrm{d}x$　　　　　　　　B. $xy' + y = x^2$

C. $y' = \mathrm{e}^{2x-y}$　　　　　　　　D. $xy' = y + \sqrt{y^2 - x^2}$

(3) 微分方程 $2y\mathrm{d}y - \mathrm{d}x = 0$ 的通解是(　　).

A. $y^2 - x = C$　　B. $y - \sqrt{x} = C$　　C. $y = x + C$　　D. $y = -x + C$

(4) 方程 $y' - y = 0$ 满足条件 $y|_{x=0} = 2$ 的解为(　　).

A. $y = \mathrm{e}^x + 1$　　B. $y = 2\mathrm{e}^x$　　C. $y = \mathrm{e}^{-x} + 1$　　D. $y = 2\mathrm{e}^{-x}$

3. 计算题

(1) 解微分方程：$y\mathrm{d}x = (x + y)\mathrm{d}y$，$y(1) = 1$.

(2) 求微分方程 $y' + 2xy = 2x\mathrm{e}^{-x^2}$ 的通解.

(3) 设 $f(x)$ 可微且满足 $f(x) + 2\displaystyle\int_0^x f(t)\mathrm{d}t = x^2$，求 $f(x)$.

4. 假设设备在每一时刻由于磨损而垮价的速度与它的实际价格成正比，已知最初价格为 A_0，试求其 t 年后的价格.

第 7 章　　多元函数微分学

前面各章所讨论的函数都是只有一个自变量的函数，称为一元函数．但在许多实际问题中，经常会遇到含有两个或多个自变量的函数，即多元函数．例如圆柱体的体积 V 是关于底面半径 r 和高 h 的函数 $(V = \pi r^2 h)$．本章在一元函数微分学的基础上重点讨论二元函数的有关概念及微分法，然后再把讨论的结果推广到一般的多元函数．

7.1　多元函数的极限与连续

7.1.1　平面点集

一元函数的定义域是数轴上的点集．但对二元函数，由于多了一个自变量，它的定义域很自然地要扩充为平面上的点集．

1. 平面点集

平面点集是指平面上满足某个条件 p 的一切点构成的集合，记作
$$E = \{(x, y) \mid (x, y) \text{ 满足条件 } p\}$$
例如：平面上以原点 O 为圆心，r 为半径的圆内所有点的集合是
$$E = \{(x, y) \mid x^2 + y^2 < r^2\}$$
若以点 P 表示 (x, y)，$|OP|$ 表示点 P 到原点 O 的距离，则集合 E 也可表示为
$$E = \{P \mid |OP| < r\}$$

2. 邻域

设 $P_0(x_0, y_0)$ 为 xOy 平面上一点，$\delta > 0$，与点 P_0 距离小于 δ 的点 $P(x, y)$ 的全体称为点 P_0 的 δ 邻域，记作 $U(P_0, \delta)$，即
$$U(P_0, \delta) = \{P \mid |P_0P| < \delta\} = \{(x, y) \mid \sqrt{(x-x_0)^2 + (y-y_0)^2} < \delta\}$$
其中，P_0 称为邻域的中心，δ 称为邻域的半径．在几何上，$U(P_0, \delta)$ 就是 xOy 平面上以点 $P_0(x_0, y_0)$ 为中心、δ 为半径的圆内所有点 $P(x, y)$ 的全体．

点 P_0 的去心 δ 邻域，记作
$$\mathring{U}(P_0, \delta) = \{(x, y) \mid 0 < \sqrt{(x-x_0)^2 + (y-y_0)^2} < \delta\}$$

如果不需要强调邻域的半径 δ，点 P_0 的 δ 邻域也可记作 $U(P_0)$，点 P_0 的去心 δ 邻域也可记作 $\mathring{U}(P_0)$.

7.1.2　多元函数的概念

1. 二元函数的定义

定义 7.1　设 D 是平面上的一个非空点集，若有一映射 f，使 D 内任意一点 $P(x, y)$，总有唯一确定的实数 z 与之对应，则称映射 f 为定义在 D 上的二元函数，通常记作
$$z = f(x, y), (x, y) \in D$$
其中，x、y 称为自变量，z 称为因变量，点集 D 称为函数的定义域，函数值的全体称为函数的值域，记为 $f(D)$，即
$$f(D) = \{z \mid z = f(x, y), (x, y) \in D\}$$
类似地，可以给出 n 元函数的定义.

设 D 是 $\mathbf{R}^n$ 的一个非空点集，若有一映射 f，使 D 内任意一点 $P(x_1, x_2, \cdots, x_n)$，总有唯一确定的实数 u 与之对应，则称映射 f 为定义在 D 上的 n 元函数，通常记作
$$u = f(x_1, x_2, \cdots, x_n), (x_1, x_2, \cdots, x_n) \in D$$
当 $n = 1$ 时，n 元函数就是一元函数；当 $n \geqslant 2$ 时，n 元函数统称为多元函数.

和一元函数相类似，多元函数的定义域一般是指使函数有意义的一切点的集合.

例 1　设 $f(x, y) = \dfrac{x^2 + y^2}{2x^2 y}$，求 $f(1, 1)$.

解
$$f(1, 1) = \frac{1 + 1}{2 \times 1 \times 1} = 1$$

例 2　求下列函数的定义域.

(1) $z = \sqrt{1 - x^2 - y^2}$；　　　　　(2) $z = \dfrac{1}{\sqrt{x + y}}$.

解　(1) 函数的定义域 $D = \{(x, y) \mid x^2 + y^2 \leqslant 1\}$，如图 7-1 所示.

(2) 函数的定义域 $D = \{(x, y) \mid x + y > 0\}$，如图 7-2 所示.

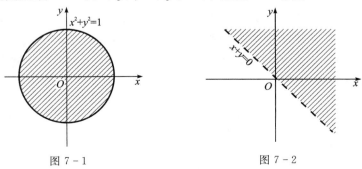

图 7-1　　　　　　　　　　　　　图 7-2

2. 二元函数的几何意义

一元函数 $y = f(x)$ 通常表示 xOy 平面上的一条曲线.

设二元函数 $z = f(x, y)$ 的定义域为 D. 对于 D 上任意一点 $P(x, y)$，必有唯一的实数 z 与其对应. 这样，以 x 为横坐标、y 为纵坐标、$z = f(x, y)$ 为竖坐标在空间就确定一点 $M(x, y, z)$. 当 (x, y) 遍取 D 上的所有点时，得到一个空间点集 $\{(x, y, z) \mid z = f(x, y), (x, y) \in D\}$，称该空间点集为二元函数 $z = f(x, y)$ 的图形（见图 $7-3$）. 它通常是一个曲面，如二元函数 $z = x^2 + y^2$ 的图形是旋转抛物面，线性函数 $z = ax + by + c$ 的图形是平面.

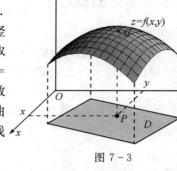

图 $7-3$

而定义域 D 恰是该曲面在 xOy 平面上的投影.

7.1.3 多元函数的极限

类似于一元函数的极限，我们也可以研究二元函数 $z = f(x, y)$ 的极限问题.

定义 7.2 设函数 $z = f(x, y)$ 在点 $P_0(x_0, y_0)$ 的某个去心邻域 $\mathring{U}(P_0)$ 内有定义，点 $P(x, y)$ 是 $\mathring{U}(P_0)$ 内异于 P_0 的任一点，当 $P(x, y)$ 沿着任意路径无限趋近于 $P_0(x_0, y_0)$ 时，函数 $f(x, y)$ 总是无限趋近于一个确定的常数 A，则称 A 是函数 $f(x, y)$ 当 $x \to x_0$，$y \to y_0$ 时的极限，记作

$$\lim_{\substack{x \to x_0 \\ y \to y_0}} f(x, y) = A \quad \text{或} \quad \lim_{(x, y) \to (x_0, y_0)} f(x, y) = A$$

为了区别于一元函数的极限，二元函数的极限也称为二重极限.

注意：（1）不能因为点 $P(x, y)$ 沿着某一条（或几条）特殊路径趋近于 $P_0(x_0, y_0)$ 时，$f(x, y)$ 趋近于某一常数而断定它有极限. 但是，当点 $P(x, y)$ 沿着不同路径趋近于 $P_0(x_0, y_0)$ 时，$f(x, y)$ 趋近于不同的数，则可断定 $f(x, y)$ 在 $P_0(x_0, y_0)$ 处没有极限.

（2）关于一元函数极限的运算法则和定理可以推广到二元函数的极限上.

例 3 求下列函数的极限.

（1）$\displaystyle \lim_{(x, y) \to (0, 0)} \frac{x^2 + y^2}{\sqrt{1 + x^2 + y^2} - 1}$；

（2）$\displaystyle \lim_{(x, y) \to (0, 3)} \frac{\sin(xy)}{x}$.

解　(1) 原极限 $= \lim\limits_{(x,\,y)\to(0,\,0)} \dfrac{(x^2+y^2)(\sqrt{1+x^2+y^2}+1)}{(\sqrt{1+x^2+y^2}-1)(\sqrt{1+x^2+y^2}+1)}$

$\qquad\qquad\qquad = \lim\limits_{(x,\,y)\to(0,\,0)} (\sqrt{1+x^2+y^2}+1) = 2$

(2) 原极限 $= \lim\limits_{(x,\,y)\to(0,\,3)} \left[\dfrac{\sin(xy)}{xy} \cdot y\right] = \lim\limits_{(x,\,y)\to(0,\,3)} \dfrac{\sin(xy)}{xy} \cdot \lim\limits_{(x,\,y)\to(0,\,3)} y = 1 \times 3 = 3$

例 4　讨论函数 $f(x,\,y) = \begin{cases} \dfrac{xy}{x^2+y^2}, & x^2+y^2 \neq 0 \\ 0, & x^2+y^2 = 0 \end{cases}$ 当 $(x,\,y) \to (0,\,0)$ 时是否存

在极限.

解　显然,当点 $(x,\,y)$ 沿 x 轴趋近于点 $(0,\,0)$ 时,有

$$\lim_{\substack{(x,\,y)\to(0,\,0)\\y=0}} f(x,\,y) = \lim_{x\to0} f(x,\,0) = \lim_{x\to0} 0 = 0$$

同样,当点 $(x,\,y)$ 沿 y 轴趋近于点 $(0,\,0)$ 时,有

$$\lim_{\substack{(x,\,y)\to(0,\,0)\\x=0}} f(x,\,y) = \lim_{y\to0} f(0,\,y) = \lim_{y\to0} 0 = 0$$

然而,当点 $(x,\,y)$ 沿直线 $y=kx$ 趋近于 $(0,\,0)$ 时,有

$$\lim_{\substack{(x,\,y)\to(0,\,0)\\y=kx}} f(x,\,y) = \lim_{x\to0} \frac{kx^2}{x^2+k^2x^2} = \frac{k}{1+k^2}$$

显然它是随着 k 的值的不同而变化的,因此 $f(x,\,y)$ 在 $(0,\,0)$ 处不存在极限.

7.1.4　多元函数的连续性

1. 二元函数连续的定义

与一元函数一样,可利用二元函数的极限给出二元函数连续的概念.

定义 7.3　设函数 $z = f(x,\,y)$ 在点 $P_0(x_0,\,y_0)$ 处的某邻域内有定义. 若

$$\lim_{(x,\,y)\to(x_0,\,y_0)} f(x,\,y) = f(x_0,\,y_0)$$

则称函数 $f(x,\,y)$ 在点 $P_0(x_0,\,y_0)$ 处连续,称点 P_0 为函数 $f(x,\,y)$ 的连续点.

若令 $x = x_0 + \Delta x$,$y = y_0 + \Delta y$,则当 $(x,\,y) \to (x_0,\,y_0)$,有 $\Delta x \to 0$,$\Delta y \to 0$. 记 $\Delta z = f(x_0+\Delta x,\,y_0+\Delta y) - f(x_0,\,y_0)$ 为函数 $f(x,\,y)$ 当自变量 x、y 分别有增量 Δx、Δy 时的全增量,点 $(x,\,y)$ 到点 $(x_0,\,y_0)$ 的距离为

$$\rho = \sqrt{(x-x_0)^2+(y-y_0)^2} = \sqrt{(\Delta x)^2+(\Delta y)^2} \to 0 \,(\Delta x \to 0,\,\Delta y \to 0)$$

则连续的另一定义为

$$\lim_{\substack{\Delta x\to0\\\Delta y\to0}} \Delta z = \lim_{\rho\to0} \Delta z = 0$$

若函数 $z = f(x,\,y)$ 在区域 D 内每一点都连续,则称 $z = f(x,\,y)$ 在区域 D 内连续,

或称 $f(x, y)$ 是 D 上的连续函数.

若函数 $z = f(x, y)$ 在点 $P_0(x_0, y_0)$ 处不连续，则称 $P_0(x_0, y_0)$ 为 $z = f(x, y)$ 的间断点.

二元函数的间断点可以是一条曲线，如 $z = \sin \dfrac{1}{x^2 + y^2 - 1}$ 的间断点是曲线 $x^2 + y^2 = 1$.

所以，二元连续函数的图形是一张没有任何孔隙和裂缝的曲面.

2. 多元连续函数的性质

根据多元函数的极限运算法则，可以证明：

（1）多元连续函数的和、差、积仍为连续函数.

（2）多元连续函数的商在分母不为零处仍连续.

（3）多元连续函数的复合函数也是连续函数.

由多元多项式及一元初等函数经过有限次的四则运算和复合而且可用一个表达式表示的函数称为多元初等函数. 例如，$z = \sin(x^2 + y^2)$，$z = \ln \dfrac{1}{x - y + z}$ 等都是多元初等函数.

一切多元初等函数在其定义区域内都是连续的.

例 5 求 $\lim\limits_{(x, y) \to (0, 1)} \dfrac{2 - xy}{x^2 + y^2}$.

解 函数 $f(x, y) = \dfrac{2 - xy}{x^2 + y^2}$ 的定义域为 $D = \{(x, y) \mid x \neq 0, y \neq 0\}$，而 $(0, 1)$ 是定义域 D 的内点，故 $\dfrac{2 - xy}{x^2 + y^2}$ 在点 $(0, 1)$ 连续，所以

$$\lim\limits_{(x, y) \to (0, 1)} \dfrac{2 - xy}{x^2 + y^2} = f(0, 1) = 2$$

3. 有界闭区域上连续函数的性质

与闭区间上一元连续函数的性质相类似，在有界闭区域上的多元连续函数具有如下性质.

性质 1（有界性与最大值、最小值定理） 在有界闭区域 D 上连续的多元函数，必定在 D 上有界，且能取得它的最大值和最小值.

也就是说，若 $f(P)$ 在有界闭区域 D 上连续，则必存在常数 $M > 0$，使得对一切 $P \in D$，有 $|f(P)| \leqslant M$；且存在 P_1、$P_2 \in D$，使得

$$f(P_1) = \max\{f(P) \mid P \in D\}, \quad f(P_2) = \min\{f(P) \mid P \in D\}$$

性质 2（介值定理） 在有界闭区域 D 上连续的多元函数，必能取得介于最大值和最小值之间的任何值.

也就是说，若 $f(P_1) = \max\{f(P) \mid P \in D\}$，$f(P_2) = \min\{f(P) \mid P \in D\}$，当 $f(P_2) <$

$m < f(P_1)$ 时，则至少在 D 上存在一点 P，使得 $f(P) = m$ 成立.

性质 3（零点存在定理）　若函数 $f(P)$ 在有界闭区域 D 上连续，且它在 D 上取得的两个不同函数值中，一个大于零，一个小于零，则至少在 D 上存在一点 P_0，使得 $f(P_0) = 0$.

习 题 7.1

1. 求下列函数的定义域.

(1) $z = \ln(x^2 + y^2 - 1) + \dfrac{1}{\sqrt{4 - x^2 - y^2}}$;　　　(2) $z = \ln(y - x^2) + \sqrt{1 - y - x^2}$;

(3) $z = \arcsin(x + y)$;　　　(4) $z = \ln(x + y)$.

2. 设 $f(u, v) = u^v$，求 $f(x, x^2)$，$f\left(\dfrac{1}{y},\, x - y\right)$.

3. 求下列函数的极限.

(1) $\lim\limits_{(x, y) \to (0, 0)} \dfrac{2 - \sqrt{xy + 4}}{xy}$;　　　(2) $\lim\limits_{(x, y) \to (0, 0)} \dfrac{\sin 2(x^2 + y^2)}{x^2 + y^2}$;

(3) $\lim\limits_{(x, y) \to (1, 2)} \dfrac{xy + 2x^2 y^2}{x + y}$;　　　(4) $\lim\limits_{(x, y) \to (1, 0)} \dfrac{\ln(x + \mathrm{e}^y)}{x^2 + y^2}$;

(5) $\lim\limits_{(x, y) \to (0, 0)} \dfrac{1 - \cos(x^2 + y^2)}{(x^2 + y^2)x^2 y^2}$;　　　(6) $\lim\limits_{\substack{x \to \infty \\ y \to a}} \left(1 + \dfrac{1}{x}\right)^{\frac{x^2}{x + y}}$.

4. 指出函数 $z = \dfrac{\mathrm{e}^{xy}}{x^2 + y^2 - 4}$ 的间断点或间断线.

7.2　偏　导　数

7.2.1　偏导数的定义及其计算

1. 偏导数的定义

在一元函数微分学中，我们曾经研究过函数 $y = f(x)$ 的导数，即函数 y 对于自变量 x 的变化率问题. 对于多元函数，也常常遇到需要研究它对某个自变量的变化率的问题，这就产生了偏导数的概念.

定义 7.4　设函数 $z = f(x, y)$ 在点 $P_0(x_0, y_0)$ 的某一邻域内有定义，当 y 固定在 y_0，而 x 在 x_0 处有增量 Δx 时，函数 $z = f(x, y)$ 相应地有增量（称为关于 x 的偏增量）：

$$\Delta_x z = f(x_0 + \Delta x,\, y_0) - f(x_0,\, y_0)$$

若 $\lim\limits_{\Delta x \to 0} \dfrac{\Delta_x z}{\Delta x}$ 存在，则称此极限值为函数 $z = f(x, y)$ 在 (x_0, y_0) 处对 x 的偏导数，记作

$$\frac{\partial z}{\partial x}\bigg|_{\substack{x=x_0 \\ y=y_0}}, \frac{\partial f}{\partial x}\bigg|_{\substack{x=x_0 \\ y=y_0}}, z'_x\bigg|_{\substack{x=x_0 \\ y=y_0}} \text{ 或 } f'_x(x_0, y_0)$$

即

$$f'_x(x_0, y_0) = \lim_{\Delta x \to 0} \frac{\Delta_x z}{\Delta x} = \lim_{\Delta x \to 0} \frac{f(x_0 + \Delta x, y_0) - f(x_0, y_0)}{\Delta x}$$

类似地，函数 $z = f(x, y)$ 在点 (x_0, y_0) 处对 y 的偏导数定义为

$$\lim_{\Delta y \to 0} \frac{\Delta_y z}{\Delta y} = \lim_{\Delta y \to 0} \frac{f(x_0, y_0 + \Delta y) - f(x_0, y_0)}{\Delta y}$$

记作

$$\frac{\partial z}{\partial y}\bigg|_{\substack{x=x_0 \\ y=y_0}}, \frac{\partial f}{\partial y}\bigg|_{\substack{x=x_0 \\ y=y_0}}, z'_y\bigg|_{\substack{x=x_0 \\ y=y_0}} \text{ 或 } f'_y(x_0, y_0)$$

若函数 $z = f(x, y)$ 在区域 D 内每一点 (x, y) 处对 x 的偏导数都存在，则这个偏导数是关于 x、y 的函数，称它为函数 $z = f(x, y)$ 对 x 的偏导函数，记为

$$\frac{\partial z}{\partial x}, \frac{\partial f}{\partial x}, z'_x \text{ 或 } f'_x(x, y)$$

类似地，可定义函数 $z = f(x, y)$ 对 y 的偏导函数，记为

$$\frac{\partial z}{\partial y}, \frac{\partial f}{\partial y}, z'_y \text{ 或 } f'_y(x, y)$$

显然，$f(x, y)$ 在 (x_0, y_0) 处对 x 的偏导数 $f'_x(x_0, y_0)$ 就是偏导函数 $f'_x(x, y)$ 在 (x_0, y_0) 处的函数值；$f'_y(x_0, y_0)$ 就是偏导函数 $f'_y(x, y)$ 在 (x_0, y_0) 处的函数值.

在不致混淆的情况下，偏导函数也称偏导数.

二元函数偏导数的定义可以类推到三元及三元以上的函数. 例如三元函数 $u = f(x, y, z)$ 对 x 的偏导数为

$$\frac{\partial u}{\partial x} = \lim_{\Delta x \to 0} \frac{f(x + \Delta x, y, z) - f(x, y, z)}{\Delta x}$$

2. 偏导数的计算

由偏导数的定义可知，求多元函数对某一自变量的偏导数，就是将其他自变量看成常数，而只对该自变量求导即可.

例 6　求函数 $z = x^2 \sin 2y$ 在点 $\left(1, \frac{\pi}{8}\right)$ 处的两个偏导数.

解　把 y 看做常量，对 x 求导得

$$\frac{\partial z}{\partial x} = 2x \sin 2y, \frac{\partial z}{\partial x}\bigg|_{(1, \frac{\pi}{8})} = 2\sin \frac{\pi}{4} = \sqrt{2}$$

把 x 看做常量，对 y 求导得

$$\frac{\partial z}{\partial y} = 2x^2 \cos 2y, \ \frac{\partial z}{\partial y} \Big|_{(1, \frac{\pi}{8})} = 2\cos\frac{\pi}{4} = \sqrt{2}$$

例 7 求函数 $z = \mathrm{e}^{xy}\sin(2x+y)$ 的偏导数.

解
$$\frac{\partial z}{\partial x} = y\mathrm{e}^{xy}\sin(2x+y) + 2\mathrm{e}^{xy}\cos(2x+y)$$

$$\frac{\partial z}{\partial y} = x\mathrm{e}^{xy}\sin(2x+y) + \mathrm{e}^{xy}\cos(2x+y)$$

例 8 设 $z = x^y (x > 0,\ x \neq 1)$，证明：

$$\frac{x}{y}\frac{\partial z}{\partial x} + \frac{1}{\ln x}\frac{\partial z}{\partial y} = 2z$$

证明
$$\frac{\partial z}{\partial x} = y \cdot x^{y-1},\ \frac{\partial z}{\partial y} = x^y \cdot \ln x$$

$$\frac{x}{y}\frac{\partial z}{\partial x} + \frac{1}{\ln x}\frac{\partial z}{\partial y} = \frac{x}{y}yx^{y-1} + \frac{1}{\ln x}x^y\ln x = x^y + x^y = 2z$$

例 9 设 $u = \sqrt{x^2 + y^2 + z^2}$，证明：

$$\left(\frac{\partial u}{\partial x}\right)^2 + \left(\frac{\partial u}{\partial y}\right)^2 + \left(\frac{\partial u}{\partial z}\right)^2 = 1$$

解
$$\frac{\partial u}{\partial x} = \frac{2x}{2\sqrt{x^2 + y^2 + z^2}} = \frac{x}{u}$$

同理有

$$\frac{\partial u}{\partial y} = \frac{y}{u},\ \frac{\partial u}{\partial z} = \frac{z}{u}$$

故

$$\left(\frac{\partial u}{\partial x}\right)^2 + \left(\frac{\partial u}{\partial y}\right)^2 + \left(\frac{\partial u}{\partial z}\right)^2 = \frac{x^2}{u^2} + \frac{y^2}{u^2} + \frac{z^2}{u^2} = 1$$

注意：多元函数的偏导数符号 $\dfrac{\partial z}{\partial x}$、$\dfrac{\partial z}{\partial y}$ 是一个整体符号，不能分开，即单独的 ∂z、∂y、∂x 无意义. 而一元函数的导数 $\dfrac{\mathrm{d}y}{\mathrm{d}x}$ 可看成函数微分 $\mathrm{d}y$ 与自变量微分 $\mathrm{d}x$ 的商，因此也称微商.

3. 偏导数的几何意义

由二元函数偏导数的定义知，$z = f(x, y)$ 在点 (x_0, y_0) 处对 x 的偏导数 $f'_x(x_0, y_0)$，就是一元函数 $z = f(x, y_0)$ 在 x_0 处的导数. 由导数的几何意义可知，$\dfrac{\mathrm{d}}{\mathrm{d}x}f'(x, y_0)\Big|_{x=x_0}$ 即 $f'_x(x_0, y_0)$ 是曲线 $\begin{cases} z = f(x, y) \\ y = y_0 \end{cases}$ 在点 $M_0(x_0, y_0, z_0)$ 处的切线 M_0T_x 对 x 轴的斜率（见图

$7-4$). 同理, $f'_y(x_0, y_0)$ 是曲线 $\begin{cases} z = f(x, y) \\ x = x_0 \end{cases}$ 在点 $M_0(x_0, y_0, z_0)$ 处的切线 $M_0 T_y$ 对 y 轴的斜率.

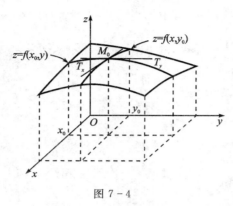

图 $7-4$

4. 偏导数存在与函数连续之间的关系

例 10 讨论 $z = f(x, y) = \begin{cases} \dfrac{xy}{x^2 + y^2}, & x^2 + y^2 = 0 \\ 0, & x^2 + y^2 \neq 0 \end{cases}$ 在 $(0, 0)$ 处的连续性与可导性.

解 因为 $\lim\limits_{\substack{x \to 0 \\ y \to 0}} \dfrac{xy}{x^2 + y^2}$ 不存在, 由 7.1 节例 4 可知, 函数 $f(x, y)$ 在 $(0, 0)$ 处不连续; 但

$$\left. \frac{\partial z}{\partial x} \right|_{\substack{x=0 \\ y=0}} = \lim_{\Delta x \to 0} \frac{f(0 + \Delta x, 0) - f(0, 0)}{\Delta x} = 0$$

从而 $f'_x(0, 0) = 0$.

同理 $f'_y(0, 0) = 0$, 所以函数在 $(0, 0)$ 处的两个偏导数存在.

例 11 讨论函数 $z = \sqrt{x^2 + y^2}$ 在 $(0, 0)$ 处的连续性与可导性.

解 由于 $\lim\limits_{\substack{x \to 0 \\ y \to 0}} \sqrt{x^2 + y^2} = 0 = f(0, 0)$, 所以函数在 $(0, 0)$ 处连续; 但

$$\left. \frac{\partial z}{\partial x} \right|_{\substack{x=0 \\ y=0}} = \lim_{\Delta x \to 0} \frac{f(0 + \Delta x, 0) - f(0, 0)}{\Delta x} = \lim_{\Delta x \to 0} \frac{|\Delta x|}{\Delta x}$$

不存在, 因此 $f'_x(0, 0)$ 不存在.

同理 $f'_y(0, 0)$ 不存在, 从而函数在 $(0, 0)$ 处的两个偏导数不存在.

由例 10、例 11 可知: 函数在某点的偏导数存在与函数连续没有必然联系. 这是因为对多元函数而言, 可导是 $x \to x_0$ 的一种单方向趋近, 连续是 $p \to p_0$ 的一种多方式趋近.

7.2.2　高阶偏导数

一般地，二元函数 $z = f(x, y)$ 的偏导数 $f'_x(x, y)$，$f'_y(x, y)$ 仍然是自变量 x、y 的函数，若它们对 x、y 的偏导数也存在，则称它们为函数 $z = f(x, y)$ 的二阶偏导数. 二元函数的二阶偏导数有以下 4 种类型：

$$\left(\frac{\partial z}{\partial x}\right)'_x = \frac{\partial}{\partial x}\left(\frac{\partial z}{\partial x}\right) = \frac{\partial^2 z}{\partial x^2} = f''_{xx}(x, y), \quad \left(\frac{\partial z}{\partial x}\right)'_y = \frac{\partial}{\partial y}\left(\frac{\partial z}{\partial x}\right) = \frac{\partial^2 z}{\partial x \partial y} = f''_{xy}(x, y)$$

$$\left(\frac{\partial z}{\partial y}\right)'_x = \frac{\partial}{\partial x}\left(\frac{\partial z}{\partial y}\right) = \frac{\partial^2 z}{\partial y \partial x} = f''_{yx}(x, y), \quad \left(\frac{\partial z}{\partial y}\right)'_y = \frac{\partial}{\partial y}\left(\frac{\partial z}{\partial y}\right) = \frac{\partial^2 z}{\partial y^2} = f''_{yy}(x, y)$$

其中，$f''_{xy}(x, y)$，$f''_{yx}(x, y)$ 称为二阶混合偏导数，$\dfrac{\partial}{\partial y}\left(\dfrac{\partial z}{\partial x}\right) = \dfrac{\partial^2 z}{\partial x \partial y}$ 表示先对 x 后对 y 的求导次序；$\dfrac{\partial}{\partial x}\left(\dfrac{\partial z}{\partial y}\right) = \dfrac{\partial^2 z}{\partial y \partial x}$ 表示先对 y 后对 x 的求导次序.

类似地，可给出三阶及三阶以上的偏导数，二阶及二阶以上的偏导数统称为高阶偏导数.

例 12　求 $z = x^3 y + 2xy^2 - 3y^3$ 的二阶偏导数.

解
$$\frac{\partial z}{\partial x} = 3x^2 y + 2y^2, \quad \frac{\partial z}{\partial y} = x^3 + 4xy - 9y^2$$

故

$$\frac{\partial^2 z}{\partial x^2} = 6xy, \quad \frac{\partial^2 z}{\partial x \partial y} = 3x^2 + 4y, \quad \frac{\partial^2 z}{\partial y \partial x} = 3x^2 + 4y, \quad \frac{\partial^2 z}{\partial y^2} = 4x - 18y$$

由上面例题可以看出

$$\frac{\partial^2 z}{\partial x \partial y} = \frac{\partial^2 z}{\partial y \partial x}$$

这不是偶然的. 事实上，我们有下述定理.

定理 7.1　若函数 $z = f(x, y)$ 的两个二阶混合偏导数 $\dfrac{\partial^2 z}{\partial x \partial y}$ 和 $\dfrac{\partial^2 z}{\partial y \partial x}$ 在区域 D 内连续，则在该区域内有

$$\frac{\partial^2 z}{\partial x \partial y} = \frac{\partial^2 z}{\partial y \partial x}$$

也就是说，二阶混合偏导数在连续的条件下与求导次序无关.

该定理证明从略.

例 13　设 $z = \ln(e^x + e^y)$，试证

$$\frac{\partial^2 z}{\partial x^2} \cdot \frac{\partial^2 z}{\partial y^2} - \left(\frac{\partial^2 z}{\partial x \partial y}\right)^2 = 0$$

解
$$\frac{\partial z}{\partial x} = \frac{\mathrm{e}^x}{\mathrm{e}^x + \mathrm{e}^y}, \frac{\partial z}{\partial y} = \frac{\mathrm{e}^y}{\mathrm{e}^x + \mathrm{e}^y}$$

$$\frac{\partial^2 z}{\partial x^2} = \frac{\mathrm{e}^x(\mathrm{e}^x + \mathrm{e}^y) - \mathrm{e}^x \cdot \mathrm{e}^x}{(\mathrm{e}^x + \mathrm{e}^y)^2} = \frac{\mathrm{e}^x \cdot \mathrm{e}^y}{(\mathrm{e}^x + \mathrm{e}^y)^2}$$

$$\frac{\partial^2 z}{\partial x \partial y} = -\frac{\mathrm{e}^x \cdot \mathrm{e}^y}{(\mathrm{e}^x + \mathrm{e}^y)^2}$$

$$\frac{\partial^2 z}{\partial y^2} = \frac{\mathrm{e}^y(\mathrm{e}^x + \mathrm{e}^y) - \mathrm{e}^y \cdot \mathrm{e}^y}{(\mathrm{e}^x + \mathrm{e}^y)^2} = \frac{\mathrm{e}^x \cdot \mathrm{e}^y}{(\mathrm{e}^x + \mathrm{e}^y)^2}$$

故
$$\frac{\partial^2 z}{\partial x^2} \cdot \frac{\partial^2 z}{\partial y^2} - \left(\frac{\partial^2 z}{\partial x \partial y}\right)^2 = \left[\frac{\mathrm{e}^x \cdot \mathrm{e}^y}{(\mathrm{e}^x + \mathrm{e}^y)^2}\right]^2 - \left[-\frac{\mathrm{e}^x \cdot \mathrm{e}^y}{(\mathrm{e}^x + \mathrm{e}^y)^2}\right]^2 = 0$$

习 题 7.2

1. 求函数 $z = \dfrac{xy}{x + y}$ 在点 $(1, 1)$ 处的偏导数.

2. 求下列函数的偏导数.

(1) $z = \dfrac{x\mathrm{e}^y}{y^2}$;

(2) $z = x\sin y + y\mathrm{e}^{xy}$;

(3) $z = \sqrt{\ln(xy)}$;

(4) $z = \sin(xy) + \cos^2(xy)$;

(5) $z = \ln\tan\dfrac{x}{y}$;

(6) $u = x^{\frac{y}{z}}$.

3. 设 $z = \ln(x^{\frac{1}{3}} + y^{\frac{1}{3}})$, 证明 $x\dfrac{\partial z}{\partial x} + y\dfrac{\partial z}{\partial y} = \dfrac{1}{3}$.

4. 求曲线 $\begin{cases} z = \dfrac{x^2 + y^2}{4} \\ y = 4 \end{cases}$ 在点 $(2, 4, 5)$ 处的切线与横轴正向所成的角.

5. 求下列函数的二阶偏导数.

(1) $z = \arctan\dfrac{y}{x}$;

(2) $z = y\ln(x + y)$.

6. 设 $z = \sqrt{x^2 + y^2}$, 证明 $\dfrac{\partial^2 z}{\partial x^2} + \dfrac{\partial^2 z}{\partial y^2} = \dfrac{1}{z}$.

7.3 全 微 分

1. 全微分的定义

由上节内容知，二元函数对某个自变量的偏导数表示当另一自变量固定时，因变量相

对于该自变量的变化率. 根据一元函数微分学中增量与微分的关系, 可得

$$\Delta_x z = f(x + \Delta x, y) - f(x, y) \approx f'_x(x, y)\Delta x$$

$$\Delta_y z = f(x, y + \Delta y) - f(x, y) \approx f'_y(x, y)\Delta y$$

上式的左端是二元函数 $z = f(x, y)$ 对 x 和对 y 的偏增量, 而右端分别称为二元函数 $z = f(x, y)$ 对 x 和对 y 的偏微分.

在实际问题中, 有时需要研究多元函数中各个自变量都取得增量时因变量所获得的增量, 即全增量问题. 一般说来, 计算全增量比较复杂. 与一元函数的情形一样, 我们希望用自变量的增量的线性函数来近似代替全增量, 从而对二元函数引入如下定义.

定义 7.5　若函数 $z = f(x, y)$ 在点 (x, y) 处的全增量

$$\Delta z = f(x + \Delta x, y + \Delta y) - f(x, y)$$

可以表示为

$$\Delta z = A\Delta x + B\Delta y + o(\rho)$$

其中, A、B 与 Δx、Δy 无关, 而仅与 x、y 有关, $\rho = \sqrt{(\Delta x)^2 + (\Delta y)^2}$, 则称函数 $z = f(x, y)$ 在 (x, y) 处可微, 而 $A\Delta x + B\Delta y$ 称为函数 $z = f(x, y)$ 在 (x, y) 处的全微分, 记作 $\mathrm{d}z$, 即

$$\mathrm{d}z = A\Delta x + B\Delta y$$

若函数 $z = f(x, y)$ 在区域 D 内处处可微, 则称函数 $z = f(x, y)$ 在区域 D 内可微.

2. 二元函数可微与连续、可导的关系

定理 7.2　若函数 $z = f(x, y)$ 在 (x_0, y_0) 处可微, 则函数 $z = f(x, y)$ 在 (x_0, y_0) 处连续.

证明　由函数 $z = f(x, y)$ 在 (x_0, y_0) 处可微, 可得

$$\Delta z = A\Delta x + B\Delta y + o(\sqrt{(\Delta x)^2 + (\Delta y)^2})$$

$$\lim_{\substack{\Delta x \to 0 \\ \Delta y \to 0}} \Delta z = \lim_{\substack{\Delta x \to 0 \\ \Delta y \to 0}} (A\Delta x + B\Delta y) + \lim_{\substack{\Delta x \to 0 \\ \Delta y \to 0}} o(\sqrt{(\Delta x)^2 + (\Delta y)^2}) = 0$$

即函数 $z = f(x, y)$ 在 (x_0, y_0) 处连续.

该定理也告诉我们, 若函数 $z = f(x, y)$ 在 (x_0, y_0) 处不连续, 则函数 $z = f(x, y)$ 在 (x_0, y_0) 处不可微.

定理 7.3(可微的必要条件)　若函数 $z = f(x, y)$ 在点 (x, y) 处可微, 则函数 $z = f(x, y)$ 在点 (x, y) 处的两个偏导数存在, 且函数 $z = f(x, y)$ 在点 (x, y) 处的全微分为

$$\mathrm{d}z = \frac{\partial z}{\partial x}\Delta x + \frac{\partial z}{\partial y}\Delta y$$

证明　由函数 $z = f(x, y)$ 在点 (x, y) 处可微, 可得

$$\Delta z = A\Delta x + B\Delta y + o(\rho)$$

上式对任意 Δx、Δy 都成立，则当 $\Delta y = 0$ 时也成立，这时全增量转化为偏增量：

$$\Delta_x z = \Delta z = A\Delta x + o(|\Delta x|)$$

故

$$\lim_{\Delta x \to 0} \frac{\Delta_x z}{\Delta x} = \lim_{\Delta x \to 0}\left(A + \frac{o(|\Delta x|)}{\Delta x}\right) = A$$

即

$$A = \frac{\partial z}{\partial x}$$

同理可证

$$B = \frac{\partial z}{\partial y}$$

那么，定理 7.2 与定理 7.3 的逆命题是否成立呢？先看下面的例题.

例 14　讨论函数 $z = f(x, y) = \sqrt{|xy|}$ 在$(0, 0)$处的连续性、可导性及可微性.

解　因为

$$\lim_{\substack{x \to 0 \\ y \to 0}} f(x, y) = \lim_{\substack{x \to 0 \\ y \to 0}} \sqrt{|xy|} = 0 = f(0, 0)$$

所以函数 $z = f(x, y)$ 在$(0, 0)$处连续.

因为

$$\lim_{\Delta x \to 0} \frac{f(0 + \Delta x, 0) - f(0, 0)}{\Delta x} = 0$$

所以 $f'_x(0, 0) = 0$.

同理可得 $f'_y(0, 0) = 0$，即函数 $z = f(x, y)$ 在$(0, 0)$处两个偏导数都存在.

记函数的全增量与两个偏微分的差为

$$\Delta w = \Delta z - [f'_x(0, 0)\Delta x + f'_y(0, 0)\Delta y]$$
$$= \Delta z = f(\Delta x, \Delta y) - f(0, 0) = \sqrt{|(\Delta x)(\Delta y)|}$$

而

$$\lim_{\rho \to 0} \frac{\Delta w}{\rho} = \lim_{\rho \to 0} \frac{\sqrt{|(\Delta x)(\Delta y)|}}{\rho} = \lim_{\substack{\Delta x \to 0 \\ \Delta y \to 0}} \sqrt{\frac{|(\Delta x)(\Delta y)|}{(\Delta x)^2 + (\Delta y)^2}}$$

不存在，所以函数 $z = f(x, y)$ 在$(0, 0)$处不可微.

由例 14 知，函数 $z = f(x, y)$ 在某点连续或者可导，得不到函数在该点可微的结论. 与一元函数不同的是，二元函数的各偏导数存在只是它可微的必要条件，而非充分条件. 这是因为：当函数的各偏导数都存在时，虽然能形式地写出 $\frac{\partial z}{\partial x}\Delta x + \frac{\partial z}{\partial y}\Delta y$，但它与 Δz 的差并不一定是较 ρ 高阶的无穷小，因此它不一定是函数的全微分. 但若再假设函数的各个偏导数连续,则可证明函数是可微分的,即有下面的定理.

定理 7.4(可微的充分条件)　若函数 $z = f(x, y)$ 在点 (x, y) 处的两个偏导数 $\dfrac{\partial z}{\partial x}$、$\dfrac{\partial z}{\partial y}$

连续,则 $z = f(x, y)$ 在点 (x, y) 可微.

证明略.

以上关于二元函数全微分的定义及可微的必要条件和充分条件,可以完全类似地推广到三元和三元以上的多元函数.

3. 全微分的计算

通常将自变量的增量 Δx、Δy 分别记作 $\mathrm{d}x$、$\mathrm{d}y$,并分别称为自变量 x、y 的微分. 这样,函数 $z = f(x, y)$ 的全微可写为

$$\mathrm{d}z = \frac{\partial z}{\partial x}\mathrm{d}x + \frac{\partial z}{\partial y}\mathrm{d}y$$

这表明函数的全微分等于它的两个偏微分之和,这一性质称为二元函数微分的叠加原理.

叠加原理也适用于二元以上的函数的情形. 例如,如果三元函数 $u = f(x, y, z)$ 可微,则它就等于它的三个偏微分之和,即

$$\mathrm{d}u = \frac{\partial u}{\partial x}\mathrm{d}x + \frac{\partial u}{\partial y}\mathrm{d}y + \frac{\partial u}{\partial z}\mathrm{d}z$$

例 15　求函数 $z = 2x^3 y + xy^2$ 在点 $(1, 2)$ 处的全微分.

解　因为

$$\frac{\partial z}{\partial x} = 6x^2 y + y^2, \ \frac{\partial z}{\partial y} = 2x^3 + 2xy$$

而

$$\mathrm{d}z = (6x^2 y + y^2)\mathrm{d}x + (2x^3 + 2xy)\mathrm{d}y$$

故

$$\mathrm{d}z\big|_{(1, 2)} = (6 \times 2 + 4)\mathrm{d}x + (2 + 2 \times 2)\mathrm{d}y = 16\mathrm{d}x + 6\mathrm{d}y$$

例 16　求函数 $z = \sin x + \dfrac{x}{y}$ 的全微分.

解
$$\frac{\partial z}{\partial x} = \cos x + \frac{1}{y}, \ \frac{\partial z}{\partial y} = -\frac{x}{y^2}$$

故

$$\mathrm{d}z = \left(\cos x + \frac{1}{y}\right)\mathrm{d}x - \frac{x}{y^2}\mathrm{d}y$$

例 17　求函数 $u = \tan xyz$ 的全微分.

解
$$u'_x = yz\sec^2 xyz, \ u'_y = xz\sec^2 xyz, \ u'_z = xy\sec^2 xyz$$

故
$$du = \sec^2 xyz(yz\,dx + xz\,dy + xy\,dz)$$

习　题　7.3

1. 求函数 $z = \ln \dfrac{x}{y}$ 在点 $(1,1)$ 处的全微分.

2. 求函数 $z = x^2 y^3$ 当 $x = 2$，$y = -1$，$\Delta x = 0.02$，$\Delta y = -0.01$ 时的全微分及全增量.

3. 求下列函数的全微分.

(1) $z = \arctan(x^2 y)$;　　　　　　　(2) $z = e^x \arcsin y$;

(3) $z = \ln(x - 2y)$;　　　　　　　　(4) $u = x e^{xy + 2z}$.

7.4　多元复合函数的微分法

7.4.1　链式求导法则

现在将一元函数微分学中复合函数的求导法则推广到多元复合函数的情形. 多元复合函数的求导法则（也称链式求导法则）在多元函数微分学中也起着重要作用.

下面按照多元复合函数的不同复合结构，分三种情形进行讨论.

1. 中间变量均为一元函数的情形

定理 7.5　若函数 $u = u(t)$，$v = v(t)$ 都在点 t 可导，函数 $z = f(u,v)$ 在对应点 (u,v) 具有连续偏导数，则复合函数 $z = f[u(t), v(t)]$ 在点 t 可导，且有

$$\frac{dz}{dt} = \frac{\partial z}{\partial u} \cdot \frac{du}{dt} + \frac{\partial z}{\partial v} \cdot \frac{dv}{dt} \tag{7-1}$$

证明　设 t 获得增量 Δt，则 $u = u(t)$，$v = v(t)$ 的对应增量为 Δu、Δv，$z = f(u,v)$ 也相应地有增量 Δz.

因为 $z = f(u,v)$ 在点 (u,v) 具有连续偏导数，所以 $z = f(u,v)$ 在点 (u,v) 可微，故

$$\Delta z = \frac{\partial z}{\partial u} \cdot \Delta u + \frac{\partial z}{\partial v} \cdot \Delta v + o(\rho)$$

其中
$$\rho = \sqrt{(\Delta u)^2 + (\Delta v)^2}$$

所以
$$\frac{\Delta z}{\Delta t} = \frac{\partial z}{\partial u} \cdot \frac{\Delta u}{\Delta t} + \frac{\partial z}{\partial v} \cdot \frac{\Delta v}{\Delta t} + \frac{o(\rho)}{\Delta t}$$

所以
$$\lim_{\Delta t \to 0} \frac{\Delta z}{\Delta t} = \frac{\partial z}{\partial u} \cdot \lim_{\Delta t \to 0} \frac{\Delta u}{\Delta t} + \frac{\partial z}{\partial v} \cdot \lim_{\Delta t \to 0} \frac{\Delta v}{\Delta t} + \lim_{\Delta t \to 0} \frac{o(\rho)}{\Delta t}$$

又因为 $u = u(t)$，$v = v(t)$ 都在点 t 可导，所以

$$\lim_{\Delta t \to 0} \frac{\Delta u}{\Delta t} = \frac{\mathrm{d}u}{\mathrm{d}t}, \ \lim_{\Delta t \to 0} \frac{\Delta v}{\Delta t} = \frac{\mathrm{d}v}{\mathrm{d}t}$$

当 $\Delta t \to 0$ 时，有 $\Delta u \to 0$，$\Delta v \to 0$，$\rho \to 0$，所以

$$\lim_{\Delta t \to 0} \frac{o(\rho)}{\Delta t} = \lim_{\rho \to 0} \frac{o(\rho)}{\rho} \lim_{\Delta t \to 0} \frac{\rho}{\Delta t} = 0 \cdot \left[\pm \lim_{\Delta t \to 0} \sqrt{\left(\frac{\Delta u}{\Delta t}\right)^2 + \left(\frac{\Delta v}{\Delta t}\right)^2} \right] = 0$$

故

$$\frac{\mathrm{d}z}{\mathrm{d}t} = \lim_{\Delta t \to 0} \frac{\Delta z}{\Delta t} = \frac{\partial z}{\partial u} \cdot \frac{\mathrm{d}u}{\mathrm{d}t} + \frac{\partial z}{\partial v} \cdot \frac{\mathrm{d}v}{\mathrm{d}t}$$

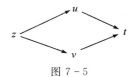

图 7 - 5

为了掌握链式求导法则，我们可以画一个"变量关系图"来帮助分析理解函数的复合结构和求导途径. 对照式 (7-1) 可以这样理解（见图 7-5）：从 z 引出的两个箭头指向 u、v，表示 z 是关于 u 和 v 的函数，其中每个箭头表示一个导数或偏导数，如 "$z \to u$" 表示 $\dfrac{\partial z}{\partial u}$；从 z 出发到达 t 的所有路径相加，就是 z 对 t 的导数，如 z 到 t 有两条路径："$z \to u \to t$" 和 "$z \to v \to t$"，表示 z 对 t 的导数是两项的和；每条路径有两个箭头，表示每项由两个导数相乘而得，如 "$z \to u \to t$" 就表示 $\dfrac{\partial z}{\partial u} \cdot \dfrac{\mathrm{d}u}{\mathrm{d}t}$.

定理 7.5 可推广到复合函数的中间变量多于两个的情形. 例如，由 $z = f(u, v, w)$，$u = u(t)$，$v = v(t)$，$w = w(t)$ 复合而成的复合函数 $z = f[u(t), v(t), w(t)]$ 在类似条件下可导，由图 7-6 可得求导公式为

$$\frac{\mathrm{d}z}{\mathrm{d}t} = \frac{\partial z}{\partial u} \cdot \frac{\mathrm{d}u}{\mathrm{d}t} + \frac{\partial z}{\partial v} \cdot \frac{\mathrm{d}v}{\mathrm{d}t} + \frac{\partial z}{\partial w} \cdot \frac{\mathrm{d}w}{\mathrm{d}t} \tag{7-2}$$

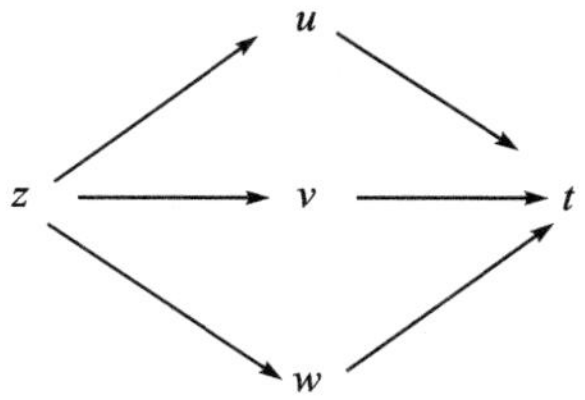

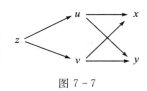

图 7 - 6

例 18　设 $z = u^v$，且 $u = \sin t$，$v = \cos t$，求 $\dfrac{\mathrm{d}z}{\mathrm{d}t}$.

解
$$\frac{\mathrm{d}z}{\mathrm{d}t} = \frac{\partial z}{\partial u} \cdot \frac{\mathrm{d}u}{\mathrm{d}t} + \frac{\partial z}{\partial v} \cdot \frac{\mathrm{d}v}{\mathrm{d}t}$$
$$= vu^{v-1}\cos t + u^v \ln u(-\sin t)$$
$$= \cos^2 t (\sin t)^{\cos t - 1} - (\sin t)^{\cos t + 1} \ln(\sin t)$$

2. 中间变量均为二元函数的情形

定理 7.6　若函数 $u = u(x, y)$，$v = v(x, y)$ 在点 (x, y) 处的偏导数都存在，函数 $z = f(u, v)$ 在对应点 (u, v) 具有连续的偏导数，则复合函数 $z = f[u(x, y), v(x, y)]$ 在点 (x, y) 处的两个偏导数存在，由图 7-7 可得

图 7 - 7

$$\begin{cases} \dfrac{\partial z}{\partial x} = \dfrac{\partial z}{\partial u} \cdot \dfrac{\partial u}{\partial x} + \dfrac{\partial z}{\partial v} \cdot \dfrac{\partial v}{\partial x} \\ \dfrac{\partial z}{\partial y} = \dfrac{\partial z}{\partial u} \cdot \dfrac{\partial u}{\partial y} + \dfrac{\partial z}{\partial v} \cdot \dfrac{\partial v}{\partial y} \end{cases} \qquad (7-3)$$

类似地，设 $u = u(x, y)$，$v = v(x, y)$，$w = w(x, y)$ 在点 (x, y) 处的偏导数都存在，函数 $z = f(u, v, w)$ 在对应点 (u, v, w) 具有连续的偏导数，则复合函数 $z = f[u(x, y), v(x, y), w(x, y)]$ 在点 (x, y) 处的两个偏导数存在，由图 7-8 可得

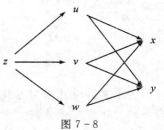

图 7-8

$$\begin{cases} \dfrac{\partial z}{\partial x} = \dfrac{\partial z}{\partial u} \cdot \dfrac{\partial u}{\partial x} + \dfrac{\partial z}{\partial v} \cdot \dfrac{\partial v}{\partial x} + \dfrac{\partial z}{\partial w} \cdot \dfrac{\partial w}{\partial x} \\ \dfrac{\partial z}{\partial y} = \dfrac{\partial z}{\partial u} \cdot \dfrac{\partial u}{\partial y} + \dfrac{\partial z}{\partial v} \cdot \dfrac{\partial v}{\partial y} + \dfrac{\partial z}{\partial w} \cdot \dfrac{\partial w}{\partial y} \end{cases} \qquad (7-4)$$

例 19 设 $z = u^2 \ln v$，$u = \dfrac{x}{y}$，$v = 3x - 2y$，求 $\dfrac{\partial z}{\partial x}$，$\dfrac{\partial z}{\partial y}$.

解
$$\frac{\partial z}{\partial x} = \frac{\partial z}{\partial u} \cdot \frac{\partial u}{\partial x} + \frac{\partial z}{\partial v} \cdot \frac{\partial v}{\partial x} = 2u\ln v \cdot \frac{1}{y} + \frac{u^2}{v} \cdot 3$$
$$= \frac{2x}{y^2}\ln(3x - 2y) + \frac{3x^2}{y^2(3x - 2y)}$$
$$\frac{\partial z}{\partial y} = \frac{\partial z}{\partial u} \cdot \frac{\partial u}{\partial y} + \frac{\partial z}{\partial v} \cdot \frac{\partial v}{\partial y} = 2u\ln v \cdot \left(\frac{-x}{y^2}\right) + \frac{u^2}{v} \cdot (-2)$$
$$= -\frac{2x^2}{y^3}\ln(3x - 2y) - \frac{2x^2}{y^2(3x - 2y)}$$

3. 中间变量既有一元函数，又有多元函数的情形

定理 7.7 若函数 $u = u(x, y)$ 在点 (x, y) 处的两个偏导数存在，函数 $v = v(y)$ 在点 y 可导，函数 $z = f(u, v)$ 在对应点 (u, v) 处具有连续的偏导数，则复合函数 $z = f[u(x, y), v(y)]$ 在点 (x, y) 处的两个偏导数存在，由图 7-9 可得

$$\begin{cases} \dfrac{\partial z}{\partial x} = \dfrac{\partial z}{\partial u} \cdot \dfrac{\partial u}{\partial x} \\ \dfrac{\partial z}{\partial y} = \dfrac{\partial z}{\partial u} \cdot \dfrac{\partial u}{\partial y} + \dfrac{\partial z}{\partial v} \cdot \dfrac{\mathrm{d}v}{\mathrm{d}y} \end{cases} \qquad (7-5)$$

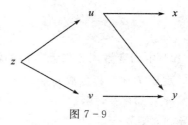

图 7-9

情形 3 实际上是情形 2 的一种特例. 在情形 2 中，v 与 x 无关，则 $\dfrac{\partial v}{\partial x} = 0$；又因为 v 是 y 的一元函数，故 $\dfrac{\partial v}{\partial y}$ 应换成 $\dfrac{\mathrm{d}v}{\mathrm{d}y}$，这时，式 $(7-3)$ 就变成了式 $(7-5)$.

在情形 3 中，还会遇到这样的情形：复合函数的某些中间变量本身又是复合函数的自变量. 例如，设 $z = f(u, x, y)$ 具有连续偏导数，而 $u = u(x, y)$ 具有偏导数，则复合函数 $z = f[u(x, y), x, y]$ 可看做式(7-4)中当 $v = x$，$w = y$ 的特殊情形，如图 7-10 所示，故有

$$
\begin{cases}
\dfrac{\partial z}{\partial x} = \dfrac{\partial f}{\partial u} \cdot \dfrac{\partial u}{\partial x} + \dfrac{\partial f}{\partial x} \\[3mm]
\dfrac{\partial z}{\partial y} = \dfrac{\partial f}{\partial u} \cdot \dfrac{\partial u}{\partial y} + \dfrac{\partial f}{\partial y}
\end{cases} \tag{7-6}
$$

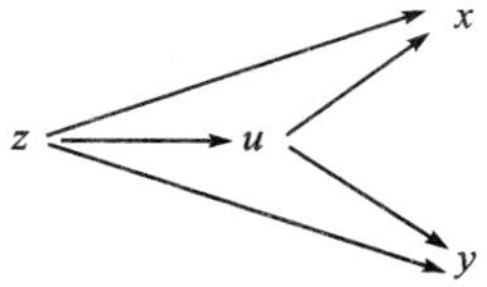

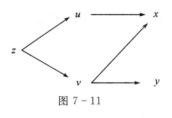

图 7-10

注意：式(7-6)中的 $\dfrac{\partial z}{\partial x}$ 与 $\dfrac{\partial f}{\partial x}$ 是不同的，$\dfrac{\partial z}{\partial x}$ 是把复合函数 $z = f[u(x, y), x, y]$ 中的 y 看做常数而对 x 求偏导数，$\dfrac{\partial f}{\partial x}$ 是把 $z = f(u, x, y)$ 中的 u 和 y 都看做常数而对 x 求偏导数. $\dfrac{\partial z}{\partial y}$ 与 $\dfrac{\partial f}{\partial y}$ 也有类似的区别.

例 20　设 $z = \mathrm{e}^{u^2 + v^2}$，$u = x^2$，$v = xy$，求 $\dfrac{\partial z}{\partial x}$，$\dfrac{\partial z}{\partial y}$.

解　函数变量关系图如图 7-11 所示，故

$$
\begin{aligned}
\frac{\partial z}{\partial x} &= \frac{\partial z}{\partial u} \cdot \frac{\mathrm{d}u}{\mathrm{d}x} + \frac{\partial z}{\partial v} \cdot \frac{\partial v}{\partial x} \\
&= 2u\mathrm{e}^{u^2 + v^2} \cdot 2x + 2v\mathrm{e}^{u^2 + v^2} \cdot y \\
&= (4x^3 + 2xy^2)\mathrm{e}^{x^4 + x^2 y^2} \\
\frac{\partial z}{\partial y} &= \frac{\partial z}{\partial v} \cdot \frac{\partial v}{\partial y} = 2v\mathrm{e}^{u^2 + v^2} \cdot x = 2x^2 y\mathrm{e}^{x^4 + x^2 y^2}
\end{aligned}
$$

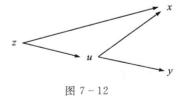

图 7-11

例 18、例 19 及例 20 也可将中间变量的关系式代入函数关系式，然后用直接求导法. 但用链式法则求导具有思路清晰、计算简便、不易出错等优点，并且抽象函数的求导只能用链式法则求导，如下例.

例 21　设 $z = f(x, u)$ 的偏导数连续，且 $u = 3x^2 + y^4$，求 $\dfrac{\partial z}{\partial x}$，$\dfrac{\partial z}{\partial y}$.

解　函数变量关系图如图 7-12 所示，故

$$
\begin{aligned}
\frac{\partial z}{\partial x} &= \frac{\partial f}{\partial x} + \frac{\partial f}{\partial u} \cdot \frac{\partial u}{\partial x} \\
&= f'_x(x, u) + f'_u(x, u) \cdot 6x \\
\frac{\partial z}{\partial y} &= \frac{\partial f}{\partial u} \cdot \frac{\partial u}{\partial y} = 4y^3 f'_u(x, u)
\end{aligned}
$$

图 7-12

注意：一般来说，$\dfrac{\partial z}{\partial u}$ 和 $\dfrac{\partial z}{\partial v}$ 仍是 u、v 的函数，继而是 x、y 的复合函数，其复合结构与 z

相同.

通过上面的例题可以看到，在利用链式法则对复合函数求导时，关键是要搞清楚各变量之间的函数关系.

7.4.2 多元复合函数的全微分

设 $z = f(u, v)$ 具有连续偏导数，则有全微分：

$$\mathrm{d}z = \frac{\partial z}{\partial u}\mathrm{d}u + \frac{\partial z}{\partial v}\mathrm{d}v$$

若 $u = u(x, y)$，$v = v(x, y)$，且 u、v 也具有连续偏导数，则复合函数 $z = f[u(x, y), v(x, y)]$ 的全微分为

$$\mathrm{d}z = \frac{\partial z}{\partial x}\mathrm{d}x + \frac{\partial z}{\partial y}\mathrm{d}y$$

其中

$$\frac{\partial z}{\partial x} = \frac{\partial z}{\partial u}\cdot\frac{\partial u}{\partial x} + \frac{\partial z}{\partial v}\cdot\frac{\partial v}{\partial x}, \; \frac{\partial z}{\partial y} = \frac{\partial z}{\partial u}\cdot\frac{\partial u}{\partial y} + \frac{\partial z}{\partial v}\cdot\frac{\partial v}{\partial y}$$

将它们代入上式，可得

$$\begin{aligned}\mathrm{d}z &= \left(\frac{\partial z}{\partial u}\cdot\frac{\partial u}{\partial x} + \frac{\partial z}{\partial v}\cdot\frac{\partial v}{\partial x}\right)\mathrm{d}x + \left(\frac{\partial z}{\partial u}\cdot\frac{\partial u}{\partial y} + \frac{\partial z}{\partial v}\cdot\frac{\partial v}{\partial y}\right)\mathrm{d}y \\ &= \frac{\partial z}{\partial u}\left(\frac{\partial u}{\partial x}\mathrm{d}x + \frac{\partial u}{\partial y}\mathrm{d}y\right) + \frac{\partial z}{\partial v}\left(\frac{\partial v}{\partial x}\mathrm{d}x + \frac{\partial v}{\partial y}\mathrm{d}y\right) \\ &= \frac{\partial z}{\partial u}\mathrm{d}u + \frac{\partial z}{\partial v}\mathrm{d}v\end{aligned}$$

由此可见，无论 u，v 是 z 的自变量还是中间变量，z 的全微分形式是一样的，此性质称为全微分形式不变性.

全微分形式不变性也可用来求多元复合函数的偏导数.

例 22 设 $z = \mathrm{e}^u \sin v$，$u = xy$，$v = x + y$，求 $\dfrac{\partial z}{\partial x}$，$\dfrac{\partial z}{\partial y}$.

解
$$\mathrm{d}z = \mathrm{d}(\mathrm{e}^u \sin v) = \mathrm{e}^u \sin v \mathrm{d}u + \mathrm{e}^u \cos v \mathrm{d}v$$
$$\mathrm{d}u = \mathrm{d}(xy) = y\mathrm{d}x + x\mathrm{d}y, \; \mathrm{d}v = \mathrm{d}(x + y) = \mathrm{d}x + \mathrm{d}y$$

故

$$\begin{aligned}\mathrm{d}z &= \mathrm{e}^u \sin v(y\mathrm{d}x + x\mathrm{d}y) + \mathrm{e}^u \cos v(\mathrm{d}x + \mathrm{d}y) \\ &= (\mathrm{e}^u \sin v \cdot y + \mathrm{e}^u \cos v)\mathrm{d}x + (\mathrm{e}^u \sin v \cdot x + \mathrm{e}^u \cos v)\mathrm{d}y \\ &= [\mathrm{e}^{xy}\sin(x+y) \cdot y + \mathrm{e}^{xy}\cos(x+y)]\mathrm{d}x + [\mathrm{e}^{xy}\sin(x+y) \cdot x + \mathrm{e}^{xy}\cos(x+y)]\mathrm{d}y\end{aligned}$$

所以

$$\frac{\partial z}{\partial x} = \mathrm{e}^{xy} \sin(x+y) \cdot y + \mathrm{e}^{xy} \cos(x+y), \quad \frac{\partial z}{\partial y} = \mathrm{e}^{xy} \sin(x+y) \cdot x + \mathrm{e}^{xy} \cos(x+y)$$

习 题 7.4

1. 设 $z = x^2 + xy + y^2$，$x = t^2$，$y = t$，求 $\dfrac{\mathrm{d}z}{\mathrm{d}t}$.

2. 设 $z = \tan(3t + 2x^2 - y)$，$x = \dfrac{1}{t}$，$y = \sqrt{t}$，求 $\dfrac{\mathrm{d}z}{\mathrm{d}t}$.

3. 设 $z = \ln(u^2 + v)$，且 $u = xy$，$v = 2x + 3y$，求 $\dfrac{\partial z}{\partial x}$，$\dfrac{\partial z}{\partial y}$.

4. 设 $z = \arcsin u$，$u = x^2 + y^2$，求 $\dfrac{\partial z}{\partial x}$，$\dfrac{\partial z}{\partial y}$.

5. 设 $z = \sin(u + x^2 + y^2)$，$u = \ln(xy)$，求 $\dfrac{\partial z}{\partial x}$，$\dfrac{\partial z}{\partial y}$.

6. 设 $z = f(\sin x, x^2 - y^2)$，其中 f 可微，求 $\dfrac{\partial z}{\partial x}$，$\dfrac{\partial z}{\partial y}$.

7. 设 $z = xyf(x^2 y^3)$，f 具有一阶连续偏导数，求 $\dfrac{\partial z}{\partial x}$，$\dfrac{\partial z}{\partial y}$.

7.5　隐函数的求导公式

7.5.1　一个方程的情形

1. 一元隐函数的求导公式

在一元函数中，我们曾学过隐函数的求导方法，但没有给出一般的求导公式. 现根据多元复合函数的求导方法，可给出一元隐函数的求导公式.

设方程 $F(x, y) = 0$ 确定了函数 $y = y(x)$，将其代入方程得恒等式

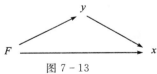

图 7 - 13

$$F(x, y(x)) \equiv 0$$

其左端是 x 的复合函数，两端对 x 求导，由图 7 - 13 可得

$$F'_x + F'_y \cdot \frac{\mathrm{d}y}{\mathrm{d}x} = 0$$

若 $F'_y \neq 0$，则

$$\frac{\mathrm{d}y}{\mathrm{d}x} = -\frac{F'_x}{F'_y}$$

这是一元隐函数的求导公式.

例 23 求由方程 $\sin y + e^x - xy^2 = 0$ 所确定的隐函数的导数 $\dfrac{dy}{dx}$.

解 设 $F(x, y) = \sin y + e^x - xy^2$，则有

$$F'_x = e^x - y^2,\ F'_y = \cos y - 2xy$$

故

$$\frac{dy}{dx} = -\frac{F'_x}{F'_y} = -\frac{e^x - y^2}{\cos y - 2xy} = \frac{y^2 - e^x}{\cos y - 2xy}$$

2. 二元隐函数的求导公式

设方程 $F(x, y, z) = 0$ 确定了隐函数 $z = z(x, y)$，若 F'_x，F'_y，F'_z 连续，且 $F'_z \neq 0$，将 $z = z(x, y)$ 代入方程 $F(x, y, z) = 0$ 中，得恒等式：

$$F(x, y, z(x, y)) \equiv 0$$

两端分别对 x，y 求偏导，由图 7-14 可得

$$F'_x + F'_z \frac{\partial z}{\partial x} = 0,\ F'_y + F'_z \cdot \frac{\partial z}{\partial y} = 0$$

因为 $F'_z \neq 0$，所以

$$\frac{\partial z}{\partial x} = -\frac{F'_x}{F'_z},\ \frac{\partial z}{\partial y} = -\frac{F'_y}{F'_z}$$

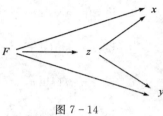

图 7-14

这是二元隐函数求偏导数的公式.

这个公式的理论基础是隐函数存在定理.

定理 7.8（隐函数存在定理） 设函数 $F(x, y, z)$ 在点 (x_0, y_0, z_0) 的某一邻域内具有连续的偏导数，且 $F(x_0, y_0, z_0) = 0$，$F'_z(x_0, y_0, z_0) \neq 0$，则方程 $F(x, y, z) = 0$ 在点 (x_0, y_0, z_0) 的某一邻域内恒能唯一确定一个单值连续且具有连续偏导数的函数 $z = f(x, y)$，它满足条件 $z_0 = f(x_0, y_0)$，并有

$$\frac{\partial z}{\partial x} = -\frac{F'_x}{F'_z},\ \frac{\partial z}{\partial y} = -\frac{F'_y}{F'_z}$$

证明略.

例 24 设方程 $e^z = xyz$ 确定了隐函数 $z = z(x, y)$，求 $\dfrac{\partial z}{\partial x}$，$\dfrac{\partial z}{\partial y}$.

解 令 $F(x, y, z) = e^z - xyz$，则

$$F'_x = -yz,\ F'_y = -xz,\ F'_z = e^z - xy$$

故

$$\frac{\partial z}{\partial x} = -\frac{F'_x}{F'_z} = \frac{yz}{e^z - xy},\ \frac{\partial z}{\partial y} = -\frac{F'_y}{F'_z} = \frac{xz}{e^z - xy}$$

例 25　设 $x^2 + y^2 + z^2 - 4z = 0$，求 $\dfrac{\partial^2 z}{\partial x^2}$.

解　令 $F(x, y, z) = x^2 + y^2 + z^2 - 4z$，则
$$F'_x = 2x, \ F'_z = 2z - 4$$
故
$$\frac{\partial z}{\partial x} = -\frac{F'_x}{F'_z} = \frac{x}{2-z}$$

$$\frac{\partial^2 z}{\partial x^2} = \frac{\partial}{\partial x}\left(\frac{x}{2-z}\right) = \frac{(2-z) + x\frac{\partial z}{\partial x}}{(2-z)^2} = \frac{(2-z) + x\left(\frac{x}{2-z}\right)}{(2-z)^2} = \frac{(2-z)^2 + x^2}{(2-z)^3}$$

例 26　设函数 $z = z(x, y)$ 由 $x^2 + y^2 + z^2 = xf\left(\dfrac{y}{x}\right)$ 确定，且 f 可微，求 $\dfrac{\partial z}{\partial x}$，$\dfrac{\partial z}{\partial y}$.

解　令 $F(x, y, z) = x^2 + y^2 + z^2 - xf\left(\dfrac{y}{x}\right)$，则
$$F'_x = 2x - f\left(\frac{y}{x}\right) + \frac{y}{x}f'\left(\frac{y}{x}\right), \ F'_y = 2y - f'\left(\frac{y}{x}\right), \ F'_z = 2z$$
故
$$\frac{\partial z}{\partial x} = -\frac{F'_x}{F'_z} = \frac{f\left(\frac{y}{x}\right) - \frac{y}{x}f'\left(\frac{y}{x}\right) - 2x}{2z}, \ \frac{\partial z}{\partial y} = -\frac{F'_y}{F'_z} = \frac{f'\left(\frac{y}{x}\right) - 2y}{2z}$$

7.5.2　方程组的情形

1. 一元隐函数组的求导公式

设方程组 $\begin{cases} F(x, y, z) = 0 \\ G(x, y, z) = 0 \end{cases}$ 能确定两个一元函数 $\begin{cases} y = y(x) \\ z = z(x) \end{cases}$，若函数 $F(x, y, z)$，
$G(x, y, z)$ 具有对各个变量的连续偏导数，且
$$J = \begin{vmatrix} F'_y & F'_z \\ G'_y & G'_z \end{vmatrix} \neq 0$$
将 $y = y(x)$，$z = z(x)$ 代入方程组中，得恒等式
$$\begin{cases} F(x, y(x), z(x)) \equiv 0 \\ G(x, y(x), z(x)) \equiv 0 \end{cases}$$
将恒等式两端对 x 求偏导，由复合函数求导法则可得
$$\begin{cases} F'_x + F'_y \dfrac{dy}{dx} + F'_z \dfrac{dz}{dx} = 0 \\ G'_x + G'_y \dfrac{dy}{dx} + G'_z \dfrac{dz}{dx} = 0 \end{cases}$$

这是关于 $\dfrac{\mathrm{d}y}{\mathrm{d}x}$，$\dfrac{\mathrm{d}z}{\mathrm{d}x}$ 的线性方程组．因为系数行列式

$$J = \begin{vmatrix} F'_y & F'_z \\ G'_y & G'_z \end{vmatrix} \neq 0$$

故

$$\frac{\mathrm{d}y}{\mathrm{d}x} = -\frac{\begin{vmatrix} F'_x & F'_z \\ G'_x & G'_z \end{vmatrix}}{\begin{vmatrix} F'_y & F'_z \\ G'_y & G'_z \end{vmatrix}}, \quad \frac{\mathrm{d}z}{\mathrm{d}x} = -\frac{\begin{vmatrix} F'_y & F'_x \\ G'_y & G'_x \end{vmatrix}}{\begin{vmatrix} F'_y & F'_z \\ G'_y & G'_z \end{vmatrix}}$$

例 27 设 $\begin{cases} z = x^2 + y^2 \\ x^2 + 2y^2 + 3z^2 = 20 \end{cases}$，求 $\dfrac{\mathrm{d}y}{\mathrm{d}x}$，$\dfrac{\mathrm{d}z}{\mathrm{d}x}$．

解 方程组两边对 x 求导，得

$$\begin{cases} \dfrac{\mathrm{d}z}{\mathrm{d}x} = 2x + 2y\dfrac{\mathrm{d}y}{\mathrm{d}x} \\[2mm] 2x + 4y\dfrac{\mathrm{d}y}{\mathrm{d}x} + 6z\dfrac{\mathrm{d}z}{\mathrm{d}x} = 0 \end{cases}$$

整理得

$$\begin{cases} -2y\dfrac{\mathrm{d}y}{\mathrm{d}x} + \dfrac{\mathrm{d}z}{\mathrm{d}x} = 2x \\[2mm] 2y\dfrac{\mathrm{d}y}{\mathrm{d}x} + 3z\dfrac{\mathrm{d}z}{\mathrm{d}x} = -x \end{cases}$$

因为

$$J = \begin{vmatrix} -2y & 1 \\ 2y & 3z \end{vmatrix} = -6yz - 2y \neq 0$$

所以

$$\frac{\mathrm{d}y}{\mathrm{d}x} = \frac{\begin{vmatrix} 2x & 1 \\ -x & 3z \end{vmatrix}}{\begin{vmatrix} -2y & 1 \\ 2y & 3z \end{vmatrix}} = -\frac{x(6z+1)}{2y(3z+1)}, \quad \frac{\mathrm{d}z}{\mathrm{d}x} = \frac{\begin{vmatrix} -2y & 2x \\ 2y & -x \end{vmatrix}}{\begin{vmatrix} -2y & 1 \\ 2y & 3z \end{vmatrix}} = \frac{x}{3z+1}$$

2. 二元隐函数组的求导公式

设方程组 $\begin{cases} F(x, y, u, v) = 0 \\ G(x, y, u, v) = 0 \end{cases}$ 能确定两个二元函数 $\begin{cases} u = u(x, y) \\ v = v(x, y) \end{cases}$，若函数 $F(x, y, u, v)$，$G(x, y, u, v)$ 具有对各个变量的连续偏导数，且

$$J = \begin{vmatrix} F'_u & F'_v \\ G'_u & G'_v \end{vmatrix} \neq 0$$

将 $u = u(x, y)$, $v = v(x, y)$ 代入方程组中, 得恒等式:
$$\begin{cases} F(x, y, u(x, y), v(x, y)) \equiv 0 \\ G(x, y, u(x, y), v(x, y)) \equiv 0 \end{cases}$$

将恒等式两端对 x 求偏导, 由复合函数求导法则可得
$$\begin{cases} F'_x + F'_u \dfrac{\partial u}{\partial x} + F'_v \dfrac{\partial v}{\partial x} = 0 \\ G'_x + G'_u \dfrac{\partial u}{\partial x} + G'_v \dfrac{\partial v}{\partial x} = 0 \end{cases}$$

这是关于 $\dfrac{\partial u}{\partial x}$, $\dfrac{\partial v}{\partial x}$ 的线性方程组. 因为系数行列式
$$J = \begin{vmatrix} F'_u & F'_v \\ G'_u & G'_v \end{vmatrix} \neq 0$$

故
$$\frac{\partial u}{\partial x} = - \frac{\begin{vmatrix} F'_x & F'_v \\ G'_x & G'_v \end{vmatrix}}{\begin{vmatrix} F'_u & F'_v \\ G'_u & G'_v \end{vmatrix}}, \quad \frac{\partial v}{\partial x} = - \frac{\begin{vmatrix} F'_u & F'_x \\ G'_u & G'_x \end{vmatrix}}{\begin{vmatrix} F'_u & F'_v \\ G'_u & G'_v \end{vmatrix}}$$

若将恒等式两端对 y 求偏导, 同理可得
$$\frac{\partial u}{\partial y} = - \frac{\begin{vmatrix} F'_y & F'_v \\ G'_y & G'_v \end{vmatrix}}{\begin{vmatrix} F'_u & F'_v \\ G'_u & G'_v \end{vmatrix}}, \quad \frac{\partial v}{\partial y} = - \frac{\begin{vmatrix} F'_u & F'_y \\ G'_u & G'_y \end{vmatrix}}{\begin{vmatrix} F'_u & F'_v \\ G'_u & G'_v \end{vmatrix}}$$

例 28　设 $\begin{cases} xu - yv = 0 \\ yu + xv = 1 \end{cases}$, 求 $\dfrac{\partial u}{\partial x}$, $\dfrac{\partial u}{\partial y}$, $\dfrac{\partial v}{\partial x}$, $\dfrac{\partial v}{\partial y}$.

解　将所给方程组两边对 x 求导, 可得
$$\begin{cases} x \dfrac{\partial u}{\partial x} - y \dfrac{\partial v}{\partial x} = -u \\ y \dfrac{\partial u}{\partial x} + x \dfrac{\partial v}{\partial x} = -v \end{cases}$$

因为
$$J = \begin{vmatrix} x & -y \\ y & x \end{vmatrix} = x^2 + y^2 \neq 0$$

所以

$$\frac{\partial u}{\partial x} = \frac{\begin{vmatrix} -u & -y \\ -v & x \end{vmatrix}}{\begin{vmatrix} x & -y \\ y & x \end{vmatrix}} = -\frac{xu + yv}{x^2 + y^2}, \frac{\partial v}{\partial x} = \frac{\begin{vmatrix} x & -u \\ y & -v \end{vmatrix}}{\begin{vmatrix} x & -y \\ y & x \end{vmatrix}} = \frac{yu - xv}{x^2 + y^2}$$

同理将方程组两边对 y 求导，可得

$$\frac{\partial u}{\partial y} = \frac{xv - yu}{x^2 + y^2}, \frac{\partial v}{\partial y} = -\frac{xu + yv}{x^2 + y^2}$$

习 题 7.5

1. 设 $\sin y + e^x - xy^2 = 0$，求 $\dfrac{dy}{dx}$.

2. 设 $xy + \ln x + \ln y = 0$，求 $\dfrac{dy}{dx}$，$\dfrac{d^2 y}{dx^2}$.

3. 设 $z = yz^3 + 5x^2 - 2$，求 $\dfrac{\partial z}{\partial x}$，$\dfrac{\partial z}{\partial y}$.

4. 设 $x + y + z = e^{-(x+y+z)}$，求 $\dfrac{\partial^2 z}{\partial x^2}$，$\dfrac{\partial^2 z}{\partial x \partial y}$，$\dfrac{\partial^2 z}{\partial y^2}$.

5. 设 $\begin{cases} x + y + z = 0 \\ x^2 + y^2 + z^2 = 1 \end{cases}$，求 $\dfrac{dx}{dz}$，$\dfrac{dy}{dz}$.

6. 设 $\begin{cases} x = e^u + u\sin v \\ y = e^u - u\cos v \end{cases}$，求 $\dfrac{\partial u}{\partial x}$，$\dfrac{\partial u}{\partial y}$，$\dfrac{\partial v}{\partial x}$，$\dfrac{\partial v}{\partial y}$.

7.6 多元函数的极值

前面已经学习过利用一元函数的导数来求函数的极值，进而解决一些有关最大值、最小值的应用问题. 但在许多实际问题中，通常会遇到多元函数的最值问题. 本节以二元函数为例，来讨论多元函数的极值和最值问题.

7.6.1 二元函数的极值

1. 极值的定义

定义 7.6 设函数 $z = f(x, y)$ 在点 $P_0(x_0, y_0)$ 的某个邻域内有定义，若对于该邻域内任一异于 P_0 的点 $P(x, y)$，都有 $f(x, y) < f(x_0, y_0)$ 或 $f(x, y) > f(x_0, y_0)$，则称点 P_0 为函数 $z = f(x, y)$ 的极大值点或极小值点，称函数值 $f(x_0, y_0)$ 为函数 $z = f(x, y)$ 的极大值或极小值. 极大值和极小值统称为极值.

例 29　函数 $z = \sqrt{x^2 + y^2}$ 在点 $(0,0)$ 处有极小值 0,因为对于点 $(0,0)$ 的任一邻域内异于 $(0,0)$ 的点,其函数值都为正,而点 $(0,0)$ 处的函数值为零. 从几何上看这是显然的,因为点 $(0,0,0)$ 是位于 xOy 平面上方的圆锥面 $z = \sqrt{x^2 + y^2}$ 的顶点.

例 30　函数 $z = \sqrt{1 - x^2 - y^2}$ 在点 $(0,0)$ 处有极大值 1,因为点 $(0,0)$ 处的函数值为 1,而对于点 $(0,0)$ 的任一邻域内异于 $(0,0)$ 的点,其函数值都小于 1. 点 $(0,0,1)$ 是位于 xOy 平面上方的球面 $z = \sqrt{1 - x^2 - y^2}$ 的顶点.

例 31　函数 $z = x + y$ 在点 $(0,0)$ 处没有极值,因为点 $(0,0)$ 处的函数值为零,而在点 $(0,0)$ 的任一邻域内,总有正的和负的函数值.

类似地,可给出 n 元函数极值的概念. 设 n 元函数 $u = f(P)$ 在点 P_0 的某个邻域内有定义,若对于该邻域内任一异于 P_0 的点 P,都有 $f(P) < f(P_0)$ 或 $f(P) > f(P_0)$,则称 $f(P_0)$ 为函数 $u = f(P)$ 的极大值或极小值.

2. 极值存在的条件

一元函数的极值问题与导数有关,而二元函数的极值问题与偏导数有关.

定理 7.9(极值存在的必要条件)　设函数 $z = f(x,y)$ 在点 (x_0, y_0) 处取得极值,且在点 (x_0, y_0) 处的两个偏导数都存在,则必有

$$f'_x(x_0, y_0) = 0, \quad f'_y(x_0, y_0) = 0$$

证明　不妨设函数 $z = f(x,y)$ 在点 (x_0, y_0) 处有极大值,则对于该点的某邻域内异于 (x_0, y_0) 的任一点 (x,y),都有 $f(x,y) < f(x_0, y_0)$.

特别地,在该邻域内取 $y = y_0$ 而 $x \neq x_0$ 的点,也有 $f(x, y_0) < f(x_0, y_0)$.

这表明一元函数 $f(x, y_0)$ 在点 $x = x_0$ 处取得极大值,由一元函数极值存在的必要条件知 $f'_x(x_0, y_0) = 0$.

同理,有 $f'_y(x_0, y_0) = 0$.

从几何上看,若此时曲面 $z = f(x,y)$ 在点 (x_0, y_0, z_0) 处有切平面,则切平面方程为

$$z - z_0 = f'_x(x_0, y_0)(x - x_0) + f'_y(x_0, y_0)(y - y_0) = 0$$

与 xOy 平面平行. 也就是说,极值点处的切平面是水平面.

类似地,若三元函数 $u = f(x, y, z)$ 在点 (x_0, y_0, z_0) 处具有偏导数,则它在点 (x_0, y_0, z_0) 处取得极值的必要条件为

$$f'_x(x_0, y_0, z_0) = 0, \quad f'_y(x_0, y_0, z_0) = 0, \quad f'_z(x_0, y_0, z_0) = 0$$

同时满足 $f'_x(x,y) = 0$,$f'_y(x,y) = 0$ 的点 (x_0, y_0) 称为函数 $z = f(x,y)$ 的驻点. 由定理 7.9 知,具有偏导数的函数的极值点一定是驻点. 但驻点不一定是极值点,例如,点 $(0,0)$ 是函数 $z = xy$ 的驻点,但却不是它的极值点. 那么,在什么条件下,驻点会是极值点呢? 下面的定理回答了这个问题.

定理 7.10（极值存在的充分条件）　设点 (x_0, y_0) 是函数 $z = f(x, y)$ 的驻点，且函数 $z = f(x, y)$ 在点 (x_0, y_0) 处的某邻域内具有连续的二阶偏导数，记 $A = f''_{xx}(x_0, y_0)$，$B = f''_{xy}(x_0, y_0)$，$C = f''_{yy}(x_0, y_0)$，$\Delta = B^2 - AC$，则有

（1）当 $\Delta < 0$ 时，(x_0, y_0) 是函数 $z = f(x, y)$ 的极值点，且当 $A > 0$ 时，是极小值点，当 $A < 0$ 时，是极大值点；

（2）当 $\Delta > 0$ 时，(x_0, y_0) 不是函数 $z = f(x, y)$ 的极值点；

（3）当 $\Delta = 0$ 时，不能确定 (x_0, y_0) 是否是函数 $z = f(x, y)$ 的极值点.

综上所述，求解具有二阶连续偏导数的函数 $z = f(x, y)$ 的极值的一般步骤为

（1）解方程组 $\begin{cases} f'_x(x, y) = 0 \\ f'_y(x, y) = 0 \end{cases}$，求出一切驻点 (x_0, y_0)；

（2）对每个驻点 (x_0, y_0)，求出二阶偏导数的值 A、B 和 C；

（3）定出 $\Delta = B^2 - AC$ 的符号，按定理 7.10 给出结论.

例 32　求函数 $z = 3xy - x^3 - y^3$ 的极值点.

解　解方程组

$$\begin{cases} f'_x(x, y) = 3y - 3x^2 = 0 \\ f'_y(x, y) = 3x - 3y^2 = 0 \end{cases}$$

得两驻点 $(0, 0)$ 与 $(1, 1)$.

由

$$A = f''_{xx}(x, y) = -6x, B = f''_{xy}(x, y) = 3, C = f''_{yy}(x, y) = -6y$$

得

$$\Delta = B^2 - AC = 9 - 36xy$$

在点 $(0, 0)$ 处，$\Delta = 9 > 0$，故函数在点 $(0, 0)$ 处无极值；

在点 $(1, 1)$ 处，$\Delta = -27 < 0$，且 $A = -6 < 0$，故函数在点 $(1, 1)$ 处有极大值 $f(1, 1) = 1$.

注意：二元可微函数的极值点一定是驻点，但对不可微函数，极值点不一定是驻点，还可能是偏导数至少有一个不存在的点. 例如，函数 $z = \sqrt{x^2 + y^2}$ 在 $(0, 0)$ 处有极小值，但函数在该点不可导.

因此，在讨论函数的极值问题时，除了考虑函数的驻点外，还应考虑偏导数不存在的点.

7.6.2　多元函数的最值

与一元函数最值的求法类似，可利用多元函数的极值来求它的最值. 在本章第一节中已经指出，若 $z = f(x, y)$ 在有界闭区域 D 上连续，则 $f(x, y)$ 在 D 上必能取得最大值和最小值. 要求函数的最大值，可考察函数 $f(x, y)$ 的所有驻点、一阶偏导数不存在的点以

及边界上的点的函数值,比较这些值,其中最大者就是函数在 D 上的最大值,最小者就是函数在 D 上的最小值.但要求出函数 $f(x,y)$ 在 D 的边界上的最大值和最小值往往很复杂.在实际问题中,常可根据问题的性质知道函数的最值一定在 D 的内部取得,而函数在 D 内只有唯一的驻点,则可断定该驻点就是极值点,也一定是所求的最值点.

例 33　有一宽为 24 cm 的长方形铁板,把它的两边折起来做成一个断面为等腰梯形的水槽.问怎样折才能使断面的面积最大?

解　设折起来的边长为 x cm,倾角为 α,如图 7-15 所示,则断面的下底边长为 $(24-2x)$ cm,上底边长为 $(24-2x+2x\cos\alpha)$ cm,高为 $x\sin\alpha$ cm,所以,断面面积为

$$S = \frac{1}{2}(24-2x+2x\cos\alpha+24-2x) \cdot x\sin\alpha$$

即

$$S = 24x\sin\alpha - 2x^2\sin\alpha + x^2\sin\alpha\cos\alpha \quad (0 < x < 12, 0 < \alpha \leqslant \frac{\pi}{2})$$

令

$$\begin{cases} S'_x = 24\sin\alpha - 4x\sin\alpha + 2x\sin\alpha\cos\alpha = 0 \\ S'_\alpha = 24x\cos\alpha - 2x^2\cos\alpha + x^2(\cos^2\alpha - \sin^2\alpha) = 0 \end{cases}$$

由于 $\sin\alpha \neq 0$,$x \neq 0$,解得 $\alpha = \frac{\pi}{3}$,$x = 8$.

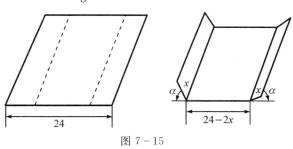

图 7-15

根据题意可知,断面面积的最大值一定存在,而面积函数只有一个驻点,则可断定当 $\alpha = \frac{\pi}{3}$,$x = 8$ cm 时,断面面积有最大值 $48\sqrt{3}$ cm^2.

7.6.3　条件极值

在前面讨论的极值问题中,对函数的自变量,除了限制在函数的定义域内以外,并无其他限制条件,这类问题的极值称为无条件极值.但在实际问题中,有时会遇到对函数的自变量还有附加条件的极值问题,如求容积为 a 而使表面积最小的长方体问题.设长方体

的长、宽、高分别为 x、y、z，固定的容积 $xyz = a$ 就是对自变量的附加约束条件．像这种对自变量有附加约束条件的极值称为条件极值．

对有些实际问题，可将条件极值转化为无条件极值，如上述问题中，将高 z 表示为长和宽的函数 $\dfrac{a}{xy}$，再代入面积函数 $S = 2(xy + yz + xz)$ 中，于是问题就化为求 $S = 2\left(xy + \dfrac{a}{x} + \dfrac{a}{y}\right)$ 的无条件极值．

但一般的条件极值却不容易转化为无条件极值．下面介绍拉格朗日乘数法，它是求解条件极值问题的一种有效方法．

设函数 $z = f(x, y)$ 和 $\varphi(x, y) = 0$ 在所考虑的区域内有连续的一阶偏导数，且 $\varphi'_x(x, y)$，$\varphi'_y(x, y)$ 不同时为零，求函数 $z = f(x, y)$ 在约束条件 $\varphi(x, y) = 0$ 下的极值，可用下面步骤来求解：

（1）构造辅助函数 $L(x, y) = f(x, y) + \lambda\varphi(x, y)$，其中 λ 为参数，

（2）解方程组

$$\begin{cases} L'_x(x, y) = 0 \\ L'_y(x, y) = 0, \\ \varphi(x, y) = 0 \end{cases} \text{即} \begin{cases} f'_x(x, y) + \lambda\varphi'_x(x, y) = 0 \\ f'_y(x, y) + \lambda\varphi'_y(x, y) = 0 \\ \varphi(x, y) = 0 \end{cases}$$

得可能的极值点 (x_0, y_0)，在实际问题中，它往往就是所求的极值点．

此方法称为拉格朗日乘数法，其中辅助函数 $L(x, y)$ 称为拉格朗日函数，λ 称为拉格朗日乘数，可将此方法推广到两个以上自变量或多个约束条件的情况．

例如，求函数 $u = f(x, y, z, t)$ 在条件 $\varphi(x, y, z, t) = 0$，$\psi(x, y, z, t) = 0$ 下的极值，则构造辅助函数

$$L(x, y, z, t) = f(x, y, z, t) + \lambda_1\varphi(x, y, z, t) + \lambda_2\psi(x, y, z, t)$$

解方程组

$$\begin{cases} f'_x(x, y, z, t) + \lambda_1\varphi'_x(x, y, z, t) + \lambda_2\psi'_x(x, y, z, t) = 0 \\ f'_y(x, y, z, t) + \lambda_1\varphi'_y(x, y, z, t) + \lambda_2\psi'_y(x, y, z, t) = 0 \\ f'_z(x, y, z, t) + \lambda_1\varphi'_z(x, y, z, t) + \lambda_2\psi'_z(x, y, z, t) = 0 \\ f'_t(x, y, z, t) + \lambda_1\varphi'_t(x, y, z, t) + \lambda_2\psi'_t(x, y, z, t) = 0 \\ \varphi(x, y, z, t) = 0 \\ \psi(x, y, z, t) = 0 \end{cases}$$

得 (x, y, z, t)，即为所求极值点．

例 34 求表面积为 a^2 而体积为最大的长方体的体积．

解 设长方体的三边长分别为 x、y、z，则问题就是要求函数 $V = xyz$ 在条件

$$\varphi(x, y, z) = 2xy + 2yz + 2xz - a^2 = 0$$

下的最大值.

作拉格朗日函数

$$L(x, y, z) = xyz + \lambda(2xy + 2yz + 2xz - a^2)$$

解方程组

$$\begin{cases} L'_x = yz + 2\lambda(y + z) = 0 \\ L'_y = xz + 2\lambda(x + z) = 0 \\ L'_z = xy + 2\lambda(x + y) = 0 \\ 2xy + 2yz + 2xz - a^2 = 0 \end{cases}$$

得 $x = y = z = \dfrac{\sqrt{6}}{6}a$.

由实际问题知，最大体积的长方体必定存在，而所求问题只有唯一驻点，故当长方体的长、宽、高均为 $\dfrac{\sqrt{6}}{6}a$ 时，有最大体积 $\dfrac{\sqrt{6}}{36}a^3$.

习 题 7.6

1. 求下列函数的极值.

(1) $z = 4(x - y) - x^2 - y^2$；　　　　　　(2) $z = e^{2x}(x + y^2 + 2y)$；

(3) $z = x^3 + y^3 - 3xy$；　　　　　　　　(4) $z = (6x - x^2)(4y - y^2)$.

2. 设 3 个正数之和是 18，问这 3 个数为何值时其乘积最大？

3. 在平面 $3x - 2z = 0$ 上求一点，使它与点 $A(1, 1, 1)$ 和 $B(2, 3, 4)$ 的距离的平方和最小.

4. 将周长为 $2p$ 的矩形绕它的一边旋转而形成一个圆柱体，问矩形的边长各为多少时，该圆柱体的体积最大？

5. 求内接于半径为 a 的球且有最大体积的长方体.

～～～ 综合练习七 ～～～

1. 求下列函数的极限.

(1) $\lim\limits_{(x, y) \to (0, 2)} \left[\dfrac{\sin(xy)}{x} + (x + y)^2 \right]$；　　　　(2) $\lim\limits_{(x, y) \to (0, 0)} (x + y) \sin \dfrac{1}{x^2 + y^2}$.

2. 已知 $f(x + y, x - y) = x^2 - y^2 + \phi(x + y)$，且 $f(x, 0) = x$，求 $f(x, y)$.

3. 求下列函数的一阶偏导数.

(1) $z = x\ln(xy)$；　　　　　　　　　　(2) $z = (1+xy)^y$.

4. 求 $z = \sin^2(x+y)$ 的二阶偏导数.

5. 求函数 $z = \ln \sqrt{1+x^2+y^2}$ 在点$(1, 2)$处的全微分.

6. 求由下列方程所确定的隐函数的导数.

(1) 设 $\ln \sqrt{x^2+y^2} = \arctan \dfrac{y}{x}$，求 $\dfrac{\mathrm{d}y}{\mathrm{d}x}$.

(2) 设 $\dfrac{x}{z} = \ln \dfrac{z}{y}$，求 $\dfrac{\partial z}{\partial x}$，$\dfrac{\partial z}{\partial y}$.

7. 设 $z = xy + xf(u)$，而 $u = \dfrac{y}{x}$，$f(u)$ 为可导函数，证明 $x\dfrac{\partial z}{\partial x} + y\dfrac{\partial z}{\partial y} = z + xy$.

8. 求曲线 $y = \ln x$ 与直线 $x - y + 1 = 0$ 之间的最短距离.

第 8 章　二 重 积 分

在一元函数积分学中我们知道，定积分是某种确定形式的和的极限．若把积分概念从积分范围为数轴上的一个区间的情形推广到积分范围为平面或空间内的一个闭区域的情形，便得到二重积分和三重积分的概念．本章将介绍二重积分的概念、计算方法及其应用．

8.1　二重积分的概念与性质

8.1.1　二重积分的概念

在定积分中，我们曾用"分割、近似、求和、取极限"的方法来求曲边梯形的面积和变速直线运动的路程，以此引出定积分的概念．现在用同样的思想方法，引出二重积分的概念．

1. 引例

引例 1　曲顶柱体的体积

设有一空间立体 Ω，它的底是 xOy 面上的有界区域 D，它的侧面是以 D 的边界曲线为准线而母线平行于 z 轴的柱面，它的顶是曲面 $z = f(x, y)$，其中 $f(x, y)$ 在 D 上连续且 $f(x, y) \geqslant 0$（见图 8-1）．这种立体称为曲顶柱体．

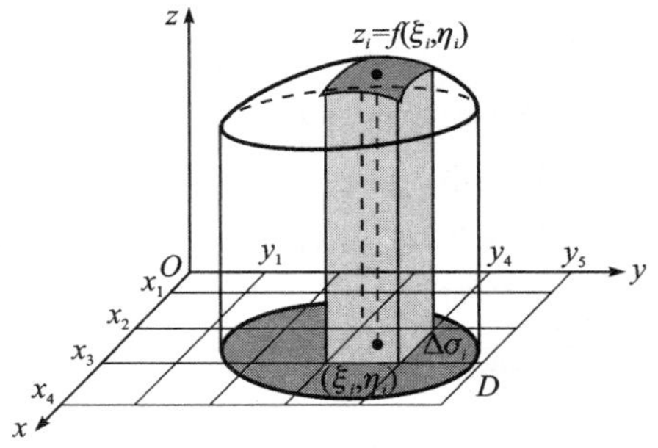

图 8-1

下面讨论如何计算这个曲顶柱体的体积 V．

如果曲顶柱体的顶是个平面，则称曲顶柱体为平顶柱体．显然，平顶柱体的高是不变的，它的体积可用公式：

$$体积 = 高 \times 底面积$$

来定义和计算．而曲顶柱体的高 $f(x, y)$ 是个变量，它的体积不能用通常的体积公式来定义和计算，但如果回忆起求曲边梯形面积的问题，就不难想到，那里所采用的解决办法，原则上可以用来解决现在的问题．

第一步：用一族曲线网将区域 D 任意分割成 n 个小区域 $\Delta\sigma_1, \Delta\sigma_2, \cdots, \Delta\sigma_n$，仍然用 $\Delta\sigma_i$

表示第 i 个小区域的面积.

第二步：分别以这些小区域的边界为准线，作母线平行于 z 轴的柱面，这些柱面将原来的曲顶柱体分为 n 个小的曲顶柱体，其体积记为 $\Delta V_i (i = 1, 2, \cdots, n)$. 当这些小闭区域的直径（指区域上任意两点间距离的最大者）很小时，由于 $f(x, y)$ 连续，同一个小闭区域上的高 $f(x, y)$ 变化很小，此时每一个小曲顶柱体都可近似看做平顶柱体. 我们在每个 $\Delta \sigma_i$ 内任取一点 (ξ_i, η_i)，用高为 $f(\xi_i, \eta_i)$、底为 $\Delta \sigma_i$ 的平顶柱体的体积 $f(\xi_i, \eta_i) \cdot \Delta \sigma_i$ 来近似代替 ΔV_i，即

$$\Delta V_i \approx f(\xi_i, \eta_i) \cdot \Delta \sigma_i \quad (i = 1, 2, \cdots, n)$$

从而

$$V = \sum_{i=1}^{n} \Delta V_i \approx \sum_{i=1}^{n} f(\xi_i, \eta_i) \cdot \Delta \sigma_i$$

第三步：将这 n 个小闭区域直径中的最大值记为 λ，则 $\lambda \to 0$ 表示对区域 D 无限细分，以至于每个小区域缩成一个点，这时，上述和式的极限就表示曲顶柱体的体积，即

$$V = \lim_{\lambda \to 0} \sum_{i=1}^{n} f(\xi_i, \eta_i) \cdot \Delta \sigma_i$$

引例 2　平面薄板的质量

设有一平面薄板占有 xOy 面上的闭区域 D，假设薄板的质量分布不均匀，记点 (x, y) 处的面密度为 $\rho(x, y)$，其中 $\rho(x, y) > 0$ 且在 D 上连续. 现在要计算该薄板的质量 M.

如果薄板是均匀的，即面密度是常数，则薄板的质量可用公式：

$$质量 = 面密度 \times 面积$$

来计算. 而现在面密度 $\rho(x, y)$ 是变量，薄板的质量就不能直接用上式来计算. 但是上面用来处理曲顶柱体体积问题的方法完全适用于本问题.

第一步：将平面薄板所占的区域任意分割成 n 个小区域 $\Delta \sigma_1, \Delta \sigma_2, \cdots, \Delta \sigma_n$，仍用 $\Delta \sigma_i$ 表示第 i 个小区域的面积，由此大的平面薄板被划分为 n 个小平面薄板（见图 8-2），其质量记为 $\Delta M_i (i = 1, 2, \cdots, n)$，则 $M = \sum_{i=1}^{n} \Delta M_i$.

第二步：由于 $\rho(x, y)$ 连续，当 $\Delta \sigma_i$ 的直径很小时，$\rho(x, y)$ 在每个小平面薄板上的变化也很小，这些小平面薄板可近似看做质量分布是均匀的. 在 $\Delta \sigma_i$ 内任取一点 (ξ_i, η_i)，以 $\rho(\xi_i, \eta_i) \cdot \Delta \sigma_i$ 来近似代替该小平面薄板的质量，即

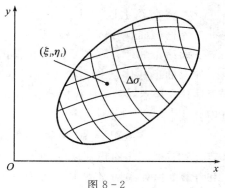

图 8-2

$$\Delta M_i \approx \rho(\xi_i, \eta_i) \cdot \Delta \sigma_i \quad (i = 1, 2, \cdots, n)$$

于是

$$M \approx \sum_{i=1}^{n} \rho(\xi_i, \eta_i) \cdot \Delta \sigma_i$$

第三步：仍用 λ 表示所有小区域中直径的最大值，则平面薄板的质量可表示为

$$M = \lim_{\lambda \to 0} \sum_{i=1}^{n} \rho(\xi_i, \eta_i) \cdot \Delta \sigma_i$$

上面两个问题的实际意义虽然不同，但所求量都归结为同一形式的和的极限．在几何、物理、经济学和工程技术中，有许多量都可归结为这一形式的和的极限．因此，我们要一般地研究这种和的极限，并给出相应的定义．

2. 二重积分的定义

定义 8.1 设 $f(x, y)$ 是有界闭区域 D 上的有界函数，将闭区域 D 任意分成 n 个小闭区域 $\Delta \sigma_1, \Delta \sigma_2, \cdots, \Delta \sigma_n$，第 i 个小区域 $\Delta \sigma_i$ 的面积仍记为 $\Delta \sigma_i$，在每个 $\Delta \sigma_i$ 上任取一点 (ξ_i, η_i)，作乘积 $f(\xi_i, \eta_i) \cdot \Delta \sigma_i$，并作和式：

$$\sum_{i=1}^{n} f(\xi_i, \eta_i) \cdot \Delta \sigma_i$$

记 λ 为所有小闭区域中直径的最大值，若当 $\lambda \to 0$ 时，这个和式的极限存在，且极限值与对区域 D 的分法及点 (ξ_i, η_i) 在 $\Delta \sigma_i$ 上的取法无关，则称此极限值为函数 $z = f(x, y)$ 在闭区域 D 上的二重积分，记为 $\iint\limits_{D} f(x, y) \mathrm{d}\sigma$，即

$$\iint\limits_{D} f(x, y) \mathrm{d}\sigma = \lim_{\lambda \to 0} \sum_{i=1}^{n} f(\xi_i, \eta_i) \cdot \Delta \sigma_i$$

其中，$f(x, y)$ 称为被积函数，$f(x, y)\mathrm{d}\sigma$ 称为被积表达式，$\mathrm{d}\sigma$ 称为面积元素，x 与 y 称为积分变量，D 称为积分区域，$\sum_{i=1}^{n} f(\xi_i, \eta_i)\Delta \sigma_i$ 称为积分和，此时也称 $f(x, y)$ 在 D 上可积．

可以证明，若函数 $f(x, y)$ 在有界闭区域 D 上连续，则 $f(x, y)$ 在 D 上可积．以后总假定 $f(x, y)$ 在闭区域 D 上的二重积分存在．

由二重积分的定义知，引例 1 中的曲顶柱体的体积 V 与引例 2 中的平面薄板的质量 M 可表示为

$$V = \iint\limits_{D} f(x, y) \mathrm{d}\sigma \text{ 和 } M = \iint\limits_{D} \rho(x, y) \mathrm{d}\sigma$$

3. 二重积分的几何意义

当在 D 上 $f(x, y) \geqslant 0$ 时，$\iint\limits_{D} f(x, y) \mathrm{d}\sigma$ 表示曲面 $z = f(x, y)$ 在区域 D 上所对应的曲

顶柱体的体积. 当在 D 上 $f(x,y) \leqslant 0$ 时, 相应的曲顶柱体就在 xOy 平面下方, 二重积分 $\iint\limits_D f(x,y)\mathrm{d}\sigma$ 就等于该曲顶柱体的体积的负值. 当 $z = f(x,y)$ 在 D 的某部分区域上是正的, 而在其余部分区域上是负的时, 二重积分 $\iint\limits_D f(x,y)\mathrm{d}\sigma$ 就等于这些部分区域上相应的曲顶柱体体积的代数和.

8.1.2 二重积分的性质

设 $f(x,y)$, $g(x,y)$ 可积, 则二重积分与定积分有相似的性质.

性质 1 $\iint\limits_D kf(x,y)\mathrm{d}\sigma = k\iint\limits_D f(x,y)\mathrm{d}\sigma (k \text{ 为常数}).$

性质 2 $\iint\limits_D [f(x,y) \pm g(x,y)]\mathrm{d}\sigma = \iint\limits_D f(x,y)\mathrm{d}\sigma \pm \iint\limits_D g(x,y)\mathrm{d}\sigma.$

性质 3 如果积分区域 D 被一条曲线分为两个区域 D_1 和 D_2, 则

$$\iint\limits_D f(x,y)\mathrm{d}\sigma = \iint\limits_{D_1} f(x,y)\mathrm{d}\sigma + \iint\limits_{D_2} f(x,y)\mathrm{d}\sigma$$

这一性质表明二重积分对积分区域具有可加性, 并能推广到积分区域 D 被有限条曲线分为有限个部分闭区域的情形.

性质 4 如果在 D 上有 $f(x,y) \equiv 1$, σ 为 D 的面积, 则

$$\iint\limits_D f(x,y)\mathrm{d}\sigma = \iint\limits_D \mathrm{d}\sigma = \sigma$$

这一性质的几何意义很明显: 高为 1 的平顶柱体的体积在数值上就等于柱体的底面积.

性质 5 如果在 D 上有 $f(x,y) \leqslant g(x,y)$, 则

$$\iint\limits_D f(x,y)\mathrm{d}\sigma \leqslant \iint\limits_D g(x,y)\mathrm{d}\sigma$$

该性质称为二重积分的单调性. 显然, 若在 D 上恒有 $f(x,y) \geqslant 0$, 则 $\iint\limits_D f(x,y)\mathrm{d}\sigma \geqslant 0$. 又由于在 D 上有

$$-| f(x,y) | \leqslant f(x,y) \leqslant | f(x,y) |$$

可得到二重积分的绝对值不等式:

$$\left| \iint\limits_D f(x,y)\mathrm{d}\sigma \right| \leqslant \iint\limits_D | f(x,y) | \mathrm{d}\sigma$$

性质 6 设 m、M 分别是 $f(x,y)$ 在 D 上的最小值和最大值, σ 为 D 的面积, 则

$$m\sigma \leqslant \iint\limits_D f(x,y)\mathrm{d}\sigma \leqslant M\sigma$$

这一性质称为二重积分的估值定理.

性质 7　设 $f(x, y)$ 在闭区域 D 上连续，σ 为 D 的面积，则至少存在一点 $(\xi, \eta) \in D$，使得

$$\iint\limits_{D} f(x, y)\mathrm{d}\sigma = f(\xi, \eta) \cdot \sigma$$

证明　显然 $\sigma \neq 0$，把性质 6 中的不等式各边除以 σ，得

$$m \leqslant \frac{1}{\sigma}\iint\limits_{D} f(x, y)\mathrm{d}\sigma \leqslant M$$

这表明：确定的数值 $\dfrac{1}{\sigma}\iint\limits_{D} f(x, y)\mathrm{d}\sigma$ 是介于函数 $f(x, y)$ 的最小值 m 和最大值 M 之间的. 由闭区域上连续函数的介值定理知，至少存在一点 $(\xi, \eta) \in D$，使得

$$\frac{1}{\sigma}\iint\limits_{D} f(x, y)\mathrm{d}\sigma = f(\xi, \eta)$$

上式两端各乘以 σ，便得所要证明的公式.

该性质称为二重积分的中值定理. 其几何意义为：当 $f(x, y) \geqslant 0$ 时，在闭区域 D 上以曲面 $z = f(x, y)$ 为顶的曲顶柱体的体积等于闭区域 D 上以 $f(\xi, \eta)$ 为高的平顶柱体的体积，$f(\xi, \eta)$ 实际上是该曲顶柱体的平均高.

例 1　设 D 为 $(x-2)^2 + (y-2)^2 \leqslant 2$，$I_1 = \iint\limits_{D}(x+y)^4\mathrm{d}\sigma$，$I_2 = \iint\limits_{D}(x+y)\mathrm{d}\sigma$，$I_3 = \iint\limits_{D}(x+y)^2\mathrm{d}\sigma$，则 I_1、I_2、I_3 的大小顺序如何？

解　在 D 上，由于 $x+y > 1$，故

$$(x+y)^4 > (x+y)^2 > (x+y)$$

由性质 5，得

$$I_2 < I_3 < I_1$$

例 2　估计二重积分 $I = \iint\limits_{D}(x^2 + 4y^2 + 9)\mathrm{d}\sigma$ 的值，其中 D 是圆域 $x^2 + y^2 \leqslant 4$.

解　设 $f(x, y) = x^2 + 4y^2 + 9$，由于它在闭区域 D 上连续，故 $f(x, y)$ 在 D 上必有最大值 M 和最小值 m.

解方程组

$$\begin{cases} f'_x = 2x = 0 \\ f'_y = 8y = 0 \end{cases}$$

得驻点 $(0, 0)$，且 $f(0, 0) = 9$.

在 D 的边界上，

$$f(x, y) = x^2 + 4(4 - x^2) + 9 = 25 - 3x^2$$

因为 $-2 \leqslant x \leqslant 2$，故

$$13 \leqslant f(x, y) \leqslant 25$$

所以 $$M = 25, \ m = 9$$

而 D 的面积为 4π，于是有

$$36\pi \leqslant I \leqslant 100\pi$$

习 题 8.1

1. 不经计算，利用二重积分的性质，判断下列二重积分的正、负号.

(1) $I = \iint\limits_{D} y^2 x \mathrm{e}^{-xy} \mathrm{d}\sigma$，其中 D：$0 \leqslant x \leqslant 1$，$-1 \leqslant y \leqslant 0$；

(2) $I = \iint\limits_{D} \ln(1 - x^2 - y^2) \mathrm{d}\sigma$，其中 D：$x^2 + y^2 \leqslant \dfrac{1}{4}$；

(3) $I = \iint\limits_{D} \ln(x^2 + y^2) \mathrm{d}\sigma$，其中 D：$|x| + |y| \leqslant 1$.

2. 利用二重积分的性质，比较下列二重积分的大小.

(1) $I_1 = \iint\limits_{D}(x + y)^5 \mathrm{d}\sigma$，$I_2 = \iint\limits_{D}(x + y)^4 \mathrm{d}\sigma$，其中 D 由圆周 $(x - 2)^2 + (y - 1)^2 = 2$ 所围成；

(2) $I_1 = \iint\limits_{D}[\ln(x + y)^3] \mathrm{d}\sigma$，$I_2 = \iint\limits_{D}[\sin(x + y)^3] \mathrm{d}\sigma$，其中 D 由直线 $x = 0$，$y = 0$，$x + y = \dfrac{1}{2}$，$x + y = 1$ 所围成.

3. 利用二重积分的性质估计下列二重积分的值.

(1) $I = \iint\limits_{D}(x + y + 5) \mathrm{d}\sigma$，其中 D 是矩形闭区域：$0 \leqslant x \leqslant 1$，$0 \leqslant y \leqslant 2$；

(2) $I = \iint\limits_{D} \sin(x^2 + y^2) \mathrm{d}\sigma$，其中 D 是圆环域：$\dfrac{\pi}{4} \leqslant x^2 + y^2 \leqslant \dfrac{3\pi}{4}$；

(3) $I = \iint\limits_{D} xy(x + y) \mathrm{d}\sigma$，其中 D 是矩形闭区域：$0 \leqslant x \leqslant 1$，$0 \leqslant y \leqslant 1$.

4. 利用二重积分的几何意义，不经计算直接给出下列二重积分的值.

(1) $\iint\limits_{D} \mathrm{d}\sigma$，其中 D 为圆域：$x^2 + (y - 2)^2 \leqslant 4$；

(2) $\iint\limits_{D} \sqrt{R^2 - x^2 - y^2} \mathrm{d}\sigma$，其中 D 为圆域：$x^2 + y^2 \leqslant R^2$.

8.2　二重积分的计算

按照二重积分的定义来计算二重积分，对少数特别简单的被积函数和积分区域来说是可行的，但对一般的函数和积分区域来说将非常复杂．本节介绍一种计算二重积分的方法，其基本思想是将二重积分化为两次定积分来计算．

8.2.1　二重积分在直角坐标系下的计算

二重积分 $\iint\limits_{D} f(x,y)\mathrm{d}\sigma$ 中的面积元素 $\mathrm{d}\sigma$ 象征着积分和式中的 $\Delta\sigma_i$．由于二重积分的定义

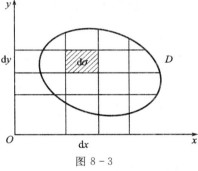

中对闭区域 D 的划分是任意的，在直角坐标系下，若用一组平行于坐标轴的直线来划分区域 D，那么除了靠近边界曲线的一些小区域之外，绝大多数的小区域都是矩形（见图 8-3）．因此，在直角坐标系中，有时也把面积元素 $\mathrm{d}\sigma$ 记作 $\mathrm{d}x\mathrm{d}y$，此时二重积分记为

$$\iint\limits_{D} f(x,y)\mathrm{d}x\mathrm{d}y$$

其中，$\mathrm{d}x\mathrm{d}y$ 称为直角坐标系下的面积元素．

图 8-3

二重积分的值除了与被积函数 $f(x,y)$ 有关外，还与积分区域有关．下面根据积分区域的特点来讨论二重积分的计算方法．

1. X 型区域

设积分区域 $D=\{(x,y)\mid \varphi_1(x)\leqslant y\leqslant \varphi_2(x),a\leqslant x\leqslant b\}$（见图 8-4），其中 $\varphi_1(x)$、$\varphi_2(x)$ 在 $[a,b]$ 上连续．这种形状的区域称为 X 型区域，其特点是：D 在 x 轴上的投影区间为 $[a,b]$，过区间 (a,b) 上任一点作平行于 y 轴的直线，它与 D 的边界至多有两个交点．

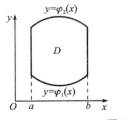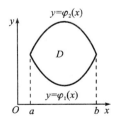

图 8-4

设二元函数 $z=f(x,y)$ 在 D 上连续非负．我们知道，二重积分 $\iint\limits_{D} f(x,y)\mathrm{d}\sigma$ 就是以曲

面 $z = f(x, y)$ 为顶、以 D 为底的曲顶柱体的体积. 下面应用计算"平行截面面积已知的立体的体积"的方法来计算这个曲顶柱体的体积.

在区间 $[a, b]$ 上任意取定一点 x_0，作平行于 yOz 面的平面 $x = x_0$. 该平面截曲顶柱体所得截面是一个以区间 $[\varphi_1(x_0), \varphi_2(x_0)]$ 为底、以曲线 $z = f(x_0, y)$ 为曲边的曲边梯形（见图 8-5），由定积分的定义得截面的面积为

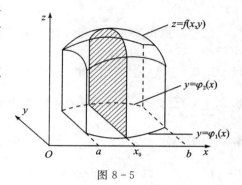

图 8-5

$$A(x_0) = \int_{\varphi_1(x_0)}^{\varphi_2(x_0)} f(x_0, y) \mathrm{d}y$$

一般地，过区间 $[a, b]$ 上任一点 x 且平行于 yOz 面的平面截曲顶柱体所得截面的面积为

$$A(x) = \int_{\varphi_1(x)}^{\varphi_2(x)} f(x, y) \mathrm{d}y$$

从而，应用计算平行截面面积已知的立体体积的方法，得曲顶柱体的体积为

$$V = \int_a^b A(x) \mathrm{d}x = \int_a^b \left[\int_{\varphi_1(x)}^{\varphi_2(x)} f(x, y) \mathrm{d}y \right] \mathrm{d}x$$

这个体积也就是所求二重积分的值，从而有等式：

$$\iint\limits_D f(x, y) \mathrm{d}\sigma = \int_a^b \left[\int_{\varphi_1(x)}^{\varphi_2(x)} f(x, y) \mathrm{d}y \right] \mathrm{d}x$$

上式右端的积分称为先对 y 后对 x 的二次积分或累次积分. 它表示先将 x 看做常数，把 $f(x, y)$ 只看做 y 的函数，对 y 计算从 $\varphi_1(x)$ 到 $\varphi_2(x)$ 的定积分，得到关于 x 的一元函数，再求此函数由 a 到 b 的定积分. 这个先对 y 后对 x 的二次积分公式也常记作

$$\iint\limits_D f(x, y) \mathrm{d}\sigma = \int_a^b \mathrm{d}x \int_{\varphi_1(x)}^{\varphi_2(x)} f(x, y) \mathrm{d}y \tag{8-1}$$

在上述讨论中，假定 $f(x, y)$ 在 D 上非负. 事实上，只要 $f(x, y)$ 是连续函数，式 (8-1) 也是成立的.

2. Y 型区域

设积分区域 $D = \{(x, y) \mid \psi_1(y) \leqslant x \leqslant \psi_2(y), c \leqslant y \leqslant d\}$（见图 8-6），其中 $\psi_1(y)$、$\psi_2(y)$ 在区间 $[c, d]$ 上连续. 这种形状的区域称为 Y 型区域，其特点为：D 在 y 轴上的投影区间为 $[c, d]$，过区间 (c, d) 内一点作平行于 x 轴的直线，它与 D 的边界至多有两个交点. 类似地，有

$$\iint\limits_D f(x, y) \mathrm{d}x\mathrm{d}y = \int_c^d \left[\int_{\psi_1(y)}^{\psi_2(y)} f(x, y) \mathrm{d}x \right] \mathrm{d}y$$

上式右端的积分称为先对 x 后对 y 的二次积分或累次积分. 这个积分公式也常记作

$$\iint\limits_{D} f(x, y) \mathrm{d}x\mathrm{d}y = \int_{c}^{d} \mathrm{d}y \int_{\psi_1(y)}^{\psi_2(y)} f(x, y) \mathrm{d}x \qquad (8-2)$$

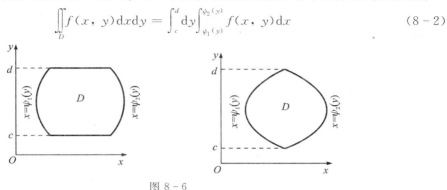

图 8-6

3. 既非 X 型又非 Y 型区域

如果积分区域 D 既不是 X 型区域又不是 Y 型区域, 则需用平行于 x 轴或 y 轴的直线将区域 D 分割成若干个 X 型或 Y 型的小区域. 例如, 图 8-7 中的区域 D 分成了 D_1、D_2、D_3 三个 X 型区域, 由二重积分对积分区域的可加性可得

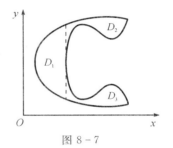

图 8-7

$$\iint\limits_{D} f(x, y) \mathrm{d}\sigma = \iint\limits_{D_1} f(x, y) \mathrm{d}\sigma + \iint\limits_{D_2} f(x, y) \mathrm{d}\sigma + \iint\limits_{D_3} f(x, y) \mathrm{d}\sigma$$

上式右端的三个二重积分都可用式(8-1)来计算.

4. 既是 X 型又是 Y 型区域

如果积分区域 D 既是 X 型区域(可用不等式 $\varphi_1(x) \leqslant y \leqslant \varphi_2(x)$, $a \leqslant x \leqslant b$ 表示), 又是 Y 型区域(可用不等式 $\psi_1(y) \leqslant x \leqslant \psi_2(y)$, $c \leqslant y \leqslant d$ 表示)(见图 8-8), 则由式 (8-1) 及式 (8-2) 可得

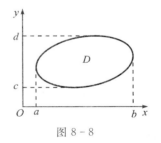

图 8-8

$$\int_{a}^{b} \mathrm{d}x \int_{\varphi_1(x)}^{\varphi_2(x)} f(x, y) \mathrm{d}y = \int_{c}^{d} \mathrm{d}y \int_{\psi_1(y)}^{\psi_2(y)} f(x, y) \mathrm{d}x$$

上式表明二次积分可以交换积分次序, 但在交换积分次序时, 必须先绘出积分区域, 然后重新确定两个积分的上、下限.

注意: 将二重积分化为二次积分时, 关键是确定积分限, 而积分限是由积分区域确定的, 所以在计算二重积分时, 应首先画出积分区域 D 的图形. 假如积分区域 D 为 X 型, 如图 8-9 所示, 在 $[a, b]$ 上任取一点 x, 积分区域上以 x 为横坐标

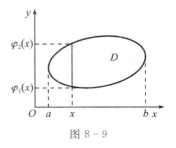

图 8-9

的点在一直线段上，此直线段平行于 y 轴，该直线段上点的纵坐标从 $\varphi_1(x)$ 变到 $\varphi_2(x)$，$\varphi_1(x)$ 和 $\varphi_2(x)$ 就是公式中将 x 看做常数而对 y 积分时的下限和上限；对 x 积分时，由于 x 在 $[a,b]$ 内是任取的，因此 x 的积分区间为 $[a,b]$.

例 3 计算 $\iint\limits_{D} y\sqrt{1+x^2-y^2}\,\mathrm{d}\sigma$，其中 D 是由直线 $y=1$，$x=-1$，$y=x$ 所围成的.

解 积分区域 D 如图 8-10 所示，既是 X 型区域又是 Y 型区域.

若将 D 看做 X 型区域，在 $[-1,1]$ 内任取点 x，则在以 x 为横坐标的直线段上的点，其纵坐标从 $y=x$ 变到 $y=1$，因此有

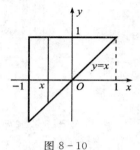

$$\iint\limits_{D} y\sqrt{1+x^2-y^2}\,\mathrm{d}\sigma = \int_{-1}^{1}\mathrm{d}x\int_{x}^{1} y\sqrt{1+x^2-y^2}\,\mathrm{d}y$$

$$= -\frac{1}{3}\int_{-1}^{1}(1+x^2-y^2)^{\frac{3}{2}}\Big|_{x}^{1}\,\mathrm{d}x$$

$$= -\frac{1}{3}\int_{-1}^{1}(|x|^3-1)\,\mathrm{d}x$$

$$= \frac{1}{2}$$

图 8-10

若将 D 看做 Y 型区域，如图 8-11 所示，则有

$$\iint\limits_{D} y\sqrt{1+x^2-y^2}\,\mathrm{d}\sigma = \int_{-1}^{1}\mathrm{d}y\int_{-1}^{y} y\sqrt{1+x^2-y^2}\,\mathrm{d}x$$

其中关于 x 的积分计算较麻烦，故此题取前一种计算方法简便一些.

例 4 计算 $I=\iint\limits_{D}xy\,\mathrm{d}\sigma$，其中 D 由抛物线 $y^2=x$ 及直线 $y=x-2$ 围成.

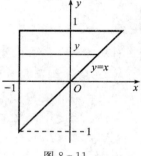

解 积分区域 D 如图 8-12 所示，既是 X 型区域又是 Y 型区域.

若将 D 看做 Y 型区域，则有

$$I = \int_{-1}^{2}\mathrm{d}y\int_{y^2}^{y+2}xy\,\mathrm{d}x = \int_{-1}^{2}y\left(\frac{1}{2}x^2\Big|_{y^2}^{y+2}\right)\mathrm{d}y$$

$$= \int_{-1}^{2}\frac{1}{2}[y(y+2)^2-y^5]\,\mathrm{d}y$$

$$= \frac{1}{2}\left(\frac{1}{4}y^4+\frac{4}{3}y^3+2y^2-\frac{1}{6}y^6\right)\Big|_{-1}^{2} = \frac{45}{8}$$

图 8-11

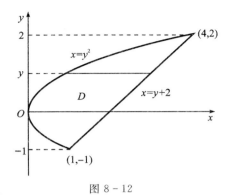

图 8 - 12

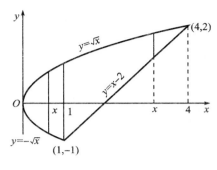

图 8 - 13

若将 D 看做 X 型区域,则由于在区间 $[0,1]$ 与 $[1,4]$ 上 $\varphi_1(x)$ 的表达式不同,所以要用经过交点 $(1,-1)$ 且平行于 y 轴的直线 $x=1$ 将 D 分成 D_1 和 D_2 两部分(见图 8 - 13),其中

$$D_1 : 0 \leqslant x \leqslant 1, -\sqrt{x} \leqslant y \leqslant \sqrt{x}$$

$$D_2 : 1 \leqslant x \leqslant 4, x-2 \leqslant y \leqslant \sqrt{x}$$

根据积分区域的可加性,有

$$I = \iint\limits_{D_1} xy \, \mathrm{d}\sigma + \iint\limits_{D_2} xy \, \mathrm{d}\sigma = \int_0^1 \mathrm{d}x \int_{-\sqrt{x}}^{\sqrt{x}} xy \, \mathrm{d}y + \int_1^4 \mathrm{d}x \int_{x-2}^{\sqrt{x}} xy \, \mathrm{d}y$$

由此可见,此题将 D 看做 Y 型区域计算简便些.

上述几个例子说明,在化二重积分为二次积分时,为了计算方便,需要选择恰当的积分次序.这时,既要考虑积分区域 D 的形状,又要考虑被积函数 $f(x,y)$ 的特性.

例 5　改变下列积分的积分次序.

(1) $\int_0^1 \mathrm{d}x \int_0^x f(x,y) \mathrm{d}y$;　　　　　(2) $\int_0^1 \mathrm{d}x \int_x^{2-x} f(x,y) \mathrm{d}y$.

解　(1)首先画出积分区域 D,如图 8 - 14 所示,

$$D = \{(x,y) \mid 0 \leqslant x \leqslant 1, 0 \leqslant y \leqslant x\}$$

现需将积分次序变为先对 x 后对 y,将区域 D 看做 Y 型区域,则

$$D = \{(x,y) \mid y \leqslant x \leqslant 1, 0 \leqslant y \leqslant 1\}$$

故　　　　$\int_0^1 \mathrm{d}x \int_0^x f(x,y) \mathrm{d}y = \int_0^1 \mathrm{d}y \int_y^1 f(x,y) \mathrm{d}x$

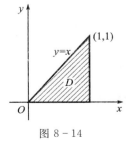

图 8 - 14

（2）先画出积分区域 D，如图 8-15 所示，

$$D = \{(x, y) \mid 0 \leqslant x \leqslant 1,\ x \leqslant y \leqslant 2-x\}$$

现需将积分次序变为先对 x 后对 y，为此，用直线 $y = 1$ 将 D 分成 D_1 和 D_2 两部分，则

$$D_1 = \{(x, y) \mid 0 \leqslant x \leqslant y,\ 0 \leqslant y \leqslant 1\}$$

$$D_2 = \{(x, y) \mid 0 \leqslant x \leqslant 2-y,\ 1 \leqslant y \leqslant 2\}$$

故

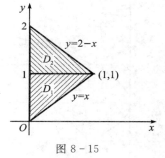

图 8-15

$$\int_0^1 dx \int_x^{2-x} f(x, y) dy = \int_0^1 dy \int_0^y f(x, y) dx + \int_1^2 dy \int_0^{2-y} f(x, y) dx$$

在定积分中，如果积分区间为对称区间 $[-a, a]$，当被积函数 $f(x)$ 是奇函数时，$\int_{-a}^a f(x) dx = 0$；当被积函数为偶函数时，$\int_{-a}^a f(x) dx = 2 \int_0^a f(x) dx$. 在二重积分中，也可以利用被积函数的奇偶性结合积分区域的对称性来化简计算.

（1）当积分区域 D 关于 y 轴对称时（见图8-16）：

① 若被积函数 $f(x, y)$ 关于 x 是奇函数，即对任何 y 有 $f(-x, y) = -f(x, y)$，则

$$\iint\limits_D f(x, y) d\sigma = 0$$

② 若被积函数 $f(x, y)$ 关于 x 是偶函数，即对任何 y 有 $f(-x, y) = f(x, y)$，则

$$\iint\limits_D f(x, y) d\sigma = 2 \iint\limits_{D_1} f(x, y) d\sigma$$
$$= 2 \iint\limits_{D_2} f(x, y) d\sigma$$

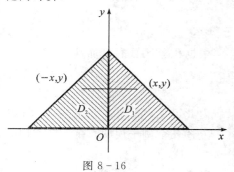

图 8-16

（2）当积分区域 D 关于 x 轴对称时（见图8-17）：

① 若被积函数 $f(x, y)$ 关于 y 是奇函数，即对任何 x 有 $f(x, -y) = -f(x, y)$，则

$$\iint\limits_D f(x, y) d\sigma = 0$$

② 若被积函数 $f(x, y)$ 关于 y 是偶函数，即对任何 x 有 $f(x, -y) = f(x, y)$，则

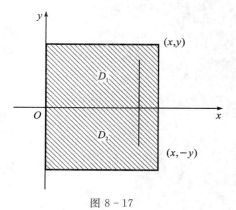

图 8-17

$$\iint\limits_{D} f(x,\ y)\mathrm{d}\sigma = 2\iint\limits_{D_1} f(x,\ y)\mathrm{d}\sigma = 2\iint\limits_{D_2} f(x,\ y)\mathrm{d}\sigma$$

（3）当积分区域 D 关于原点 O 对称时（见图 8-18）：

① 若被积函数 $f(x,\ y)$ 关于 x、y 是奇函数，即 $f(-x,\ -y) = -f(x,\ y)$，则

$$\iint\limits_{D} f(x,\ y)\mathrm{d}\sigma = 0$$

② 若被积函数 $f(x,\ y)$ 关于 x、y 是偶函数，即 $f(-x,\ -y) = f(x,\ y)$，则

$$\iint\limits_{D} f(x,\ y)\mathrm{d}\sigma = 2\iint\limits_{D_1} f(x,\ y)\mathrm{d}\sigma = 2\iint\limits_{D_2} f(x,\ y)\mathrm{d}\sigma$$

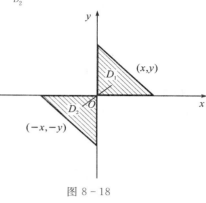

图 8-18

例 6 计算 $I = \iint\limits_{D}(|\ x\ |+|\ y\ |)\mathrm{d}x\mathrm{d}y$，其中 D：$|\ x\ |+|\ y\ | \leqslant 1$.

解 积分区域 D 如图 8-19 所示，设 D_1 为 D 在第一象限的部分，利用二重积分的对称奇偶性，有

$$I = 4\iint\limits_{D_1}(|\ x\ |+|\ y\ |)\mathrm{d}x\mathrm{d}y = 4\iint\limits_{D_1}(x+y)\mathrm{d}x\mathrm{d}y$$

$$= 4\int_0^1 \mathrm{d}x \int_0^{1-x}(x+y)\mathrm{d}y = 4\int_0^1 \left(xy + \frac{y^2}{2} \right)\Big|_0^{1-x}\mathrm{d}x$$

$$= 4\int_0^1 \left[x - x^2 + \frac{1}{2}(1-x)^2 \right]\mathrm{d}x = \frac{4}{3}$$

定理 8.1 如果二重积分 $\iint\limits_{D} f(x,\ y)\mathrm{d}x\mathrm{d}y$ 的积分区域 D 是矩形区域：$a \leqslant x \leqslant b$，$c \leqslant y \leqslant d$，而被积函数 $f(x,\ y)$ 可分离变量，即 $f(x,\ y) = h(x) \cdot g(y)$，则有

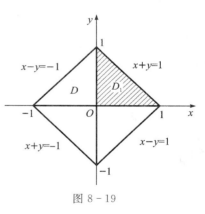

图 8-19

$$\iint\limits_{D} f(x,\ y)\mathrm{d}x\mathrm{d}y = \int_a^b h(x)\mathrm{d}x \cdot \int_c^d g(y)\mathrm{d}y$$

例 7 计算二重积分 $I = \iint\limits_{D} x\mathrm{e}^y\mathrm{d}x\mathrm{d}y$，其中 D：$0 \leqslant x \leqslant 2$，$-1 \leqslant y \leqslant 0$.

解 积分区域 D 如图 8-20 所示，显然 D 为矩形区域，

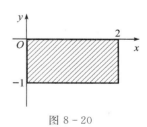

图 8-20

而被积函数 xe^y 可分离变量，故

$$I = \int_0^2 x\mathrm{d}x \cdot \int_{-1}^0 e^y\mathrm{d}y = \frac{1}{2}x^2\Big|_0^2 \cdot e^y\Big|_{-1}^0 = 2(1 - e^{-1})$$

8.2.2　二重积分在极坐标系下的计算

区域 D 的边界曲线方程用极坐标表示比较方便，而且某些被积函数用极坐标表示也比较简单，这时可用极坐标来计算二重积分.

取极点 O 为直角坐标系的原点，极轴为 x 轴，则直角坐标与极坐标之间的变换公式为

$$\begin{cases} x = \rho\cos\theta \\ y = \rho\sin\theta \end{cases}$$

由此可将被积函数转化为极坐标形式：

$$f(x, y) = f(\rho\cos\theta, \rho\sin\theta)$$

下面来求极坐标系下的面积元素 $\mathrm{d}\sigma$.

设从极点出发的射线穿过积分区域 D 的内部时，与 D 的边界相交不多于两点. 用以极点为圆心的一簇同心圆（$\rho =$ 常数），和从极点出发的一簇射线（$\theta =$ 常数），将区域 D 分为 n 个小闭区域（见图 8-21）. 每个小闭区域的面积 $\Delta\sigma_i$ 近似等于以 $\rho_i\Delta\theta_i$ 为长、以 $\Delta\rho_i$ 为宽的矩形面积，即 $\Delta\sigma_i \approx \rho_i\Delta\theta_i \cdot \Delta\rho_i$. 因而，面积元素可取为 $\mathrm{d}\sigma = \rho\mathrm{d}\rho\mathrm{d}\theta$，于是二重积分的极坐标形式为

$$\iint\limits_D f(x, y)\mathrm{d}\sigma = \iint\limits_D f(\rho\cos\theta, \rho\sin\theta)\rho\,\mathrm{d}\rho\,\mathrm{d}\theta \qquad (8-3)$$

式(8-3)表明，要把二重积分中的变量从直角坐标变换为极坐标，只要把被积函数中的 x、y 换成 $\rho\cos\theta$、$\rho\sin\theta$，并把直角坐标系中的面积元素 $\mathrm{d}x\mathrm{d}y$ 换成极坐标系中的面积元素 $\rho\,\mathrm{d}\rho\,\mathrm{d}\theta$.

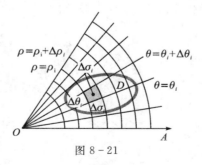

图 8-21

极坐标系中的二重积分，同样可以化为二次积分来计算. 下面根据积分区域的特点分三种情形讨论.

1. 极点 *O* 在区域 *D* 外

设积分区域 D 可用不等式：

$$\varphi_1(\theta) \leqslant \rho \leqslant \varphi_2(\theta)$$
$$\alpha \leqslant \theta \leqslant \beta$$

表示（见图 8-22），其中 $\varphi_1(\theta)$、$\varphi_2(\theta)$ 在区间 $[\alpha, \beta]$ 上连续，则有

$$\iint\limits_{D} f(\rho\cos\theta, \rho\sin\theta)\rho\,\mathrm{d}\rho\,\mathrm{d}\theta = \int_{\alpha}^{\beta}\mathrm{d}\theta\int_{\varphi_1(\theta)}^{\varphi_2(\theta)} f(\rho\cos\theta, \rho\sin\theta)\rho\,\mathrm{d}\rho \qquad (8-4)$$

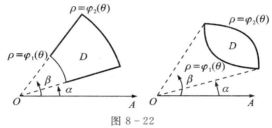

图 8-22

2. 极点 *O* 在区域 *D* 内

设区域 D 的边界曲线方程为 $\rho = \varphi(\theta)$，如图 8-23 所示. 此时，D 可用不等式：

$$0 \leqslant \rho \leqslant \varphi(\theta), 0 \leqslant \theta \leqslant 2\pi$$

表示，则有

$$\iint\limits_{D} f(\rho\cos\theta, \rho\sin\theta)\rho\,\mathrm{d}\rho\,\mathrm{d}\theta = \int_{0}^{2\pi}\mathrm{d}\theta\int_{0}^{\varphi(\theta)} f(\rho\cos\theta, \rho\sin\theta)\rho\,\mathrm{d}\rho \qquad (8-5)$$

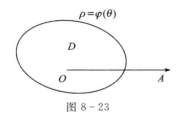

图 8-23

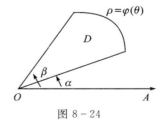

图 8-24

3. 极点 *O* 在区域 *D* 的边界上

设区域 D 是如图 8-24 所示的曲边扇形，D 可用不等式：

$$0 \leqslant \rho \leqslant \varphi(\theta), \alpha \leqslant \theta \leqslant \beta$$

表示，则有

$$\iint\limits_{D} f(\rho\cos\theta, \rho\sin\theta)\rho\,\mathrm{d}\rho\,\mathrm{d}\theta = \int_{\alpha}^{\beta}\mathrm{d}\theta\int_{0}^{\varphi(\theta)} f(\rho\cos\theta, \rho\sin\theta)\rho\,\mathrm{d}\rho \qquad (8-6)$$

情形 3 实际上是情形 1 的特例. 当式(8-4)中的 $\varphi_1(\theta)=0$，$\varphi_2(\theta)=\varphi(\theta)$ 时，式(8-4)就是式(8-6). 情形 2 是情形 3 的特例，当式(8-6)中的 $\alpha=0$，$\beta=2\pi$ 时，式(8-5)就是式(8-6).

由二重积分的性质知，闭区域 D 的面积 σ 可以表示为

$$\sigma=\iint\limits_D \mathrm{d}\sigma$$

在极坐标系中，面积元素 $\mathrm{d}\sigma=\rho\,\mathrm{d}\rho\,\mathrm{d}\theta$，上式成为

$$\sigma=\iint\limits_D \rho\,\mathrm{d}\rho\,\mathrm{d}\theta$$

例 8　计算 $I=\iint\limits_D x\,\mathrm{d}\sigma$，其中 D 为 $4\leqslant x^2+y^2\leqslant 9$ 在第一象限的部分.

解　积分区域 D 如图 8-25 所示，设 $x=\rho\cos\theta$，$y=\rho\sin\theta$，则 D 可表示为

$$2\leqslant\rho\leqslant 3,\ 0\leqslant\theta\leqslant\frac{\pi}{2}$$

从而有

$$\begin{aligned}
I&=\iint\limits_D x\,\mathrm{d}\sigma=\iint\limits_D \rho\cos\theta\cdot\rho\,\mathrm{d}\rho\,\mathrm{d}\theta\\
&=\int_0^{\frac{\pi}{2}}\cos\theta\mathrm{d}\theta\int_2^3\rho^2\,\mathrm{d}\rho\\
&=(\sin\theta)\Big|_0^{\frac{\pi}{2}}\cdot\frac{1}{3}\rho^3\Big|_2^3=\frac{19}{3}
\end{aligned}$$

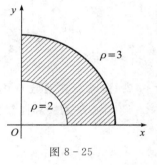

图 8-25

例 9　计算二重积分 $I=\iint\limits_D x(y+1)\mathrm{d}x\mathrm{d}y$，其中 D 为 $x^2+y^2\geqslant 1$，$x^2+y^2\leqslant 2x$.

解　积分区域 D 如图 8-26 所示，

$$I=\iint\limits_D x(y+1)\mathrm{d}x\mathrm{d}y=\iint\limits_D xy\,\mathrm{d}x\mathrm{d}y+\iint\limits_D x\,\mathrm{d}x\mathrm{d}y$$

对于 $\iint\limits_D xy\,\mathrm{d}x\mathrm{d}y$，由于 D 关于 x 轴对称，被积函数 xy 是关于 y 的奇函数，利用二重积分对称奇偶性的结论，易知

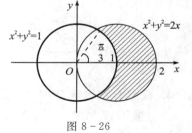

图 8-26

$$\iint\limits_D xy\,\mathrm{d}x\mathrm{d}y=0$$

设 $x=\rho\cos\theta$，$y=\rho\sin\theta$，则 D 可表示为

$$1 \leqslant \rho \leqslant 2\cos\theta, \ -\frac{\pi}{3} \leqslant \theta \leqslant \frac{\pi}{3}$$

所以

$$I = \iint\limits_{D} x\,\mathrm{d}x\mathrm{d}y = \int_{-\frac{\pi}{3}}^{\frac{\pi}{3}} \mathrm{d}\theta \int_{1}^{2\cos\theta} \rho\cos\theta \cdot \rho\,\mathrm{d}\rho$$

$$= 2\int_{0}^{\frac{\pi}{3}} \cos\theta\mathrm{d}\theta \int_{1}^{2\cos\theta} \rho^2\,\mathrm{d}\rho$$

$$= \frac{\sqrt{3}}{4} + \frac{2}{3}\pi$$

例 10　计算 $\iint\limits_{D} \mathrm{e}^{-x^2-y^2}\,\mathrm{d}x\mathrm{d}y$，其中 D 为圆域 $x^2 + y^2 \leqslant R^2$ 在第一象限的部分.

解　积分区域 D 如图 8 - 27 所示，设 $x = \rho\cos\theta$，$y = \rho\sin\theta$，则 D 可表示为

$$0 \leqslant \rho \leqslant R, \ 0 \leqslant \theta \leqslant \frac{\pi}{2}$$

故

$$I = \iint\limits_{D} \mathrm{e}^{-x^2-y^2}\,\mathrm{d}x\mathrm{d}y = \iint\limits_{D} \mathrm{e}^{-\rho^2} \cdot \rho\,\mathrm{d}\rho\mathrm{d}\theta$$

$$= \int_{0}^{\frac{\pi}{2}} \mathrm{d}\theta \int_{0}^{R} \rho\mathrm{e}^{-\rho^2}\,\mathrm{d}\rho$$

$$= \int_{0}^{\frac{\pi}{2}} \mathrm{d}\theta \cdot \int_{0}^{R} \rho\mathrm{e}^{-\rho^2}\,\mathrm{d}\rho = \frac{\pi}{2} \cdot \frac{1}{2}(1 - \mathrm{e}^{-R^2})$$

$$= \frac{\pi}{4}(1 - \mathrm{e}^{-R^2})$$

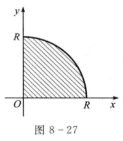

图 8 - 27

注意：由于 $\int \mathrm{e}^{-x^2}\,\mathrm{d}x$ 不能用初等函数表示，因此本题在直角坐标系下算不出来.

例 11　利用例 10 的结果计算广义积分 $\int_{0}^{+\infty} \mathrm{e}^{-x^2}\,\mathrm{d}x$.

解　设

$D_1 = \{(x, y)\,|\,x^2 + y^2 \leqslant R^2, \ x \geqslant 0, \ y \geqslant 0\}$

$D_2 = \{(x, y)\,|\,x^2 + y^2 \leqslant 2R^2, \ x \geqslant 0, \ y \geqslant 0\}$

$S = \{(x, y)\,|\,0 \leqslant x \leqslant R, \ 0 \leqslant y \leqslant R\}$

显然 $D_1 \subset S \subset D_2$（见图 8 - 28）. 因为 $\mathrm{e}^{-x^2-y^2} > 0$，所以有

$$\iint\limits_{D_1} \mathrm{e}^{-x^2-y^2}\,\mathrm{d}x\mathrm{d}y < \iint\limits_{S} \mathrm{e}^{-x^2-y^2}\,\mathrm{d}x\mathrm{d}y < \iint\limits_{D_2} \mathrm{e}^{-x^2-y^2}\,\mathrm{d}x\mathrm{d}y$$

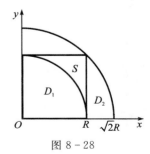

图 8 - 28

而

$$\iint\limits_{S} e^{-x^2-y^2} \, dx dy = \int_0^R e^{-x^2} \, dx \cdot \int_0^R e^{-y^2} \, dy = \left(\int_0^R e^{-x^2} \, dx \right)^2$$

由例 10 知

$$\iint\limits_{D_1} e^{-x^2-y^2} \, dx dy = \frac{\pi}{4}(1 - e^{-R^2})$$

$$\iint\limits_{D_2} e^{-x^2-y^2} \, dx dy = \frac{\pi}{4}(1 - e^{-2R^2})$$

从而

$$\frac{\pi}{4}(1 - e^{-R^2}) < \left(\int_0^R e^{-x^2} \, dx \right)^2 < \frac{\pi}{4}(1 - e^{-2R^2})$$

令 $R \to +\infty$，则有

$$\int_0^{+\infty} e^{-x^2} \, dx = \frac{\sqrt{\pi}}{2}$$

习 题 8.2

1. 在直角坐标系下计算下列二重积分.

(1) $I = \iint\limits_{D} \dfrac{x^2}{y^2} d\sigma$，其中 D 是由直线 $x = 2$，$y = x$ 和双曲线 $xy = 1$ 围成的区域；

(2) $I = \iint\limits_{D} x\cos(x+y) dx dy$，其中 D 是顶点分别为 $(0,0)$、$(\pi,0)$、(π,π) 的三角形区域；

(3) $I = \iint\limits_{D} |\sin(x+y)| \, dx dy$，其中 D 是矩形区域：$0 \leqslant x \leqslant \pi$，$0 \leqslant y \leqslant \pi$；

(4) $I = \iint\limits_{D} xy \, dx dy$，其中 D 是由直线 $y = -x$ 及曲线 $y = \sqrt{1-x^2}$，$y = \sqrt{x-x^2}$ 所围成的区域；

(5) $I = \iint\limits_{D} e^{x^2} \, dx dy$，其中 D 是由曲线 $y = x^3$ 与直线 $y = x$ 在第一象限内围成的闭区域；

(6) $I = \iint\limits_{D} \sin\dfrac{\pi x}{2y} d\sigma$，其中 D 是由曲线 $y = \sqrt{x}$ 和直线 $y = x$，$y = 2$ 所围成的区域；

(7) $\iint\limits_{D} \sqrt{|y-x^2|} \, dx dy$，其中 D 为矩形区域：$-1 \leqslant x \leqslant 1$，$0 \leqslant y \leqslant 2$；

(8) $I = \iint\limits_{D} x[1 + yf(x^2+y^2)] dx dy$，其中 D 由 $y = x^3$，$y = 1$，$x = -1$ 围成，f 是连

续函数.

2. 在极坐标系下计算二重积分.

(1) $I = \iint\limits_{D} \dfrac{x+y}{x^2+y^2}\mathrm{d}x\mathrm{d}y$，其中 D：$x^2+y^2 \leqslant 1$，$x+y \geqslant 1$；

(2) $I = \iint\limits_{D} \sin\sqrt{x^2+y^2}\,\mathrm{d}x\mathrm{d}y$，其中 D：$\pi^2 \leqslant x^2+y^2 \leqslant 4\pi^2$；

(3) $I = \iint\limits_{D} \sqrt{a^2-x^2-y^2}\,\mathrm{d}x\mathrm{d}y$，其中 D：$(x^2+y^2)^2 \leqslant a^2(x^2-y^2)$；

(4) $I = \iint\limits_{D} \left(\dfrac{x^2}{a^2}+\dfrac{y^2}{b^2}\right)\mathrm{d}x\mathrm{d}y$，其中 D：$x^2+y^2 \leqslant R^2$；

(5) $I = \iint\limits_{D} |x^2+y^2-2x|\,\mathrm{d}x\mathrm{d}y$，其中 D：$x^2+y^2 \leqslant 4$.

3. 改变下列二次积分的次序.

(1) $I = \displaystyle\int_0^1 \mathrm{d}y \int_y^{\sqrt{y}} f(x,y)\mathrm{d}x$；

(2) $I = \displaystyle\int_1^e \mathrm{d}x \int_0^{\ln x} f(x,y)\mathrm{d}y$；

(3) $I = \displaystyle\int_{-1}^1 \mathrm{d}x \int_{-\sqrt{1-x^2}}^{1-x^2} f(x,y)\mathrm{d}y$；

(4) $I = \displaystyle\int_0^2 \mathrm{d}x \int_{-\sqrt{1-(x-1)^2}}^0 f(x,y)\mathrm{d}y$.

4. 把下列积分化成极坐标系形式，并计算积分值.

(1) $\displaystyle\int_0^a \mathrm{d}x \int_0^x \sqrt{x^2+y^2}\,\mathrm{d}y$；

(2) $\displaystyle\int_0^a \mathrm{d}y \int_0^{\sqrt{a^2-y^2}} (x^2+y^2)\mathrm{d}x$；

(3) $\displaystyle\int_{-1}^1 \mathrm{d}x \int_0^{\sqrt{1-x^2}} \mathrm{e}^{-x^2-y^2}\,\mathrm{d}y$；

(4) $\displaystyle\int_0^1 \mathrm{d}x \int_{x^2}^x \dfrac{1}{\sqrt{x^2+y^2}}\mathrm{d}y$.

5. 画出积分区域，把积分 $\iint\limits_{D} f(x,y)\mathrm{d}x\mathrm{d}y$ 表示为极坐标形式的二重积分，其中积分区域 D 为

(1) $x^2+y^2 \leqslant a^2$ $(a>0)$；

(2) $x^2+y^2 \leqslant 2x$；

(3) $a^2 \leqslant x^2 + y^2 \leqslant b^2 \quad (0 < a < b)$;

(4) $0 \leqslant y \leqslant 1 - x, 0 \leqslant x \leqslant 1$.

综合练习八

1. 选择题

(1) 设区域 D 由圆 $x^2 + y^2 = 2ax(a > 0)$ 围成，则二重积分 $\iint\limits_{D} \mathrm{e}^{-x^2-y^2} \, \mathrm{d}\sigma = ($ $)$.

A. $\displaystyle\int_{-\frac{\pi}{2}}^{\frac{\pi}{2}} \mathrm{d}\theta \int_{0}^{2a\cos\theta} \mathrm{e}^{-\rho^2} \, \mathrm{d}\rho$ B. $\displaystyle\int_{0}^{\pi} \mathrm{d}\theta \int_{0}^{2a\cos\theta} \mathrm{e}^{-\rho^2} \rho \, \mathrm{d}\rho$

C. $2\displaystyle\int_{0}^{\frac{\pi}{2}} \mathrm{d}\theta \int_{0}^{2a\cos\theta} \mathrm{e}^{-\rho^2} \, \mathrm{d}\rho$ D. $\displaystyle\int_{-\frac{\pi}{2}}^{\frac{\pi}{2}} \mathrm{d}\theta \int_{0}^{2a\cos\theta} \mathrm{e}^{-\rho^2} \rho \, \mathrm{d}\rho$

(2) 设 $f(x, y)$ 是连续函数，$a > 0$，则 $\displaystyle\int_{0}^{a} \mathrm{d}x \int_{0}^{x} f(x, y) \mathrm{d}y = ($ $)$.

A. $\displaystyle\int_{0}^{a} \mathrm{d}y \int_{a}^{y} f(x, y) \mathrm{d}x$ B. $\displaystyle\int_{0}^{a} \mathrm{d}y \int_{y}^{a} f(x, y) \mathrm{d}x$

C. $\displaystyle\int_{0}^{a} \mathrm{d}y \int_{0}^{a} f(x, y) \mathrm{d}x$ D. $\displaystyle\int_{0}^{a} \mathrm{d}y \int_{0}^{y} f(x, y) \mathrm{d}x$

(3) 累次积分 $I = \displaystyle\int_{0}^{\frac{\pi}{2}} \mathrm{d}\theta \int_{0}^{\cos\theta} f(\rho\cos\theta, \rho\sin\theta)\rho \, \mathrm{d}\rho$ 可写成(   ).

A. $\displaystyle\int_{0}^{1} \mathrm{d}x \int_{0}^{\sqrt{x-x^2}} f(x, y) \mathrm{d}y$ B. $\displaystyle\int_{0}^{1} \mathrm{d}x \int_{0}^{1} f(x, y) \mathrm{d}y$

C. $\displaystyle\int_{0}^{1} \mathrm{d}y \int_{0}^{\sqrt{1-y^2}} f(x, y) \mathrm{d}x$ D. $\displaystyle\int_{0}^{1} \mathrm{d}y \int_{0}^{\sqrt{y-y^2}} f(x, y) \mathrm{d}x$

(4) 设 $I = \displaystyle\iint\limits_{x^2+y^2 \leqslant 4} (1 - x^2 - y^2)^{\frac{1}{3}} \mathrm{d}x\mathrm{d}y$，则必有(   ).

A. $I = 0$ B. $I > 0$

C. $I < 0$ D. $I \neq 0$，但符号不能确定

(5) 设 D 是由 x 轴，y 轴与直线 $x + y = 1$ 所围成的区域，则下列不等式成立的是(   ).

A. $\displaystyle\iint\limits_{D} (x+y)^3 \mathrm{d}x\mathrm{d}y = \iint\limits_{D} (x+y)^4 \mathrm{d}x\mathrm{d}y$ B. $\displaystyle\iint\limits_{D} (x+y)^3 \mathrm{d}x\mathrm{d}y > \iint\limits_{D} (x+y)^4 \mathrm{d}x\mathrm{d}y$

C. $\displaystyle\iint\limits_{D} (x+y)^3 \mathrm{d}x\mathrm{d}y \leqslant \iint\limits_{D} (x+y)^4 \mathrm{d}x\mathrm{d}y$ D. $\displaystyle\iint\limits_{D} (x+y)^3 \mathrm{d}x\mathrm{d}y < \iint\limits_{D} (x+y)^4 \mathrm{d}x\mathrm{d}y$

2. 证明：$\displaystyle\int_{0}^{a} \mathrm{d}y \int_{0}^{y} \mathrm{e}^{m(a-x)} f(x) \mathrm{d}x = \int_{0}^{a} (a-x)\mathrm{e}^{m(a-x)} f(x) \mathrm{d}x$.

3. 交换下列积分的次序.

(1) $I = \int_0^1 \mathrm{d}x \int_x^{\sqrt{x}} \dfrac{\sin y}{x^2} \mathrm{d}y$;

(2) $I = \int_{-1}^0 \mathrm{d}x \int_{-x}^1 f(x, y) \mathrm{d}y + \int_0^1 \mathrm{d}x \int_{1 - \sqrt{1 - x^2}}^1 f(x, y) \mathrm{d}y$.

4. 计算下列重积分.

(1) $I = \iint\limits_D (|x| + |y|) \mathrm{d}x \mathrm{d}y$, 其中 D: $x^2 + y^2 \leqslant 1$;

(2) $I = \iint\limits_D \dfrac{\sin y}{y} \mathrm{d}\sigma$, 其中 D 是由 $y^2 = x$ 及 $y = x$ 围成的区域;

(3) $I = \iint\limits_D \dfrac{x + y}{x^2 + y^2} \mathrm{d}\sigma$, 其中 D 是由 $x^2 + y^2 \leqslant 1$, $x + y \geqslant 1$ 围成的区域.

习题参考答案

第 1 章

习题 1.1

1. (1) $[-1, 0) \bigcup (0, 2)$；　(2) $[2, 4]$；　(3) $(-1, 1)$；　(4) $(-\infty, 3]$.

2. (1) 偶函数；　(2) 非奇非偶函数；　(3) 奇函数.

3. $f(-1) = 1$，$f(1) = 0$，$f(0) = 1$，$f(3) = 4$.

4. 提示：不能复合.

5. $f[f(x)] = x$，$x \neq -1$.

6. (1) $y = \arccos u$，$u = \ln x$；　(2) $y = \ln u$，$u = v^2$，$v = \sin x$；　(3) $y = e^u$，$u = \sqrt{x}$；

　(4) $y = e^u$，$u = e^x$；　(5) $y = u^5$，$u = 1 + v$，$v = \lg x$；　(6) $y = 2u^2$，$u = \cos x$.

习题 1.2

1. (1) 发散；　(2) 收敛于 1；　(3) 发散；　(4) 发散.

2. (1) 5；　　(2) 0；　　　(3) 0；　　　(4) 不存在.

3. $\lim\limits_{x \to 0^+} f(x) = 1$，$\lim\limits_{x \to 0^-} f(x) = 0$，$\lim\limits_{x \to 0} f(x)$ 不存在.

4. $b = 2$.

5. D.

6. A.

习题 1.3

1. (1) $x \to \infty$ 时为无穷小，$x \to -1$ 时为无穷大；

　(2) $x \to +\infty$ 时为无穷小，$x \to -\infty$ 时为无穷大；

　(3) $x \to 1$ 时为无穷小，$x \to +\infty$ 和 $x \to 0^+$ 时为无穷大；

　(4) $x \to k\pi (k \in \mathbf{Z})$ 时为无穷小，$x \to k\pi + \dfrac{\pi}{2} (k \in \mathbf{Z})$ 时为无穷大.

2. (1) 0；　(2) ∞.

习题 1.4

1. (1) $\dfrac{1}{2}$；　(2) $\dfrac{1}{2}$；　(3) 0；　(4) $-\dfrac{1}{2}$.

2. (1) $\dfrac{1}{2}$；　(2) 1；　(3) 6；　(4) 0；　(5) $-\dfrac{1}{4}$；　(6) $2x$；　(7) $\left(\dfrac{2}{3}\right)^{10}$；　(8) 2.

3. $a=-3, b=2$.

4. 4.

习题 1.5

1. (1) $\dfrac{1}{4}$；　(2) 2；　(3) 1；　(4) $\dfrac{1}{8}$；　(5) $\dfrac{1}{3}$；　(6) $\dfrac{3}{5}$；　(7) 1；　(8) 0.

2. (1) e^5；　(2) e^{-1}；　(3) e^{-1}；　(4) e^{-1}；　(5) e；　(6) e.

3. $\lim\limits_{x\to 0^-}\dfrac{f(x)}{x^2}=4,\ \lim\limits_{x\to 0^+}\dfrac{f(x)}{x^2}=a$；

当 $a=4$ 时，$\lim\limits_{x\to 0}\dfrac{f(x)}{x^2}$ 存在且 $\lim\limits_{x\to 0}\dfrac{f(x)}{x^2}=4$；如果 $a\neq 4$，极限 $\lim\limits_{x\to 0}\dfrac{f(x)}{x^2}$ 不存在.

4. 522.05 元.

习题 1.6

1. (1) $\dfrac{5}{3}$；　(2) 2；　(3) $\dfrac{3}{2}$；　(4) $\dfrac{7}{2}$；　(5) 2；　(6) 1；　(7) 0；　(8) 1；　(9) 0；

(10) $\dfrac{1}{2\sqrt{2}}$.

2. (1) 利用等价代换公式，$(1+x)^a-1\sim \alpha x\,(x\to 0)$，$\sqrt{1+\sin^2 x}-1\sim\dfrac{\sin^2 x}{2}$，

$$\lim_{x\to 0}\frac{\sqrt{1+\sin^2 x}-1}{x^2}=\lim_{x\to 0}\frac{\sin^2 x}{2x^2}=\frac{1}{2}$$

(2) 令 $t=\dfrac{1}{x}$，当 $x\to\infty$ 时，$t\to 0$，则

$$\lim_{x\to\infty}x\csc\frac{1}{x}\ln\left(1+\frac{1}{x^2}\right)=\lim_{t\to 0}\frac{1}{t}\csc t\ln(1+t^2)=\lim_{t\to 0}\frac{\ln(1+t^2)}{t\sin t}=\lim_{t\to 0}\frac{t^2}{t\cdot t}=1$$

(3) $\lim\limits_{x\to 0}\dfrac{3\sin x+x^2\cos\frac{1}{x}}{(1+\cos x)\ln(1+x)}=\dfrac{1}{2}\lim\limits_{x\to 0}\dfrac{3\sin x+x^2\cos\frac{1}{x}}{x}=\dfrac{1}{2}\lim\limits_{x\to 0}\left(3\dfrac{\sin x}{x}+x\cos\dfrac{1}{x}\right)=\dfrac{3}{2}$

(4) 0

(5) $\lim\limits_{x\to 0}\dfrac{\tan^2 x-\sin^2 x}{x^4}=\lim\limits_{x\to 0}\dfrac{\tan^2 x(1-\cos^2 x)}{x^4}=\lim\limits_{x\to 0}\dfrac{x^2\cdot x^2}{x^4}=1$

(6) $-\dfrac{1}{6}$

3. $a=2$.

习题 1.7

1. (1) 0；　(2) 3e；　(3) $\dfrac{1}{a}$；　(4) e^2；　(5) 1.

2. $k = \ln 3$.

3. (1) $f(x)$ 在 $x \neq 0$ 且 $x \neq 1$ 时连续；$x = 0$ 是无穷间断点，属于第二类间断点，$x = 1$ 是可去间断点，属于第一类间断点；

   (2) $f(x)$ 在 $(-\infty, 0)$ 和 $(0, +\infty)$ 上连续，$x = 0$ 是第二类间断点.

4. $a = 1$, $b = 0$.

5. $f(x)$ 在 $x = 1$ 处间断，不能取到最值.

6. 略.

综合练习一

1. 无关，必要.

2. (1) $y = \sqrt{u}$, $u = \sin v$, $v = \sqrt{x}$； (2) $y = e^u$, $u = \cot v$, $v = x^2$；

   (3) $y = u^2$, $u = \lg v$, $v = \arccos x$； (4) $y = \arctan u$, $u = v^2$, $v = 1 + x^2$.

3. (1) $-\dfrac{1}{4}$； (2) $\dfrac{4}{3}$； (3) $\dfrac{1}{2}$； (4) e^4； (5) e^{-5}； (6) $e^{\frac{1}{2}}$； (7) 0； (8) $\sin e$.

4. A.

5. D.

6. $a = \dfrac{\pi}{4}$.

7. (1) 无穷大量； (2) 无穷小量； (3) 无穷小量； (4) 无穷大量.

8. $a = -3$, $b = 5$.

9. $\lim\limits_{x \to 1} f(x) = 4 + e$, $\lim\limits_{x \to 2} f(x)$ 不存在.

10. $a = -2$, $b = \ln 2$.

11. 略.

12. $c = \dfrac{3}{2} \ln 2$.

第 2 章

习题 2.1

1. 8.

2. (1) $-f'(x_0)$； (2) $2f'(x_0)$； (3) $-2f'(x_0)$； (4) $2f'(x_0)$.

3. 切线方程为 $y - \dfrac{1}{2} = \dfrac{\sqrt{3}}{2}\left(x - \dfrac{\pi}{6}\right)$，法线方程为 $y - \dfrac{1}{2} = -\dfrac{2\sqrt{3}}{3}\left(x - \dfrac{\pi}{6}\right)$.

4. (1) 在 $x = 0$ 处连续，不可导； (2) 在 $x = 1$ 处不连续，不可导.

5. 不可导.

6. 略.

7. $a = 0$，$b = 1$.

8. $x + y - 2 = 0$.

习题 2.2

1. (1) $2x + \dfrac{2}{x^2}$；　(2) $12x^3 + \dfrac{2}{x^3} + \cos x$；　(3) $2x\cos x - (1 + x^2)\sin x$；　(4) $\dfrac{1}{2\sqrt{x}} - \sin x$；

(5) $-\dfrac{1}{2\sqrt{x}}\left(\dfrac{1}{x} + 1\right)$；　(6) $2x\ln x + \dfrac{5}{2}x^{\frac{3}{2}} + x$；　(7) $12(3x + 2)(3x^2 + 4x - 5)^5$；

(8) $-4\cos(2 - 4x)$；　(9) $\dfrac{2x^2 - x + 1}{\sqrt{x^2 + 1}}$；　(10) $\dfrac{-2x}{a^2 - x^2}$；　(11) $-(1 + x)\sin 2x - \sin^2 x$；

(12) $\dfrac{x}{\sqrt{a^2 + x^2}}$；　(13) $\dfrac{2x^2 - a^2}{2\sqrt{x^2 - a^2}}$；　(14) $\dfrac{\mathrm{e}^x}{1 + \mathrm{e}^{2x}}$；　(15) $\dfrac{1}{2}\cos^2\dfrac{x}{3}\sec^2\dfrac{x}{2} - \dfrac{1}{3}\sin\dfrac{2x}{3}\tan\dfrac{x}{2}$；

(16) $\cot x$；　(17) $\dfrac{2}{x}(1 + \ln x)$；　(18) $\dfrac{1}{\sqrt{x^2 - a^2}}$；　(19) $3(2x + \cos^2 x)^2(2 - \sin 2x)$；

(20) $\dfrac{-1}{2\sqrt{x - x^2}}$.

2. 略.

3. $x + y + 3 = 0$.

4. (1) $\sqrt{3} + \dfrac{5}{2}$；　(2) $\dfrac{\pi}{2} + \dfrac{6 + \sqrt{2}}{6}$.

5. (1) $2f(x)f'(x)$；　(2) $\mathrm{e}^{f(x)}\left[\mathrm{e}^x f'(\mathrm{e}^x) + f'(x)f(\mathrm{e}^x)\right]$.

6. (1) $\dfrac{1}{1 + x^2}$；　(2) $-(\sin 2x\cos x^2 + 2x\cos^2 x\sin x^2)$；　(3) $\arccos\dfrac{x}{2} - \dfrac{2x}{\sqrt{4 - x^2}}$；

(4) $\dfrac{2\sqrt{x} + 1}{6\sqrt{x}(x + \sqrt{x})^{\frac{2}{3}}}$.

习题 2.3

1. (1) $\dfrac{2}{(1 - x)^3}$；　(2) $2\operatorname{arccot} x - \dfrac{2x}{1 + x^2}$；　(3) $\mathrm{e}^{3x}(9x^2 + 12x + 2)$；　(4) $\dfrac{6\ln x - 5}{x^4}$；

(5) $-\dfrac{x}{(1 + x^2)^{\frac{3}{2}}}$；　(6) $-\left(2\cos 2x\ln x + \dfrac{2\sin 2x}{x} + \dfrac{\cos^2 x}{x^2}\right)$.

2. (1) $(-1)^n\dfrac{(n - 2)!}{x^{n-1}}$，$n \geqslant 2$；　(2) $\mathrm{e}^x(x + n)$.

3. 略.

4. $-4\mathrm{e}^x\cos x$.

5. (1) $2f'(x^2) + 4x^2 f''(x^2)$；　(2) $\dfrac{2}{x^3}f'\left(\dfrac{1}{x}\right) + \dfrac{1}{x^4}f''\left(\dfrac{1}{x}\right)$；

(3) $\dfrac{f''(x)f(x)-[f'(x)]^2}{[f(x)]^2}$；　　(4) $e^{-f(x)}\{[f'(x)]^2-f''(x)\}$.

习题 2.4

1. (1) $-\dfrac{4x+3y}{3x+15y^2}$；　(2) $-\dfrac{y^2e^x}{1+ye^x}$；　(3) $-\dfrac{1}{x\sin(xy)}-\dfrac{y}{x}$；　(4) $\dfrac{2x+e^y}{1-xe^y}$；　(5) $\dfrac{y}{y-1}$；

(6) $\dfrac{\cos(x+y)}{1-\cos(x+y)}$；　(7) $\dfrac{e^{x+y}-y}{x-e^{x+y}}$；　(8) $\dfrac{\ln y-\dfrac{y}{x}}{\ln x-\dfrac{x}{y}}$.

2. (1) $-\dfrac{4}{y^3}$；　(2) $\dfrac{e^{2y}(3-y)}{(2-y)^3}$；　(3) $\dfrac{-4\sin y}{(2-\cos y)^3}$.

3. $y=-\dfrac{1}{2}x+1$.

4. (1) $\left[\dfrac{1}{2(x+2)}-\dfrac{4}{3-x}-\dfrac{5}{(x+1)}\right]\cdot\dfrac{\sqrt{x+2}(3-x)^4}{(x+1)^5}$；

(2) $\sqrt{\dfrac{1-x}{1+x}}+\dfrac{1}{2}\left(\dfrac{1}{x-1}+\dfrac{1}{1+x}\right)\cdot x\cdot\sqrt{\dfrac{1-x}{1+x}}$；

(3) $\left(\cos x\ln x+\dfrac{\sin x}{x}\right)\cdot x^{\sin x}$；

(4) $x^x x^{x^x}\left(\dfrac{1}{x}+\ln x+\ln^2 x\right)$.

5. (1) $-\cos t,\ -\csc^3 t$；　(2) $1-\dfrac{1}{3t^2},\ -\dfrac{2}{9t^5}$；　(3) $\dfrac{3bt}{2a},\ \dfrac{3b}{4a^2 t}$；　(4) $\dfrac{\cos t-\sin t}{\sin t+\cos t},\ \dfrac{-2}{e^t(\sin t+\cos t)^3}$.

习题 2.5

1. $\Delta y=-1.141,\ \mathrm{d}y=-1.2$；$\Delta y=0.1206,\ \mathrm{d}y=0.12$.

2. (1) $2x+C$；　(2) $\arctan x+C$；　(3) $\dfrac{3}{2}x^2+C$；　(4) x^2+2x+C；　(5) $\sin t+C$；

(6) $\dfrac{1}{2}\sin 2x+C$；　(7) $-\dfrac{1}{\omega}\cos\omega t+C$；　(8) $\dfrac{3}{2}e^{2x}+C$；　(9) $\ln(1+x)+C$；　(10) $-\dfrac{1}{x}+C$；

(11) $-\dfrac{1}{2}e^{-2x}+C$；　(12) $\dfrac{2^x}{\ln 2}+C$；　(13) $2\sqrt{x}+C$；　(14) $\tan x+C$；　(15) $\dfrac{1}{3}\tan 3x+C$；

(16) $\arcsin x+C$.

3. (1) $(\sin 2x+2x\cos 2x)\mathrm{d}x$；　(2) $(\ln x-2x+1)\mathrm{d}x$；　(3) $\dfrac{e^x}{1+e^{2x}}\mathrm{d}x$；

(4) $(be^{-ax}\cos bx-ae^{-ax}\sin bx)\mathrm{d}x$；　(5) $\dfrac{2\ln 3}{\sin 2x}3^{\ln\tan x}\mathrm{d}x$；　(6) $\left[\arctan\sqrt{x}+\dfrac{x}{2\sqrt{x}(1+x)}\right]\mathrm{d}x$；

(7) $\left(-\dfrac{1}{x^2}+\dfrac{\sqrt{x}}{x}\right)\mathrm{d}x$；　(8) $\csc x\mathrm{d}x$；　(9) $e^{\sqrt{x+1}}\left(\dfrac{\sin x}{2\sqrt{x+1}}+\cos x\right)\mathrm{d}x$；

(10) $\dfrac{1}{2}\dfrac{1}{\sqrt{x(1-x)}}\mathrm{d}x$;   (11) $\dfrac{1}{x\ln x}\mathrm{d}x$;   (12) $\dfrac{2}{x-1}\ln(1-x)\mathrm{d}x$.

4. (1) $2\sqrt{2}x+y-2=0$, $\sqrt{2}x-4y-1=0$;   (2) $x+2y-4=0$, $2x-y-3=0$.

5. (1) 2.745;   (2) 1.0058;   (3) 9.997;   (4) 0.8748;   (5) -0.02;   (6) 1.01.

6. 2.5133.

习题 2.6

1. (1) $y'=x\mathrm{e}^{-x}(2-x)$, $\eta_y(x)=2-x$;   (2) $y'=\dfrac{\mathrm{e}^x(x-1)}{x^2}$, $\eta_y(x)=x-1$.

2. $120,6,-10,-\dfrac{3}{2}$.

3. $185,18.5,11$.

4. $L(Q)=-Q^2+28Q-100$, $Q=14$（百件）.

5. -0.432, 经济意义：巧克力糖价格由原价 10 元再增加 1 元，每周需求量将减少 0.432 千克.

综合练习二

1. (1) B;   (2) C;   (3) D;   (4) C;   (5) C.

2. (1) $100!$;   (2) $\dfrac{1}{x}$;   (3) 1;   (4) $(\sin^2 x-\cos x)\mathrm{e}^{\cos x}$;   (5) $\dfrac{1}{x^4}f''\left(\dfrac{1}{x}\right)+\dfrac{2}{x^3}f'\left(\dfrac{1}{x}\right)$;

   (6) $\dfrac{3}{5}b$.

3. (1) $\dfrac{\sin x}{(1+\cos x)^2}$;   (2) $\mathrm{e}^{-x}\sin\mathrm{e}^{-x}$;   (3) $1+2x\arctan x$;   (4) $\dfrac{2}{x}\cos\ln x^2$;   (5) $\dfrac{\mathrm{e}^x-y\cos xy}{\mathrm{e}^y+x\cos xy}$;

   (6) $\dfrac{\sqrt{1-x^2 y^2}-y}{3y^2\sqrt{1-x^2 y^2}+x}$;   (7) $-\dfrac{(\cot x)^{\frac{1}{x}}}{x}\left(\dfrac{\ln\cot x}{x}+\dfrac{2}{\sin 2x}\right)$;   (8) $\cos x+x^{\sqrt{x}-\frac{1}{2}}(\ln\sqrt{x}+1)$;

   (9) $\dfrac{\mathrm{e}^x}{\sqrt{1+\mathrm{e}^x}}$.

4. (1) $\dfrac{\mathrm{d}y}{\mathrm{d}x}=-\dfrac{b}{a}\tan t$;   (2) $\dfrac{\mathrm{d}y}{\mathrm{d}x}=-\dfrac{1}{2t(1+t)^2}$.

5. (1) $y''=\dfrac{\mathrm{e}^{\sqrt{x}}(\sqrt{x}-1)}{4x\sqrt{x}}$;   (2) $y''=6x\ln x+5x$.

6. (1) $y'=2xf'(x^2)$;   (2) $y'=a^{f(x)}(\ln a)f'(x)+2f(x)f'(x)$.

7. (1) $\mathrm{d}y=(3\sin^2 x\cos x+3\sin 3x)\mathrm{d}x$;   (2) $\mathrm{d}y=\left(\mathrm{e}^x\arctan x+\dfrac{\mathrm{e}^x}{1+x^2}\right)\mathrm{d}x$;

   (3) $\mathrm{d}y=-\dfrac{2x+y}{x+2y}\mathrm{d}x$;   (4) $\mathrm{d}y=-\dfrac{\mathrm{e}^{x-y}-y}{x+\mathrm{e}^{x-y}}\mathrm{d}x$;   (5) $\mathrm{d}y=\operatorname{cosec}^2 x\cdot\ln(\sin x+1)\mathrm{d}x$.

8. (1) $5+4x,200+2x,195-2x$;   (2) 145.

9. (1) -24, 说明价格为 6 时，再提高（下降）一个单位价格，需求将减少（增加）24 个单位商品量.

(2) $\eta(6) = 1.85$，价格上升(下降)1%，则需求减少(增加)1.85%，总收益减少(增加).

(3) 当 $P = 6$ 时，若价格下降2%，总收益增加 1.692%.

第 3 章

习题 3.1

1. C.

2 ~ 6. 答案略.

习题 3.2

1. (1) 1;　(2) 2;　(3) $-\sin a$;　(4) $\dfrac{a}{b}$;　(5) $-\dfrac{1}{8}$;　(6) $\dfrac{5}{3}a^2$;　(7) 1;　(8) 3;　(9) 2;

(10) 1;　(11) $\dfrac{1}{2}$;　(12) $+\infty$;　(13) $-\dfrac{1}{2}$;　(14) e^3;　(15) 1;　(16) 1.

2. 答案略.

习题 3.3

1. (1) 单调递增;　(2) 单调递减;　(3) 单调递增.

2. (1) $(-\infty, -1]$ 和 $[3, +\infty)$ 单调递增，$[-1, 3]$ 单调递减;

(2) $\left[0, \dfrac{1}{\sqrt[3]{6}}\right]$ 单调递减，$\left[\dfrac{1}{\sqrt[3]{6}}, +\infty\right]$ 单调递减;

(3) $\left(-\infty, \dfrac{1}{2}\right]$ 单调递减，$\left[\dfrac{1}{2}, +\infty\right)$ 单调递增;

(4) $(-\infty, 0]$ 单调递增，$[0, +\infty)$ 单调递减.

3. (1) 极大值 $f\left(\dfrac{3}{4}\right) = \dfrac{5}{4}$;

(2) 极大值 $f\left(-\dfrac{1}{2}\right) = \dfrac{11}{4}$，极小值 $f(1) = 4$;

(3) 极小值 $f(0) = 0$;

(4) 无极值.

4. 略.

5. (1) 最大值 $M = 5\dfrac{16}{27}$，最小值 $m = -11$;

(2) 最大值 $M = 1 + 2\pi$，最小值 $m = 1$;

(3) 最大值 $M = 8$，最小值 $m = 0$;

(4) 最大值 $M = 10$，最小值 $m = 6$.

6. $r = \left(\dfrac{V}{2\pi}\right)^{\frac{1}{3}}$，$h = 2r$.

7. $x = 24\,400$.

8. 40 000 件.

9. 150 人.

习题 3.4

1. (1) 拐点 $(2, 2e^{-2})$，$(-\infty, 2)$ 为凸区间，$(2, +\infty)$ 为凹区间；

   (2) 无拐点，$(-\infty, +\infty)$ 为凹区间；

   (3) 两个拐点 $(\pm 1, \ln 2)$ 拐点，$(-\infty, -1) \cup (1, +\infty)$ 为凸区间，$(-1, 1)$ 为凹区间；

   (4) $\left(\dfrac{1}{2}, e^{\arctan\frac{1}{2}}\right)$，$\left(-\infty, \dfrac{1}{2}\right)$ 为凹区间，$\left(\dfrac{1}{2}, +\infty\right)$ 为凸区间.

2. (1) 水平渐近线 $y = 0$；

   (2) $y = 0$ 水平渐近线，$x = -2$ 铅垂渐近线；

   (3) $y = 1$ 水平渐近线，$x = 0$ 铅垂渐近线；

   (4) $y = 0$ 水平渐近线.

3. $a = -\dfrac{3}{2}$，$b = -\dfrac{9}{2}$.

4. 略.

综合练习三

1. (1) C； (2) D； (3) A； (4) D； (5) A； (6) C； (7) C； (8) A.

2. (1) $a = 1$，$b = 1$； (2) $x = 4$，$y = 2$； (3) $a = -2$，$b = \dfrac{1}{3}$； (4) 11，1；

   (5) $a = -2$，$b = -\dfrac{1}{2}$.

3. 略.

4. $\xi = \dfrac{9}{4}$.

5. 3 个，$(3, 4)$、$(4, 5)$ 和 $(5, 6)$ 之间.

6. 略.

7. (1) $-\dfrac{1}{3}$； (2) $\dfrac{a}{b}$； (3) 2； (4) $\cos a$； (5) 0； (6) $+\infty$； (7) e； (8) 1.

8. (1) 单调递减； (2) 单调递增.

9. (1) $f(0) = 0$ 极大值，$f(1) = -1$ 极小值；

   (2) $f(-1) = \dfrac{1}{e}$ 极大值，$f(0) = 0$ 极小值，$f(1) = \dfrac{1}{e}$ 极大值；

   (3) $f(-1) = -1$ 极小值，$f(-1) = 1$ 极大值；

   (4) $f(1) = 0$ 极小值，$f(e^2) = \dfrac{4}{e^2}$ 极大值.

10. (1) 最大值 $f(-2)=f(2)=13$，最小值 $f(1)=41$；

    (2) 最大值 $f(5)=5$，最小值 $f(0)=f(10)=0$；

    (3) 最大值 $f\left(\dfrac{3}{4}\right)=\dfrac{5}{4}$，最小值 $f(0)=f(1)=1$；

    (4) 最大值 $f\left(-\dfrac{1}{2}\right)=f(1)=\dfrac{1}{2}$，最小值 $f(0)=0$.

11. 4 年，168 人.

12. 1760 元.

13. 450.

14. 沿公路一边 800 米，另一边 2000 米.

第 4 章

习题 4.1

1. (1) $\dfrac{1}{2}x^4$； (2) $\dfrac{1}{2}e^{2x}$； (3) $\dfrac{1}{3}\sin 3x$； (4) $x^2-\dfrac{1}{2}\cos 2x$.

2. (1) $\dfrac{3}{10}x^{\frac{10}{3}}+C$； (2) $\dfrac{1}{5}x^5+\dfrac{2}{3}x^3+x+C$； (3) $-\dfrac{1}{x}-3\sin x+\ln|x|+C$；

    (4) $3\arctan x-2\arcsin x+C$； (5) $\dfrac{1}{\ln(ae)}a^x e^x+C$； (6) $-3\cos x-\cot x+C$；

    (7) $x-\arctan x+C$； (8) $-\dfrac{1}{x}-\arctan x+C$； (9) $\dfrac{x^2}{2}-2\ln|x|-\dfrac{5}{x}+C$；

    (10) $\tan x+C$； (11) $\dfrac{1}{2}\tan x+C$； (12) $e^{x+1}+C$.

3. $y=1+\ln x$.

4. $P(t)=\dfrac{a}{2}t^2+bt$.

习题 4.2

1. (1) -1； (2) $\dfrac{1}{10}$； (3) $\dfrac{1}{12}$； (4) $\dfrac{1}{\ln 3}$； (5) -2； (6) 1； (7) $\dfrac{1}{3}$； (8) $\dfrac{1}{3}$.

2. (1) $-\dfrac{1}{3}\cos 3x+C$； (2) $e^{x^2}+C$； (3) $\dfrac{1}{8}\ln^4 x+C$； (4) $\sqrt{x^2-a^2}+C$；

    (5) $\sin(\sqrt{x}-1)+C$； (6) $\dfrac{1}{4}\ln\left|\dfrac{x-2}{x+2}\right|+C$.

3. (1) $2\sqrt{x}-2\arctan\sqrt{x}+C$； (2) $\dfrac{2}{3}\sqrt{3x-7}+C$； (3) $\ln(1+e^x)+C$；

    (4) $\dfrac{1}{4}(\arctan x)^4+C$； (5) $\dfrac{a^2}{2}\arcsin\dfrac{x}{a}-\dfrac{x}{2}\sqrt{a^2-x^2}+C$； (6) $\dfrac{x}{\sqrt{1+x^2}}+C$；

(7) $-\dfrac{10^{2\arccos x}}{2\ln 10}+C$;　(8) $\dfrac{1}{102}(x-1)^{102}+\dfrac{1}{101}(x-1)^{101}+C$;　(9) $\dfrac{1}{\cos x}+C$;

(10) $\arccos\left|\dfrac{1}{x}\right|+C$;　(11) $\dfrac{1}{2}\tan^2 x+\ln|\cos x|+C$;

(12) $x-2\sqrt{1+x}+2\ln(1+\sqrt{1+x})+C$.

习题 4.3

1. (1) $\dfrac{1}{2}x^2\ln 2x-\dfrac{1}{4}x^2+C$;　(2) $x\arcsin x+\sqrt{1-x^2}+C$;

(3) $\dfrac{1}{3}x\cos x+\dfrac{1}{9}\sin 3x+\dfrac{2}{3}\cos 3x+C$;　(4) $\dfrac{1}{2}e^{-x}(\sin x-\cos x)+C$;

(5) $-\dfrac{1}{6}x\cos 3x+\dfrac{1}{18}\sin 3x+C$;　(6) $-2e^{-\sqrt{x}}(\sqrt{x}+1)+C$;

(7) $2\sqrt{1+x}\ln x-4\sqrt{1+x}-2\ln\left|\dfrac{\sqrt{1+x}-1}{\sqrt{1+x}+1}\right|+C$;

(8) $x(\ln x)^2-2x\ln x+2x+C$;　(9) $-e^{-x}(x+1)+C$;

(10) $e^x\sin^2 x-\dfrac{1}{5}e^x\sin 2x-\dfrac{2}{5}e^x\cos 2x+C$.

2. $\cos x-\dfrac{2\sin x}{x}+C$.

综合练习四

1. (1) C;　(2) D;　(3) A;　(4) D;　(5) A.

2. (1) $xe^{-x^2}+C$;　(2) $-e^{-x}(\cos x+\sin x)$;　(3) $-2\sqrt{3}$;　(4) $-x^2e^{-x}+C$;　(5) $\dfrac{1}{a}f(ax+b)+C$.

3. (1) $\arcsin\dfrac{x}{2}+C$;　(2) $\ln\left|\dfrac{1+\sqrt{x}}{1-\sqrt{x}}\right|+C$;　(3) $-\dfrac{1}{2}\ln|\cos 2x|+C$;

(4) $\dfrac{1}{\sqrt{2}}\arctan\dfrac{x}{\sqrt{2}}+C$;　(5) $-\cot x+\operatorname{cosec}x+C$;　(6) $-\dfrac{1}{x}(\ln x+1)+C$;

(7) $-\dfrac{x^3}{3}-x+\dfrac{1}{2}\ln\left|\dfrac{1+x}{1-x}\right|+C$;　(8) $-\cot x+2\tan x+\dfrac{1}{3}\tan^3 x+C$;

(9) $\dfrac{1}{3}(3+2\tan x)^{\frac{3}{2}}+C$;　(10) $-\sqrt{1-x^2}-\dfrac{1}{2}(\arccos x)^2+C$;

(11) $2\arctan e^x+C$;　(12) $\dfrac{1}{4}\left[x-\dfrac{3}{2}\arctan\left(\dfrac{2}{3}x\right)\right]+C$;

(13) $\dfrac{1}{2}\ln|x^2-4x+6|+2\sqrt{2}\arctan\dfrac{x-2}{\sqrt{2}}+C$;　(14) $\dfrac{a^2}{\sqrt{a^2-x^2}}+\sqrt{a^2-x^2}+C$;

(15) $\sqrt{x^2-4}-2\arccos\dfrac{2}{x}+C$;　(16) $-\dfrac{\sqrt{x^2+2}}{2x}-2\arccos\dfrac{2}{x}+C$;

(17) $\dfrac{4}{3}\big[\sqrt[4]{x^3}-\ln(\sqrt[4]{x^3}+1)\big]+C$；　(18) $\dfrac{2}{7}(x-2)^{\frac{7}{2}}+\dfrac{8}{5}(x-2)^{\frac{5}{2}}+\dfrac{8}{3}(x-2)^{\frac{3}{2}}+C$；

(19) $2(\sin\sqrt{x}-\sqrt{x}\cos\sqrt{x})+C$；　(20) $\sqrt{1+x^2}\arctan x-\ln|\sqrt{1+x^2}+x|+C$；

(21) $x\tan x+\ln|\cos x|-\dfrac{x^2}{2}+C$；　(22) $-2\cot x+\dfrac{2}{\sin x}-x+C$；

(23) $\dfrac{x^2}{2}\arccos x+\dfrac{1}{4}\arcsin x-\dfrac{x}{4}\sqrt{1-x^2}+C$；　(24) $\dfrac{2}{27}(3\mathrm{e}^x+4)\sqrt{3\mathrm{e}^x-2}+C.$

2. $-\dfrac{x}{\ln^2 x}+C.$

3. $\eta=-P\ln 3.$

第 5 章

习题 5.1

1. $\displaystyle\int_0^{\frac{\pi}{2}}(\cos x+1)\mathrm{d}x.$

2. (1) 0；　(2) 2.

3. (1) $<$；　(2) $>$；　(3) $=$.

4. (1) $1\leqslant\displaystyle\int_1^2 x^{\frac{4}{3}}\mathrm{d}x\leqslant\sqrt[3]{16}$；　(2) $-2\mathrm{e}^{-1}\leqslant\displaystyle\int_{-2}^0 x\mathrm{e}^x\mathrm{d}x\leqslant 0.$

习题 5.2

1. (1) $\dfrac{x\sin x}{1+\cos^2 x}$；　(2) $-\mathrm{e}^{-x^2}$；　(3) $2x\sqrt{1+x^4}$；　(4) $\dfrac{3x^2}{\sqrt{1+x^{12}}}-\dfrac{2x}{\sqrt{1+x^8}}.$

2. (1) $1-\mathrm{e}^{-1}$；　(2) $\dfrac{\pi}{2}$；　(3) $\dfrac{271}{6}$；　(4) 0；　(5) 4；　(6) 4.

3. (1) 0；　(2) e.

习题 5.3

1. (1) $\dfrac{2}{3}(2\sqrt{2}-1)$；　(2) $\dfrac{\pi}{6}$；　(3) $\dfrac{3}{2}$；　(4) $4-3\ln 3$；　(5) $\dfrac{1}{2}\ln 2$；　(6) 1；　(7) $\dfrac{1}{4}$；

(8) $4-2\ln 3$；　(9) $\sqrt{2}(\pi+2)$；　(10) $1-\dfrac{\pi}{4}$；　(11) $\sqrt{2}-\dfrac{2\sqrt{3}}{3}$；　(12) $\dfrac{8}{3}$；　(13) $2-\dfrac{\pi}{2}$；

(14) -2π；　(15) $\dfrac{1}{2}(\mathrm{e}^{\frac{\pi}{2}}+1)$；　(16) $\dfrac{1}{4}-\dfrac{\sqrt{3}}{9}\pi+\dfrac{1}{2}\ln\dfrac{3}{2}$；　(17) $4(2\ln 2-1)$；

(18) $2\left(1-\dfrac{1}{\mathrm{e}}\right)$；　(19) $\dfrac{4}{3}$；　(20) $\dfrac{16}{35}.$

2. (1) 0；　(2) 0；　(3) 3.

3. 略.

习题 5.4

(1) $\dfrac{1}{3}$；　(2) 发散；　(3) $\dfrac{\pi}{4}$；　(4) 发散；　(5) 0；　(6) $1-\dfrac{3\pi}{4}$；　(7) 4；　(8) 1；　(9) 发散；

(10) $2\dfrac{2}{3}$.

习题 5.5

1. (1) $2\pi+\dfrac{4}{3}$, $6\pi-\dfrac{4}{3}$；　(2) $\dfrac{3}{2}-\ln 2$；　(3) $e+\dfrac{1}{e}-2$；　(4) $b-a$.

2. $\dfrac{\pi}{2}$.

3. $\dfrac{\pi}{2}$.

4. $\dfrac{2}{3}\left[(1+b)^{\frac{3}{2}}-(1+a)^{\frac{3}{2}}\right]$.

5. (1) $C(x)=-\dfrac{1}{2}x^2+2x+100$；

   (2) $R(x)=-x^2+20x$；

   (3) $x=6$ 时利润最大.

6. 可求得租金流量总值的现在值为 38 756 元，故购进轿车合算.

7. 7659.38 元，3441.88 元.

8. 33.25 万元.

9. 30 000 万元(纯收益的现在值等于总收益的现在值与投资成本之差).

综合练习五

1. (1) B；　(2) B；　(3) B；　(4) C；　(5) C.

2. (1) $\dfrac{1}{6}$；　(2) π；　(3) $2x-\sin x$；　(4) $\dfrac{\sqrt{3}}{9}\pi$；　(5) $4\sqrt{2}$.

3. (1) $\sqrt{2}$；　(2) $\dfrac{1}{6}$；　(3) 10；　(4) $\dfrac{\pi}{12}$；　(5) $\dfrac{1}{6}(8-\sqrt{2})$；　(6) $\dfrac{\pi}{16}$；　(7) $\sqrt{2}-\dfrac{2}{3}\sqrt{3}$；

   (8) $\sqrt{3}-\dfrac{\pi}{3}$；　(9) $8\ln 2-4$；　(10) $2-\dfrac{5}{e}$；　(11) $\dfrac{1}{6}(2-\ln 3)$；　(12) $2-\dfrac{2}{e}$；　(13) 发散.

4. $e+\dfrac{1}{3}$.

5. $\dfrac{9}{4}$.

6. 40 吨，300 万元.

7. 65 940 元.

8. 租用合算，全部租金的现在值是 32 289 元.

第 6 章

习题 6.1

1. $y = e^{x^2}$.

2. $y = \dfrac{1}{\ln \mid C(x+1) \mid}$.

3. (1) 1 阶；　(2) 1 阶；　(3) 1 阶.

习题 6.2

1. (1) $x(1+x^2)(1+y^2) = Cx^2$;　(2) $2e^{3x} - 3e^{-y^2} = C$;　(3) $\sin y \cos x = C$;

(4) $\ln \mid xy \mid + x - y = C$，另外 $x = 0, y = 0$ 也是原方程的解.

2. $xy = C$.

习题 6.3

1. (1) $\arcsin \dfrac{y}{x} = \text{sgn} x \ln \mid x \mid + C$;　(2) $1 + \ln \dfrac{y}{x} = Cy$.

2. 略.

习题 6.4

1. (1) $y = Ce^x - \dfrac{1}{2}(\sin x + \cos x)$;　(2) $x = Ce^{-3t} + \dfrac{1}{5}e^{2t}$;　(3) $s = Ce^{-\sin t} + \sin t - 1$;

(4) $y = x^n(e^x + C)$;　(5) $y = x^2(1 + Ce^{\frac{1}{x}})$;　(6) $y^3 - 3x^4 = Cx^3$;

(7) $\dfrac{1}{2}x^2 + x^3 e^{-y} = C$;　(8) $e^{y^2}(1 - x^2 + x^2 y^2) = Cx^2$.

2. $\varphi(t) = e^{g'(0)t}$.

3. (1) $y = -x^2 + Cx$;　(2) $y = -x + Cx^{\frac{1}{2}}$.

习题 6.5

1. (1) $y = \dfrac{1}{3}x^3 - \cos x + C_1 x + C_2$;　(2) $y = \dfrac{1}{2}(x\ln x - x) + C_1 x^3 + C_2 x^2 + C_3 x + C_4$;

(3) $y = C_1 e^x + C_2$;　(4) $y = C_1 x^2 + C_2$;　(5) $y = \arcsin(e^{C_1 x}) + C_2$;　(6) $y(C_1 x + C_2) = 1$.

2. $y = -\dfrac{1}{3}e^{x-1} + \dfrac{1}{3}$.

习题 6.6

1. 由题可知 $x_1(t), x_2(t)$ 分别是方程的解，则

$$\frac{\mathrm{d}^n x_1(t)}{\mathrm{d}t^n} + a_1(t)\frac{\mathrm{d}^{n-1}x_1(t)}{\mathrm{d}t^{n-1}} + \cdots + a_n(t)x_1(t) = f_1(t)$$

$$\frac{\mathrm{d}^n x_2(t)}{\mathrm{d}t^n} + a_1(t)\frac{\mathrm{d}^{n-1}x_2(t)}{\mathrm{d}t^{n-1}} + \cdots + a_n(t)x_2(t) = f_2(t)$$

那么由两式相加得

$$\frac{\mathrm{d}^n (x_1(t)+x_2(t))}{\mathrm{d}t^n} + a_1(t)\frac{\mathrm{d}^{n-1}(x_1(t)+x_2(t))}{\mathrm{d}t^{n-1}} + \cdots + a_n(t)(x_1(t)+x_2(t)) = f_1(t)+f_2(t)$$

即 $x_1(t) + x_2(t)$ 是方程 $\dfrac{\mathrm{d}^n x}{\mathrm{d}t^n} + a_1(t)\dfrac{\mathrm{d}^{n-1}x}{\mathrm{d}t^{n-1}} + \cdots + a_n(t)x = f_1(t) + f_2(t)$ 的解.

2. $x(t) = C_1\mathrm{e}^t + C_2\mathrm{e}^{-t} - 0.5\cos t.$

习题 6.7

1. (1) $y = C_1\mathrm{e}^{2x} + C_2\mathrm{e}^{3x}$;   (2) $y = C_1\mathrm{e}^{-x} + C_2\mathrm{e}^{\frac{1}{2}x}$;   (3) $y = \mathrm{e}^x(C_1 + C_2 x)$;

(4) $y = \mathrm{e}^{-x}(C_1\cos 2x + C_2\sin 2x)$;   (5) $s = \mathrm{e}^{2t}(C_1 + C_2 t)$;   (6) $y = \mathrm{e}^{\sqrt{3}x}(C_1 + C_2 x)$;

(7) $y = C_1\mathrm{e}^x + C_2\mathrm{e}^{-x} + C_3\cos x + C_4\sin x$;   (8) $y = (C_1 + C_2 x)\cos x + (C_3 + C_4 x)\sin x.$

2. $y = \cos 3x - \dfrac{1}{3}\sin 3x.$

习题 6.8

1. (1) $y = C_1\mathrm{e}^{\frac{1}{2}x} + C_2\mathrm{e}^{-x} + \mathrm{e}^x$;   (2) $y = C_1\cos ax + C_2\sin ax + \dfrac{\mathrm{e}^x}{1+a^2}$;

(3) $y = C_1 + C_2\mathrm{e}^{-\frac{5}{2}x} + \dfrac{1}{3}x^3 - \dfrac{3}{5}x^2 + \dfrac{7}{25}x$;   (4) $y = C_1\mathrm{e}^{-x} + C_2\mathrm{e}^{-2x} + \left(\dfrac{3}{2}x^2 - 3x\right)\mathrm{e}^{-x}.$

2. $g(x) = \dfrac{1}{2}\cos x + \dfrac{1}{2}\sin x + \dfrac{\mathrm{e}^x}{2}.$

综合练习六

1. (1) $y = C\mathrm{e}^{x^2}$;   (2) $u = \dfrac{y}{x}$，可分离变量;   (3) $y = \mathrm{e}^{-\int p(x)\mathrm{d}x}\left[\int q(x)\mathrm{e}^{\int p(x)\mathrm{d}x}\mathrm{d}x + C\right].$

2. (1) C;   (2) D;   (3) A;   (4) B.

3. (1) $\dfrac{x}{y} + \ln\left|\dfrac{x}{y}\right| = \ln|x| + 1$;   (2) $y = (x^2 + C)\mathrm{e}^{-x^2}$;   (3) $f(x) = x - \dfrac{1}{2} + \dfrac{1}{2}\mathrm{e}^{-2x}.$

4. t 年后的价格为 $p(t) = A_0\mathrm{e}^{-kt}$（$k$ 为比例系数）.

第 7 章

习题 7.1

1. (1) $D = \{(x, y) \mid 1 < x^2 + y^2 < 4\}$;   (2) $D = \{(x, y) \mid x^2 < y \leqslant 1 - x^2\}$;

(3) $D = \{(x, y) \mid -1 \leqslant x + y \leqslant 1\}$; (4) $D = \{(x, y) \mid x + y > 0\}$.

2. $f(x, x^2) = x^{x^2}$, $f\left(\dfrac{1}{y}, x - y\right) = y^{y-x}$.

3. (1) $-\dfrac{1}{4}$; (2) 2; (3) $\dfrac{10}{3}$; (4) $\ln 2$; (5) $+\infty$; (6) e.

4. 圆 $x^2 + y^2 = 4$ 上的点都是间断点.

习题 7.2

1. $\left.\dfrac{\partial z}{\partial x}\right|_{(1, 1)} = \dfrac{1}{4}$, $\left.\dfrac{\partial z}{\partial y}\right|_{(1, 1)} = \dfrac{1}{4}$.

2. (1) $\dfrac{\partial z}{\partial x} = \dfrac{e^y}{y^2}$, $\dfrac{\partial z}{\partial y} = \dfrac{x e^y (y - 2)}{y^3}$;

(2) $\dfrac{\partial z}{\partial x} = \sin y + y^2 e^{xy}$, $\dfrac{\partial z}{\partial y} = x \cos y + (1 + xy) e^{xy}$;

(3) $\dfrac{\partial z}{\partial x} = \dfrac{1}{2x \sqrt{\ln(xy)}}$, $\dfrac{\partial z}{\partial y} = \dfrac{1}{2y \sqrt{\ln(xy)}}$;

(4) $\dfrac{\partial z}{\partial x} = y[\cos(xy) - \sin(2xy)]$, $\dfrac{\partial z}{\partial y} = x[\cos(xy) - \sin(2xy)]$;

(5) $\dfrac{\partial z}{\partial x} = \dfrac{2}{y} \operatorname{cosec} \dfrac{2x}{y}$, $\dfrac{\partial z}{\partial y} = -\dfrac{2x}{y^2} \operatorname{cosec} \dfrac{2x}{y}$;

(6) $\dfrac{\partial u}{\partial x} = \dfrac{y}{z} x^{\frac{y}{z}-1}$, $\dfrac{\partial u}{\partial y} = \dfrac{1}{z} x^{\frac{y}{z}} \ln x$, $\dfrac{\partial u}{\partial z} = -\dfrac{y}{z^2} x^{\frac{y}{z}} \ln x$.

3. 提示：$\dfrac{\partial z}{\partial x} = \dfrac{1}{3(x + \sqrt[3]{x^2 y})}$, $\dfrac{\partial z}{\partial y} = \dfrac{1}{3(y + \sqrt[3]{xy^2})}$.

4. $\dfrac{\pi}{4}$.

5. (1) $\dfrac{\partial^2 z}{\partial x^2} = \dfrac{2xy}{(x^2 + y^2)^2}$, $\dfrac{\partial^2 z}{\partial x \partial y} = \dfrac{\partial^2 z}{\partial y \partial x} = \dfrac{y^2 - x^2}{(x^2 + y^2)^2}$, $\dfrac{\partial^2 z}{\partial y^2} = \dfrac{-2xy}{(x^2 + y^2)^2}$;

(2) $\dfrac{\partial^2 z}{\partial x^2} = \dfrac{-y}{(x + y)^2}$, $\dfrac{\partial^2 z}{\partial y \partial x} = \dfrac{\partial^2 z}{\partial y \partial z} = \dfrac{x}{(x + y)^2}$, $\dfrac{\partial^2 z}{\partial y^2} = \dfrac{2x + y}{(x + y)^2}$.

6. 提示：$\dfrac{\partial z}{\partial x} = \dfrac{x}{\sqrt{x^2 + y^2}}$, $\dfrac{\partial z}{\partial y} = \dfrac{y}{\sqrt{x^2 + y^2}}$, $\dfrac{\partial^2 z}{\partial x^2} = \dfrac{y^2}{(x^2 + y^2)^{\frac{3}{2}}}$, $\dfrac{\partial^2 z}{\partial y^2} = \dfrac{x^2}{(x^2 + y^2)^{\frac{3}{2}}}$.

习题 7.3

1. $\mathrm{d}z\big|_{(1, 1)} = \mathrm{d}x - \mathrm{d}y$.

2. $\mathrm{d}z = -0.2$, $\Delta z = -0.204\ 04$.

3. (1) $\mathrm{d}z = \dfrac{2xy}{1 + x^4 y^2} \mathrm{d}x + \dfrac{x^2}{1 + x^4 y^2} \mathrm{d}y$; (2) $\mathrm{d}z = e^x \arcsin y \mathrm{d}x + \dfrac{e^x}{\sqrt{1 - y^2}} \mathrm{d}y$;

(3) $\mathrm{d}z = \dfrac{1}{x - 2y}(\mathrm{d}x - 2\mathrm{d}y)$; (4) $\mathrm{d}u = e^{xy+2z}[(1 + xy)\mathrm{d}x + x^2 \mathrm{d}y + 2x\mathrm{d}z]$.

习题 7.4

1. $\dfrac{\mathrm{d}z}{\mathrm{d}t} = 4t^3 + 3t^2 + 2t.$

2. $\dfrac{\mathrm{d}z}{\mathrm{d}t} = \left(3 - \dfrac{4}{t^3} - \dfrac{1}{2\sqrt{t}}\right)\sec^2\left(3t + \dfrac{2}{t^2} - \sqrt{t}\right).$

3. $\dfrac{\partial z}{\partial x} = \dfrac{2(1 + xy^2)}{x^2 y^2 + 2x + 3y}, \dfrac{\partial z}{\partial y} = \dfrac{2x^2 y + 3}{x^2 y^2 + 2x + 3y}.$

4. $\dfrac{\partial z}{\partial x} = \dfrac{2x}{\sqrt{1 - (x^2 + y^2)^2}}, \dfrac{\partial z}{\partial y} = \dfrac{2y}{\sqrt{1 - (x^2 + y^2)^2}}.$

5. $\dfrac{\partial z}{\partial x} = \cos(x^2 + y^2 + \ln(xy))\left(2x + \dfrac{1}{x}\right), \dfrac{\partial z}{\partial y} = \cos(x^2 + y^2 + \ln(xy))\left(2y + \dfrac{1}{y}\right).$

6. $\dfrac{\partial z}{\partial x} = \cos x \cdot f'_u + 2x \cdot f'_v, \dfrac{\partial z}{\partial y} = -2y \cdot f'_v.$

7. $\dfrac{\partial z}{\partial x} = yf(x^2 y^3) + 2x^2 y^4 f'(x^2 y^3), \dfrac{\partial z}{\partial y} = xf(x^2 y^3) + 3x^3 y^3 f'(x^2 y^3).$

习题 7.5

1. $\dfrac{\mathrm{d}y}{\mathrm{d}x} = \dfrac{y^2 - \mathrm{e}^x}{\cos y - 2xy}.$

2. $\dfrac{\mathrm{d}y}{\mathrm{d}x} = -\dfrac{y}{x}, \dfrac{\mathrm{d}^2 y}{\mathrm{d}x^2} = \dfrac{2y}{x^2}.$

3. $\dfrac{\partial z}{\partial x} = \dfrac{10x}{1 - 3yz^2}, \dfrac{\partial z}{\partial y} = \dfrac{z^3}{1 - 3yz^2}.$

4. $\dfrac{\partial^2 z}{\partial x^2} = \dfrac{\partial^2 z}{\partial x \partial y} = \dfrac{\partial^2 z}{\partial y^2} = 0.$

5. $\dfrac{\mathrm{d}x}{\mathrm{d}z} = \dfrac{y - z}{x - y}, \dfrac{\mathrm{d}y}{\mathrm{d}z} = \dfrac{z - x}{x - y}.$

6. $\dfrac{\partial u}{\partial x} = \dfrac{\sin v}{\mathrm{e}^u(\sin v - \cos v) + 1}, \dfrac{\partial u}{\partial y} = \dfrac{-\cos v}{\mathrm{e}^u(\sin v - \cos v) + 1},$

$\dfrac{\partial v}{\partial x} = \dfrac{\cos v - \mathrm{e}^u}{u[\mathrm{e}^u(\sin v - \cos v) + 1]}, \dfrac{\partial v}{\partial y} = \dfrac{\sin v + \mathrm{e}^u}{u[\mathrm{e}^u(\sin v - \cos v) + 1]}.$

习题 7.6

1. (1) 极大值 $f(2, -2) = 8$；　(2) 极小值 $f\left(\dfrac{1}{2}, -1\right) = -\dfrac{\mathrm{e}}{2}$；

(3) 极小值 $f(1, 1) = -1$；　(4) 极大值 $f(3, 2) = 36.$

2. 6，6，6.

3. $\left(\dfrac{21}{13}, 2, \dfrac{63}{26}\right).$

4. 当矩形的边长为 $\dfrac{2}{3}p$ 与 $\dfrac{1}{3}p$ 时，绕短边旋转所得圆柱体的体积最大.

5. 当长方体的长、宽、高均为 $\dfrac{2}{\sqrt{3}}a$ 时，有最大体积 $\dfrac{8}{3\sqrt{3}}a^3$.

综合练习七

1. (1) 6； (2) 0.

2. $f(x, y) = x(y+1)$.

3. (1) $\dfrac{\partial z}{\partial x} = \ln(xy) + 1,\ \dfrac{\partial z}{\partial y} = \dfrac{x}{y}$；

 (2) $\dfrac{\partial z}{\partial x} = y^2(1+xy)^{y-1},\ \dfrac{\partial z}{\partial y} = (1+xy)^y\left[\ln(1+xy) + \dfrac{xy}{1+xy}\right]$.

4. $z''_{xx} = 2\cos2(x+y),\ z''_{yy} = 2\cos2(x+y),\ z''_{xy} = z''_{yx} = 2\cos2(x+y)$.

5. $\dfrac{1}{6}\mathrm{d}x + \dfrac{1}{3}\mathrm{d}y$.

6. (1) $\dfrac{\mathrm{d}y}{\mathrm{d}x} = \dfrac{x+y}{x-y}$； (2) $\dfrac{\partial z}{\partial x} = \dfrac{z}{x+z},\ \dfrac{\partial z}{\partial y} = \dfrac{z^2}{(z+x)y}$.

7. 略.

8. $\sqrt{2}$.

第 8 章

习题 8.1

1. (1) 正； (2) 负.

2. (1) $I_1 > I_2$； (2) $I_1 < I_2$.

3. (1) $[10, 16]$； (2) $\left[\dfrac{\sqrt{2}}{4}\pi^2,\ \dfrac{1}{2}\pi^2\right]$； (3) $[0, 2]$.

4. (1) 4π； (2) $\dfrac{2}{3}\pi R^3$.

习题 8.2

1. (1) $\dfrac{9}{4}$； (2) $-\dfrac{3}{2}\pi$； (3) 2π； (4) $\dfrac{1}{48}$； (5) $\dfrac{\mathrm{e}}{2} - 1$； (6) $\dfrac{4}{\pi^3}(2+\pi)$； (7) $\dfrac{5}{3} + \dfrac{\pi}{2}$；

 (8) $-\dfrac{2}{5}$.

2. (1) $2 - \dfrac{\pi}{2}$； (2) $-6\pi^2$； (3) $\dfrac{\pi}{3}a^3 + \dfrac{4}{9}a^3(5 - 4\sqrt{2})$； (4) $\dfrac{\pi R^4}{4}\left(\dfrac{1}{a^2} + \dfrac{1}{b^2}\right)$； (5) 9π.

3. (1) $\displaystyle\int_0^1 \mathrm{d}x \int_{x^2}^x f(x, y)\mathrm{d}y$； (2) $\displaystyle\int_0^1 \int_{\mathrm{e}^y}^{\mathrm{e}} f(x, y)\mathrm{d}x$；

 (3) $\displaystyle\int_{-1}^0 \mathrm{d}y \int_{-\sqrt{1-y^2}}^{\sqrt{1-y^2}} f(x, y)\mathrm{d}x + \int_0^1 \mathrm{d}y \int_{-\sqrt{1-y^2}}^{\sqrt{1-y^2}} f(x, y)\mathrm{d}x$； (4) $\displaystyle\int_{-1}^0 \mathrm{d}y \int_{1-\sqrt{1-y^2}}^{1+\sqrt{1-y^2}} f(x, y)\mathrm{d}x$.

4. (1) $\dfrac{a^3}{6}\left[\sqrt{2}+\ln(\sqrt{2}+1)\right]$;   (2) $\dfrac{\pi}{8}a^4$;   (3) $\dfrac{\pi}{2}(1-\mathrm{e}^{-1})$;   (4) $\sqrt{2}-1$.

5. (1) $\displaystyle\int_0^{2\pi}\mathrm{d}\theta\int_0^a f(r\cos\theta,\ r\sin\theta)r\mathrm{d}r$;   (2) $\displaystyle\int_{-\frac{\pi}{2}}^{\frac{\pi}{2}}\mathrm{d}\theta\int_0^{2\cos\theta} f(r\cos\theta,\ r\sin\theta)r\mathrm{d}r$;

 (3) $\displaystyle\int_0^{2\pi}\mathrm{d}\theta\int_a^b f(r\cos\theta,\ r\sin\theta)r\mathrm{d}r$;   (4) $\displaystyle\int_0^{\frac{\pi}{2}}\mathrm{d}\theta\int_0^{\frac{1}{\cos\theta+\sin\theta}} f(r\cos\theta,\ r\sin\theta)r\mathrm{d}r$.

综合练习八

1. (1) D;   (2) B;   (3) A;   (4) C;   (5) B.

2. 略.

3. (1) $I=\displaystyle\int_0^1\mathrm{d}y\int_{y^2}^{y}\dfrac{\sin y}{x^2}\mathrm{d}x$;   (2) $\displaystyle\int_0^1\mathrm{d}y\int_{-y}^{\sqrt{2y-y^2}} f(x,\ y)\mathrm{d}x$.

4. (1) $\dfrac{8}{3}$;   (2) $1-\sin1$;   (3) $2-\dfrac{\pi}{2}$.

附录一　　初等数学小资料

一、初等代数

1. 因式分解

(1) $(a \pm b)^2 = a^2 \pm 2ab + b^2$；

(2) $(a \pm b)^3 = a^3 \pm 3a^2b + 3ab^2 \pm b^3$；

(3) $a^2 - b^2 = (a+b)(a-b)$；

(4) $a^3 \pm b^3 = (a \pm b)(a^2 \mp ab + b^2)$；

(5) $a^n - b^n = (a-b)(a^{n-1} + a^{n-2}b + a^{n-3}b^2 + \cdots + ab^{n-2} + b^{n-1})$.

2. 对数运算

(1) $\log_a(bc) = \log_a b + \log_a c$；

(2) $\log_a \dfrac{b}{c} = \log_a b - \log_a c$，$\log_a \dfrac{1}{b} = -\log_a b$；

(3) $\log_a b^c = c\log_a b$；$b = \log_a a^b$，特别 $b = \ln e^b$；

(4) $\log_a 1 = 0$，$\log_a a = 1$，特别 $\ln 1 = 0$，$\ln e = 1$；

(5) $a^{\log_a b} = b$；

(6) $\log_a b = \dfrac{\log_c b}{\log_c a}$，$\ln b = \dfrac{\lg b}{\lg e}$.

3. 排列组合与二项式公式

(1) 排列. 当 $m \leqslant n$ 时，有

$$P_n^m = n(n-1)\cdots(n-m+1) = \frac{n!}{(n-m)!}$$

全排列：

$$P_n^n = n! = n(n-1)\cdots 3 \times 2 \times 1$$

规定 $0! = 1$.

(2) 组合.

$$C_n^m = \frac{P_n^m}{m!} = \frac{n(n-1)\cdots(n-m+1)}{m!} = \frac{n!}{m!(n-m)!}$$

规定 $C_n^0 = 1$.

$$C_{n+1}^m = C_n^m + C_n^{m-1}$$

（3）二项式公式：

$$(a+b)^n = C_n^0 a^n + C_n^1 a^{n-1}b + C_n^2 a^{n-2}b^2 + \cdots + C_n^r a^{n-r}b^r + \cdots + C_n^n b^n$$

4. 数列

（1）等差数列的通项公式：

$$a_n = a_1 + (n-1)d = dn + a_1 - d \ (n \in \mathbf{N}^*)$$

其前 n 项和公式为

$$s_n = \frac{n(a_1 + a_n)}{2} = na_1 + \frac{n(n-1)}{2}d = \frac{d}{2}n^2 + \left(a_1 - \frac{1}{2}d\right)n$$

（2）等比数列的通项公式：

$$a_n = a_1 q^{n-1} = \frac{a_1}{q} \cdot q^n \ (n \in \mathbf{N}^*)$$

其前 n 项的和公式为

$$s_n = \begin{cases} \dfrac{a_1(1-q^n)}{1-q}, & q \neq 1 \\ na_1, & q = 1 \end{cases} \quad \text{或} \quad s_n = \begin{cases} \dfrac{a_1 - a_n q}{1-q}, & q \neq 1 \\ na_1, & q = 1 \end{cases}$$

（3）
$$1 + 2 + 3 + \cdots + n = \frac{n(n+1)}{2}$$

$$1^2 + 2^2 + 3^2 + \cdots + n^2 = \frac{1}{6}n(n+1)(2n+1)$$

5. 指数运算

$$a^b \cdot a^c = a^{b+c}, \ \frac{a^b}{a^c} = a^{b-c}, \ (a^b)^c = a^{bc}$$

$$(a \cdot b)^c = a^c \cdot b^c, \ \left(\frac{a}{b}\right)^c = \frac{a^c}{b^c}, \ a^0 = 1, \ a^{-1} = \frac{1}{a} \quad (a > 0, a \neq 1)$$

6. 基本不等式

$$|x| < a \Leftrightarrow -a < x < a \quad (\text{其中 } a > 0)$$

$$|x+y| \leqslant |x| + |y|, \ |x-y| \geqslant |x| - |y|$$

$$a^2 + b^2 \geqslant 2ab, \ \text{也可写成当 } a, b > 0 \text{ 时, } a + b \geqslant 2\sqrt{ab} \text{ 成立}$$

7. 一元二次方程 $ax^2 + bx + c = 0$ 求根公式

$$x_{1,2} = \frac{-b \pm \sqrt{b^2 - 4ac}}{2a}$$

二、初等几何

1. 圆（R 是半径，α 是以弧度为单位的圆心角）

(1) 周长 $S = 2\pi R$；

(2) 面积 $A = \pi R^2$；

(3) 弧长 $l = \alpha R$；

(4) 扇形面积 $A = \dfrac{1}{2}lR = \dfrac{1}{2}\alpha R^2$.

2. 正圆锥（R，r 为底半径，h 为高，l 为斜高）

(1) 体积 $V = \dfrac{1}{3}\pi r^2 h$；

(2) 侧面积 $S = \pi r \sqrt{r^2 + h^2}$.

3. 球（R 为半径）

(1) 体积 $V = \dfrac{4}{3}\pi R^3$；

(2) 表面积 $S = 4\pi R^2$.

三、三角公式

1. 倍角公式（含万能公式）

(1) $\sin 2\theta = 2\sin\theta\cos\theta = \dfrac{2\tan\theta}{1 + \tan^2\theta}$；

(2) $\cos 2\theta = \cos^2\theta - \sin^2\theta = 2\cos^2\theta - 1 = 1 - 2\sin^2\theta = \dfrac{1 - \tan^2\theta}{1 + \tan^2\theta}$；

(3) $\tan 2\theta = \dfrac{2\tan\theta}{1 - \tan^2\theta}$；

(4) $\sin^2\theta = \dfrac{\tan^2\theta}{1 + \tan^2\theta} = \dfrac{1 - \cos 2\theta}{2}$；

(5) $\cos^2\theta = \dfrac{1 + \cos 2\theta}{2}$.

2. 半角公式

(1) $\sin\dfrac{\theta}{2} = \pm\sqrt{\dfrac{1 - \cos\theta}{2}}$；

(2) $\sin^2\dfrac{\theta}{2} = \dfrac{1 - \cos\theta}{2}$；

(3) $\cos \dfrac{\theta}{2} = \pm \sqrt{\dfrac{1+\cos\theta}{2}}$；

(4) $\cos^2 \dfrac{\theta}{2} = \dfrac{1+\cos\theta}{2}$；

(5) $1-\cos\theta = 2\sin^2 \dfrac{\theta}{2}$；

(6) $1+\cos\theta = 2\cos^2 \dfrac{\theta}{2}$；

(7) $\sqrt{1 \pm \sin\theta} = \sqrt{\left(\cos\dfrac{\theta}{2} \pm \sin\dfrac{\theta}{2}\right)^2} = \left|\cos\dfrac{\theta}{2} \pm \sin\dfrac{\theta}{2}\right|$；

(8) $\tan \dfrac{\theta}{2} = \pm \sqrt{\dfrac{1-\cos\theta}{1+\cos\theta}} = \dfrac{\sin\theta}{1+\cos\theta} = \dfrac{1-\cos\theta}{\sin\theta}$.

3. 三角函数定义与恒等式

$\sin\alpha = $ 对边 / 斜边，$\cos\alpha = $ 邻边 / 斜边，$\tan\alpha = $ 对边 / 邻边

$\sin^2 x + \cos^2 x = 1$，$\sec^2 x = \tan^2 x + 1$，$\tan^2 x = \sec^2 x - 1$

$\tan x = \dfrac{\sin x}{\cos x}$，$\sec x = \dfrac{1}{\cos x}$

4. 诱导公式(见附表 1)

附表 1

函数 ＼ 角	$\theta = \dfrac{\pi}{2} \pm \varphi$	$\theta = \pi \pm \varphi$	$\theta = \dfrac{3\pi}{2} \pm \varphi$	$\theta = 2\pi \pm \varphi$
$\sin\theta$	$+\cos\varphi$	$\mp\sin\varphi$	$-\cos\varphi$	$\pm\sin\varphi$
$\cos\theta$	$\mp\sin\varphi$	$-\cos\varphi$	$\pm\sin\varphi$	$+\cos\varphi$
$\tan\theta$	$\mp\cot\varphi$	$\pm\tan\varphi$	$\mp\cot\varphi$	$\pm\tan\varphi$
$\cot\theta$	$\mp\tan\varphi$	$\pm\cot\varphi$	$\mp\tan\varphi$	$\pm\cot\varphi$

5. 和差公式

(1) $\sin(\alpha \pm \beta) = \sin\alpha\cos\beta \pm \cos\alpha\sin\beta$；

(2) $\cos(\alpha \pm \beta) = \cos\alpha\cos\beta \mp \sin\alpha\sin\beta$；

(3) $\tan(\alpha \pm \beta) = \dfrac{\tan\alpha \pm \tan\beta}{1 \mp \tan\alpha \cdot \tan\beta}$；

(4) $\sin\alpha\cos\beta = \dfrac{1}{2}\left[\sin(\alpha+\beta) + \sin(\alpha-\beta)\right]$；

(5) $\cos\alpha\sin\beta = \dfrac{1}{2}\big[\sin(\alpha+\beta) - \sin(\alpha-\beta)\big]$;

(6) $\cos\alpha\cos\beta = \dfrac{1}{2}\big[\cos(\alpha+\beta) + \cos(\alpha-\beta)\big]$;

(7) $\sin\alpha\sin\beta = -\dfrac{1}{2}\big[\cos(\alpha+\beta) - \cos(\alpha-\beta)\big]$;

(8) $\sin\alpha + \sin\beta = 2\sin\dfrac{\alpha+\beta}{2}\cos\dfrac{\alpha-\beta}{2}$;

(9) $\sin\alpha - \sin\beta = 2\cos\dfrac{\alpha+\beta}{2}\sin\dfrac{\alpha-\beta}{2}$;

(10) $\cos\alpha + \cos\beta = 2\cos\dfrac{\alpha+\beta}{2}\cos\dfrac{\alpha-\beta}{2}$;

(11) $\cos\alpha - \cos\beta = -2\sin\dfrac{\alpha+\beta}{2}\sin\dfrac{\alpha-\beta}{2}$.

6. 正弦定理

$$\frac{a}{\sin A} = \frac{b}{\sin B} = \frac{c}{\sin C} = 2R \ (R\ 为三角形外接圆半径)$$

7. 余弦定理

$$a^2 = b^2 + c^2 - 2bc\cos A,\ b^2 = a^2 + c^2 - 2ac\cos B,\ c^2 = a^2 + b^2 - 2ab\cos C$$

四、平面解析几何

1. 直线方程

$y = kx + b$ （斜截式：斜率为 k，y 轴上截距为 b）

$y - y_0 = k(x - x_0)$ （点斜式：过点 (x_0, y_0)，斜率为 k）

$\dfrac{x}{a} + \dfrac{y}{b} = 1$ （截距式：x 与 y 轴上截距分别为 a 与 b）

$ax + by + c = 0$ （一般式）

两直线垂直 $\Leftrightarrow$ 它们的斜率为负倒数关系：$k_1 = -1/k_2$.

2. 二次曲线

(1) 圆：

$$x^2 + y^2 = R^2 \ （圆心为 (0,0)，半径为 R）;$$

$$(x - x_0)^2 + (y - y_0)^2 = R^2 \ （圆心为 (x_0, y_0)，半径为 R）$$

半圆：

$$y = \sqrt{a^2 - x^2} \ （上半圆，圆心为 (0,0)，半径为 a）;$$

半圆：

$$y = \sqrt{2ax - x^2} \quad (\text{上半圆，圆心为}(a, 0)\text{，半径为} a)$$

（2）椭圆：

$$\frac{x^2}{a^2} + \frac{y^2}{b^2} = 1$$

（3）双曲线：

$$\frac{x^2}{a^2} - \frac{y^2}{b^2} = 1$$

（4）抛物线：

$$y = x^2 (\text{开口向上})；y^2 = x (\text{开口向右})$$

$$y = \sqrt{x} (\text{开口向右，仅取上半支})$$

3. 同一点的极坐标和直角坐标之间的关系

$$\begin{cases} x = \rho\cos\theta \\ y = \rho\sin\theta \end{cases} \text{或} \begin{cases} \rho = \sqrt{x^2 + y^2} \\ \tan\theta = \dfrac{y}{x} \quad (x \neq 0) \end{cases}$$

附录二　　Wolframalpha 网站简介

　　Wolframalpha 是开发数学应用软件 Mathematica 的沃尔夫勒姆研究公司推出的新一代搜索引擎,创始人 Stephen Wolfram 将其定义为一款"专业的知识搜索引擎",当用户在搜索框键入需要查询的问题后,该搜索引擎将直接向用户返回答案,而不像 Google、百度等搜索引擎一样返回一大堆网页链接.

　　令人振奋的是,Wolframalpha 在数学运算等方面的优异表现,可以使我们摆脱昂贵而庞大臃肿的数学软件(需要注意的是在进行某些大型的科学运算时,软件会更加适合),只需打开 http: // www. wolframalpha. com 网址,输入相应的命令便可得到答案,是辅助学习的好帮手. 下面简要举例说明.

1. 绘制图形

　　例如:绘制 $x^3 - 6x^2 + 4x + 12$ 的图形.

　　输入:plot x^3 - 6x^2 + 4x + 12

绘制出的图形如附图 1 所示.

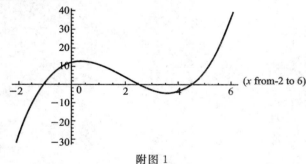

附图 1

2. 求极限

　　例如:求 $\lim\limits_{x \to 0} \dfrac{\sin x - x}{x^3}$ 的极限.

　　输入:lim (sinx - x)/x^3 as x -> 0

　　答案为 $\lim\limits_{x \to 0} \dfrac{\sin x - x}{x^3} = -\dfrac{1}{6}$.

3. 计算导数

例如：求 $x^4 \sin x$ 的导数.

输入：derivative of x^4 sinx 或者 diff x^4 sinx.

答案为 $\dfrac{\mathrm{d}}{\mathrm{d}x}(x^4 \sin x) = x^3(4\sin x + x\cos x)$.

4. 计算不定积分或定积分

例如：求 $\displaystyle\int \sin x \mathrm{d}x$.

输入：integrate sinx dx 或 int sinx.

答案为 $\displaystyle\int \sin x \mathrm{d}x = -\cos x + \mathrm{constant}$，点击右侧的 show steps 按钮还可以显示具体的积分步骤.

求 $\displaystyle\int_0^\pi \sin x \mathrm{d}x$ 的定积分.

则输入：integrate sinx dx from x = 0 to pi.

得出答案是 2.

上述实例都是来源于 wolframalpha 自己演示的例子，但其功能不仅仅这些，也并不局限于数学这一学科，在诸如统计与数据分析、物理、化学、材料等诸多学科均有涉猎，在 http：// www. wolframalpha. com/examples/ 可以找到丰富的实例.

参 考 文 献

［1］ 同济大学应用数学系. 高等数学（上）. 5 版. 北京：高等教育出版社，2002.

［2］ 吴传生. 经济数学：微积分. 北京：高等教育出版社，2003.

［3］ 李长伟，等. 高等数学. 北京：北京交通大学出版社，2012.

［4］ 侯亚君，等. 微积分（经济类）. 北京：机械工业出版社，2014.

［5］ 钱吉林，等. 高等数学辞典. 武汉：华中师范大学出版社，1999.

［6］ 叶其孝，等. 数学实用手册. 2 版. 北京：科学出版社，2006.

［7］ 陈笑缘. 经济数学. 北京：高等教育出版社，2014.

［8］ 郑玉美. 高等数学（上册）. 2 版. 武汉：华中师范大学出版社，2007.

［9］ 张圣勤. 高等数学. 2 版. 上海：复旦大学出版社，2006.

［10］ 侯风波. 高等数学. 3 版. 北京：高等教育出版社，2010.